大学数学系列教材

概率论与数理统计
学习指导与习题解答
（第二版）

王殿坤　主编

科学出版社

北京

内 容 简 介

本书是《概率论与数理统计》(第二版)(王殿坤主编)的配套学习参考资料. 本书完全与教材内容对接, 共分为两大部分. 第一章到第五章为概率论部分, 第六章到第九章为数理统计部分. 每章包括基本内容、基本要求、扩展例题与习题详解, 并且在书后二维码中为读者设计了概率论、概率论与数理统计的综合测试题及答案, 方便读者对自己所学的知识进行测试, 及时掌握学习情况.

本书可作为高等院校非数学专业概率论与数理统计教材的学习辅导材料, 也可以为考研学子提供参考.

图书在版编目 (CIP) 数据

概率论与数理统计学习指导与习题解答 / 王殿坤主编. — 2 版. — 北京: 科学出版社, 2025.1. — (大学数学系列教材). — ISBN 978-7-03-080900-1

Ⅰ. O21

中国国家版本馆 CIP 数据核字第 2024NM2100 号

责任编辑: 王 静 范培培 / 责任校对: 彭珍珍
责任印制: 师艳茹 / 封面设计: 陈 敬

科 学 出 版 社 出版

北京东黄城根北街 16 号
邮政编码: 100717
http://www.sciencep.com

三河市骏杰印刷有限公司印刷

科学出版社发行 各地新华书店经销

*

2021 年 8 月第 一 版 开本: 720×1000 1/16
2025 年 1 月第 二 版 印张: 14 1/2
2025 年 1 月第八次印刷 字数: 292 000

定价: 46.00 元

(如有印装质量问题, 我社负责调换)

编 委 会

前　言

　　本书是科学出版社出版的《概率论与数理统计》(第二版)(王殿坤)的配套用书，是编者多年教学经验的总结.

　　本书每章内容包含：基本内容，列出了各章的基本知识和常用的公式；基本要求，指出各章中每一部分内容应该掌握到什么程度，便于读者在学习时合理分配时间和精力；扩展例题，给出了各章节的典型考研试题，供学习者巩固所学知识；习题详解，对《概率论与数理统计》(第二版)的课后习题做了详细的解答.本书内容丰富、解答准确详细，能够最大可能地帮助读者学习概率论与数理统计的知识.

　　本书在编写过程中，得到了很多同行专家的帮助和支持，在此表示衷心的感谢！

　　由于编者水平有限，书中难免出现疏漏，恳请广大读者批评指正！

编　者

2024 年 10 月

第一版前言

概率论与数理统计是高等院校大部分本科专业的重要专业基础课之一，它以高等数学为基础，研究随机现象的统计规律，其概念与理论具有高度的抽象性，学生在学习过程中会遇到很大的困难。为了帮助读者更好地学习和理解本学科的知识、提高学习效率，我们总结多年的教学经验，并在前人的工作基础上，编写了本书。本书是《概率论与数理统计》(王殿坤)的配套用书，内容丰富、结构合理，可以帮助读者快速掌握所学的知识，提高应用概率知识解决实际问题的能力。每章的内容分为四个部分。

一、基本内容。把教材中的内容进行梳理、归纳、总结，抽取教材中重要的概念、定理和公式，方便读者在学习过程中快速查找，提高学习效率。

二、基本要求。教学基本要求对教材的内容进行分级，分为熟练掌握、掌握、了解等几个层次，有利于读者了解每一章节内容的性质、在教学过程中的地位以及考核重点。它是课堂教学实施的基本保障。

三、扩展例题。每章都配有扩展例题及详细的求解过程。这部分例题是对教材例题、练习题的补充、拓展和提高。有些题目来自历年研究生入学考试的真题，都与章节内容相匹配，能够准确体现考研大纲与教学大纲的要求，帮助学有余力的读者提高分析综合问题的能力，加深对所学知识的理解。

四、习题详解。本部分对主教材中的所有课后习题、自测题都给出了答案和详细的求解过程，可以帮助读者检验自己的学习成果，达到自查自纠的学习效果。

本书最后附有 3 套概率论和 3 套概率论与数理统计的自测题，试题类型多样、题目难易适中，符合教学大纲的基本要求，可以作为读者检验学习本课程效果的依据。

所有的编者都希望编写一本适合本科教学的优质辅导书，也为此付出了辛苦的劳动，由于编者水平有限，难免会出现不足之处。恳请各位读者批评指正，多提宝贵意见和建议，以使本书再版时能得到很大的改善和提高。

王殿坤

2021 年 3 月

目　　录

第一章　概率论基础

一、基 本 内 容

1. 随机试验与样本空间

具有下列三个特点的试验称为随机试验:

(1) 试验可以在相同的条件下重复地进行;

(2) 每次试验的可能结果不止一个, 但事先知道每次试验所有可能的结果;

(3) 每次试验都会出现上述可能结果中的某一个, 但事先不能确定哪一个结果会出现.

试验的所有可能结果所组成的集合称为样本空间, 用 Ω 表示, 每一个结果称为样本空间中的一个样本点, 记作 ω.

2. 随机事件

样本空间 Ω 的任一子集称为随机事件(简称事件). 通常把必然事件(记作 Ω)与不可能事件(记作 $\varnothing$)看作特殊的随机事件.

3. 事件的关系及运算

(1) 事件的包含: 若事件 A 发生必然导致事件 B 发生, 则称事件 B 包含事件 A, 记作 $A \subset B$(或 $B \supset A$).

(2) 事件的相等: 若两事件 A 与 B 相互包含, 即 $A \subset B$ 且 $B \subset A$, 则称事件 A 与事件 B 相等, 记作 $A = B$.

(3) 和事件: 事件 A 与事件 B 至少发生一个的事件称为 A 与 B 的和事件, 记作 $A \cup B$; n 个事件 $A_1, A_2, \cdots, A_n$ 中至少有一个发生的事件称为 $A_1, A_2, \cdots, A_n$ 的和事件, 记作 $A_1 \cup A_2 \cup \cdots \cup A_n \left(\text{简记为} \bigcup_{i=1}^{n} A_i\right)$.

(4) 积事件: 事件 A 与事件 B 同时发生的事件称为事件 A 与事件 B 的积事件, 记作 $A \cap B$(简记为 AB); n 个事件 $A_1, A_2, \cdots, A_n$ 同时发生的事件称为 $A_1, A_2, \cdots, A_n$ 的积事件, 记作 $A_1 \cap A_2 \cap \cdots \cap A_n \left(\text{简记为} A_1 A_2 \cdots A_n \text{ 或 } \bigcap_{i=1}^{n} A_i\right)$.

(5) 互不相容事件: 若事件 A 和事件 B 不能同时发生, 即 $AB = \varnothing$, 那么称事件 A 与事件 B 互不相容(或互斥); 若 n 个事件 $A_1, A_2, \cdots, A_n$ 中任意两个事件不能同时发生,

即 $A_i A_j = \varnothing (1 \leqslant i < j \leqslant n)$，则称事件 $A_1, A_2, \cdots, A_n$ 两两互不相容.

(6) 差事件: 若事件 A 发生且事件 B 不发生, 则称这个事件为事件 A 与事件 B 的差事件, 记作 $A - B$ (或 $A\bar{B}$ 或 $A - AB$).

(7) 对立事件: 若事件 A 和事件 B 满足 $A \cup B = \Omega$, $A \cap B = \varnothing$, 则称事件 A 与事件 B 是对立的. 事件 A 的对立事件(或逆事件)记作 $\bar{A}$.

(8) 事件的运算律.

① 交换律: 对任意两个事件 A 和 B 有
$$A \cup B = B \cup A, \quad A \cap B = B \cap A.$$

② 结合律: 对任意事件 A, B, C 有
$$A \cup (B \cup C) = (A \cup B) \cup C,$$
$$A \cap (B \cap C) = (A \cap B) \cap C.$$

③ 分配律: 对任意事件 A, B, C 有
$$(A \cup B) \cap C = (A \cap C) \cup (B \cap C),$$
$$(A \cap B) \cup C = (A \cup C) \cap (B \cup C).$$

④ 对偶律(德·摩根(De Morgan)律):
$$\overline{A \cup B} = \bar{A} \cap \bar{B}, \quad \overline{\bigcup_{i=1}^{n} A_i} = \bigcap_{i=1}^{n} \bar{A}_i;$$
$$\overline{A \cap B} = \bar{A} \cup \bar{B}, \quad \overline{\bigcap_{i=1}^{n} A_i} = \bigcup_{i=1}^{n} \bar{A}_i.$$

4. 频率的定义

若随机事件 A 在 n 次重复试验中发生了 n_A 次, 则称 n_A 为 A 在这 n 次试验中发生的频数, 称 $f_n(A) = \dfrac{n_A}{n}$ 为 A 在这 n 次试验中发生的频率.

5. 概率的统计定义

在相同的条件下, 重复进行 n 次试验, 如果随着试验次数的增大, 事件 A 出现的频率 $f_n(A)$ 稳定地在某一确定的常数 p 附近摆动, 则称常数 p 为事件 A 发生的概率. 记为 $P(A) = p$, 这个定义称为概率的统计定义.

6. 概率的古典定义

具有下列两个特征的随机试验的数学模型称为古典概型:

(1) 试验的样本空间 Ω 是个有限集, 不妨记作 $\Omega = \{\omega_1, \omega_2, \cdots, \omega_n\}$;

(2) 在每次试验中, 每个样本点 $\omega_i (i = 1, 2, \cdots, n)$ 发生的概率相同, 即

$$P(\omega_1) = P(\omega_2) = \cdots = P(\omega_n).$$

在古典概型中, 规定事件 A 的概率为

$$P(A) = \frac{n_A}{n},$$

n_A 表示 A 中基本事件的个数; n 表示 Ω 中基本事件的个数.

7. 概率的几何定义

如果随机试验的样本空间是一个区域(可以是直线上的区间、平面或空间中的区域), 且样本空间中每个试验结果的出现具有等可能性, 那么规定事件 A 的概率为

$$P(A) = \frac{m_A}{m_\Omega},$$

m_A 表示 A 的度量(长度、面积或体积); m_Ω 表示 Ω 的度量(长度、面积或体积).

8. 概率的公理化定义

设随机试验的样本空间为 Ω, 随机事件 A 是 Ω 的子集, $P(A)$ 是实值函数, 若满足下列三条公理:

公理 1(非负性)　对于任一随机事件 A, 有 $P(A) \geqslant 0$;

公理 2(规范性)　对于必然事件 Ω, 有 $P(\Omega) = 1$;

公理 3(可列可加性)　对于两两互不相容的事件 $A_1, A_2, \cdots, A_i, \cdots$, 有

$$P\left(\bigcup_{i=1}^{+\infty} A_i\right) = \sum_{i=1}^{+\infty} P(A_i),$$

则称 $P(A)$ 为随机事件 A 的概率.

9. 概率的性质

性质 1　$P(\varnothing) = 0$.

性质 2(有限可加性)　若 $A_1, A_2, \cdots, A_n$ 两两互不相容, 则 $P\left(\bigcup_{i=1}^{n} A_i\right) = \sum_{i=1}^{n} P(A_i)$.

性质 3　若 $\overline{A}$ 为 A 的对立事件, 则 $P(\overline{A}) = 1 - P(A)$.

性质 4(差公式)　对任意事件 A, B, 有 $P(A - B) = P(A) - P(AB)$.

推论　若 $B \subset A$, 则 $P(A - B) = P(A) - P(B)$, 且 $P(A) \geqslant P(B)$.

性质 5　对任意两个事件 A, B 有

$$P(A \cup B) = P(A) + P(B) - P(AB).$$

10. 条件概率

设 A, B 为随机试验 E 的两个随机事件, Ω 为样本空间, 如果 $P(B) > 0$, 称

$$P(A \mid B) = \frac{P(AB)}{P(B)}$$

为在事件 B 发生的条件下 A 发生的条件概率.

11. 乘法公式

对于任意两个事件 A 与 B, 有

$$P(AB) = P(B)P(A \mid B), \quad P(B) > 0,$$
$$P(AB) = P(A)P(B \mid A), \quad P(A) > 0.$$

12. 事件的独立性

设 A, B 为两个事件, 如果 $P(AB) = P(A)P(B)$, 则称事件 A 与事件 B 相互独立.

一般地, 设 $A_1, A_2, \cdots, A_n$ 是 n 个事件, 若对于其中任意 k 个事件 $A_{i_1}, A_{i_2}, \cdots, A_{i_k}$ $(1 \leqslant i_1 < i_2 < \cdots < i_k \leqslant n)$, 都有 $P(A_{i_1} A_{i_2} \cdots A_{i_k}) = P(A_{i_1})P(A_{i_2}) \cdots P(A_{i_k})$, 则称事件 $A_1, A_2, \cdots, A_n$ 相互独立. 这里实际上包含了 $2^n - n - 1$ 个等式.

13. 全概率公式

设 Ω 是随机试验 E 的样本空间, B 为 Ω 中的一个事件, $A_1, A_2, \cdots, A_n$ 为 Ω 的一个划分, 且 $P(A_i) > 0$, 则

$$P(B) = \sum_{i=1}^{n} P(A_i)P(B \mid A_i).$$

14. 贝叶斯公式

设 Ω 是随机试验 E 的样本空间, $A_1, A_2, \cdots, A_n$ 为 Ω 的一个划分, 且 $P(A_j) > 0$, B 为 Ω 中的任一事件, $P(B) > 0$, 则

$$P(A_j \mid B) = \frac{P(A_j)P(B \mid A_j)}{\displaystyle\sum_{i=1}^{n} P(A_i)P(B \mid A_i)}, \quad j = 1, 2, \cdots, n.$$

15. 伯努利概型与二项概率公式

设 A 为试验 E 的事件, $P(A) = p$, 在相同的条件下, 重复地做 n 次试验, 且各试验及其结果都是相互独立的, 如果每次试验都只有两个可能结果, 称这一类试验为 n 重伯努利试验, 或 n 重伯努利概型.

设在一次试验中事件 A 出现的概率为 p $(0 < p < 1)$, 在 n 重伯努利试验中, 事件 A 恰好出现 k 次的概率为

$$P_n(k) = C_n^k p^k (1-p)^{n-k} \quad (k = 0, 1, 2, \cdots, n),$$

这个公式称为**二项概率公式**.

二、基 本 要 求

(1) 理解样本空间、随机事件、概率、条件概率、事件的独立性、独立重复试验等基本概念.

(2) 掌握事件的关系及计算、概率的基本性质; 会计算古典概率和几何概率; 熟练掌握概率的加法公式、减法公式、乘法公式、全概率公式以及贝叶斯公式; 会用事件独立性进行概率计算; 会用重复独立试验计算有关事件的概率.

三、扩 展 例 题

例1 (2018年考研真题) 设随机事件 A 与 B 相互独立, A 与 C 相互独立, $BC = \varnothing$, 若 $P(A) = P(B) = \dfrac{1}{2}$, $P(AC \mid AB \cup C) = \dfrac{1}{4}$, 则 $P(C) = ($ 　 $)$.

解　$P(AC \mid AB \cup C) = \dfrac{P(AC(AB \cup C))}{P(AB \cup C)} = \dfrac{1}{4}$, 其中

$$P(AC(AB \cup C)) = P(ABC \cup AC) = P(AC) = P(A)P(C) = \frac{1}{2}P(C),$$

$$P(AB \cup C) = P(AB) + P(C) = P(A)P(B) + P(C) = \frac{1}{2} \cdot \frac{1}{2} + P(C) = \frac{1}{4} + P(C).$$

所以, $\dfrac{\dfrac{1}{2}P(C)}{\dfrac{1}{4} + P(C)} = \dfrac{1}{4}$, 即 $P(C) = \dfrac{1}{8} + \dfrac{1}{2}P(C)$, 解得 $P(C) = \dfrac{1}{4}$.

例 2 (2019 年考研真题) 设 A, B 为随机事件, 则 $P(A) = P(B)$ 的充分必要条件为 (　).

A. $P(A \cup B) = P(A) + P(B)$;　　　　B. $P(AB) = P(A)P(B)$;

C. $P(A\bar{B}) = P(B\bar{A})$;　　　　　　D. $P(AB) = P(\bar{A}\bar{B})$.

解　$P(A\bar{B}) = P(A) - P(AB) = P(B\bar{A}) = P(B) - P(AB) \Leftrightarrow P(A) = P(B)$, 故选 C. A 选项是互斥, B 选项是独立, D 选项推不出来.

例 3 (2017 年考研真题) 设 A, B 为随机事件, 若 $0 < P(A) < 1$, $0 < P(B) < 1$, 则 $P(A \mid B) > P(A \mid \bar{B})$ 的充分必要条件为 (　).

A. $P(B \mid A) > P(B \mid \bar{A})$;　　　　B. $P(B \mid A) < P(B \mid \bar{A})$;

C. $P(\bar{B} \mid A) > P(B \mid \bar{A})$;　　　　D. $P(\bar{B} \mid A) < P(B \mid \bar{A})$.

解 题设条件 $P(A|B) > P(B|\overline{A})$ 等价于

$$\frac{P(AB)}{P(B)} > \frac{P(A\overline{B})}{P(\overline{B})} = \frac{P(A) - P(AB)}{1 - P(B)},$$

即 $P(AB) - P(B)P(AB) > P(A)P(B) - P(B)P(AB)$，即 $P(AB) > P(A)P(B)$.

总之，$P(A|B) > P(A|\overline{B})$ 的充分必要条件为 $P(AB) > P(A)P(B)$.

由 $P(B|A) > P(B|\overline{A})$ 也可得 $P(AB) > P(A)P(B)$，故选 A.

例 4 (2016 年考研真题) 设 A, B 为随机事件，$0 < P(A) < 1$，$0 < P(B) < 1$，若 $P(A|B) = 1$，则下面正确的是(   ).

A. $P(\overline{B}|\overline{A}) = 1$;   B. $P(A|\overline{B}) = 0$;

C. $P(A + B) = 1$;   D. $P(B|A) = 1$.

解 由题设条件 $P(A|B) = 1$ 可得 $P(AB) = P(B)$，

$$P(\overline{B}|\overline{A}) = \frac{P(\overline{A}\overline{B})}{P(\overline{A})} = \frac{1 - P(A \cup B)}{1 - P(A)} = \frac{1 - P(A) - P(B) + P(AB)}{1 - P(A)} = 1.$$

故选 A.

例 5 (2015 年考研真题) 设 A, B 为随机事件，则(   ).

A. $P(AB) \leqslant P(A)P(B)$;   B. $P(AB) \geqslant P(A)P(B)$;

C. $P(AB) \leqslant \dfrac{P(A) + P(B)}{2}$;   D. $P(AB) \geqslant \dfrac{P(A) + P(B)}{2}$.

解 由于 $AB \subset A \cup B$，故 $P(AB) \leqslant P(A \cup B)$. 又根据加法公式 $P(A \cup B) = P(A) + P(B) - P(AB)$，所以 $P(AB) \leqslant P(A) + P(B) - P(AB)$，即 $2P(AB) \leqslant P(A) + P(B)$，即 $P(AB) \leqslant \dfrac{P(A) + P(B)}{2}$，故选 C.

四、习题详解

习题 1-1

(A) 基础题

1. 写出下列随机试验的样本空间.

(1) 同时抛三枚硬币，观察出现的正反面;

(2) 同时抛三颗骰子，观察出现的点数;

(3) 连续抛一枚硬币，直到出现正面为止;

(4) 在某十字路口，观察一小时内通过的机动车辆数;

(5) 观察某城市一天内的用电量.

解 (1) $\Omega = \{(0,0,0),(0,0,1),(0,1,0),(1,0,0),(0,1,1),(1,0,1),(1,1,0),(1,1,1)\}$，共含有 $2^3 = 8$ 个样本点，其中 0 表示反面，1 表示正面.

(2) $\Omega = \{(x, y, z) \mid x, y, z$ 均取 $1, 2, 3, 4, 5, 6\}$，含有 $6^3 = 216$ 个样本点.

(3) $\Omega = \{(1), (0, 1), (0, 0, 1), (0, 0, 0, 1), \cdots\}$，含有可列个样本点，其中 0 表示反面，1 表示正面.

(4) $\Omega = \{0, 1, 2, \cdots\}$，含有可列个样本点.

(5) $\Omega = \{t \mid t \geqslant 0\}$，含有无穷个样本点.

2. 某工人生产了 n 个零件，以事件 A_i $(1 \leqslant i \leqslant n)$ 表示他生产的第 i 个零件是合格品，用 A_i 表示下列事件.

(1) 没有一个零件是不合格品;

(2) 至少有一个零件是不合格品.

解 (1) $\bigcap\limits_{i=1}^{n} A_i$；(2) $\overline{\bigcap\limits_{i=1}^{n} A_i} = \bigcup\limits_{i=1}^{n} \overline{A_i}$.

3. 在大学一年级新生中任取一名学生，以 A 表示"被选学生为女生"，B 表示"该学生高考选科没有选物理和化学"，C 表示"该学生为团员".

(1) 说明 ABC 的意义;

(2) 什么条件下成立 $ABC = A$;

(3) $B = \bar{C}$ 在什么情况下成立?

解 (1) ABC 表示该学生是女生且是团员，但高考选科没选物理和化学;

(2) 大学一年级新生中没有选物理和化学的团员都是女生;

(3) 不是团员的学生都没有选物理和化学且是团员的学生都选物理和化学的条件下，$B = \bar{C}$.

(B) 提高题

1. 考察某养鸡场的十只小鸡在一年后能有几只产蛋. 设 A = "只有五只产蛋"，B = "至少有五只产蛋"，C = "最多有四只产蛋"，试问

(1) A 与 B, A 与 C, B 与 C 是否为互不相容?

(2) A 与 B, A 与 C, B 与 C 是否为对立事件?

解 (1) A 与 C，B 与 C 为互不相容事件; (2) B 与 C 为对立事件.

2. 证明下列等式.

(1) $(A \cup \bar{B}) - A\bar{B} = \bar{A}B \cup AB$;

(2) $C \cup (A - AC) \cup (B - BC) = A \cup B \cup C$.

证明 (1) $(A \cup \bar{B}) - A\bar{B} = (A \cup \bar{B})(\overline{A\bar{B}}) = (A \cup \bar{B})(\bar{A} \cup B)$

$$= [(A \cup \bar{B})\bar{A}] \cup [(A \cup \bar{B})B]$$

$$= \bar{A}\bar{B} \cup AB.$$

(2) $C \cup (A - AC) \cup (B - BC) = C \cup [A(\bar{A} \cup \bar{C})] \cup [B(\bar{B} \cup \bar{C})]$

$$= C \cup A\bar{C} \cup B\bar{C} = (A \cup C) \cup (B\bar{C})$$
$$= (A \cup B \cup C) \cap [(A \cup C) \cup \bar{C}]$$
$$= (A \cup B \cup C) \cap \Omega = A \cup B \cup C.$$

习题 1-2

(A) 基础题

1. 有五条线段, 长度分别为 1, 3, 5, 7, 9, 任取 3 条, 求恰好能构成三角形的概率.

解 Ω 中含样本点的总数为 $n = C_5^3$, 设 A="3 条线段恰好能构成三角形", 则 $n_A = 3$, 故 $P(A) = \dfrac{n_A}{n} = \dfrac{3}{C_5^3} = \dfrac{3}{10}$.

2. 设袋中有 4 个白球和 2 个黑球, 现从袋中依次取出 2 个球, 分别就无放回取球和有放回取球两种情况, 求:

(1) 这 2 个球都是白球的概率;

(2) 取到 2 个颜色相同球的概率.

解 设 A="2 个球都是白球", B="取到的 2 个球颜色相同"

无放回取球: Ω 中含样本点的总数为 $n = C_6^2$, $n_A = C_4^2$, $n_B = C_4^2 + C_2^2$, 故

(1) $P(A) = \dfrac{n_A}{n} = \dfrac{C_4^2}{C_6^2} = 0.4$; (2) $P(B) = \dfrac{n_B}{n} = \dfrac{C_4^2 + C_2^2}{C_6^2} = \dfrac{7}{15}$.

有放回取球: Ω 中含样本点的总数为 $n = 6^2$, $n_A = 4^2$, $n_B = 4^2 + 2^2$, 故

(1) $P(A) = \dfrac{n_A}{n} = \dfrac{4^2}{6^2} = \dfrac{4}{9}$; (2) $P(B) = \dfrac{n_B}{n} = \dfrac{4^2 + 2^2}{6^2} = \dfrac{5}{9}$.

3. 已知 10 个灯泡中有 7 个正品 3 个次品, 从中不放回地抽取两次, 每次取一个灯泡, 求:

(1) 取出的两个灯泡都是正品的概率; (2) 取出的两个灯泡都是次品的概率;

(3) 取出一个正品, 一个次品的概率; (4) 第二次取出的灯泡是次品的概率.

解 (1) $\dfrac{7 \times 6}{10 \times 9} = \dfrac{7}{15}$; (2) $\dfrac{3 \times 2}{10 \times 9} = \dfrac{1}{15}$;

(3) $\dfrac{C_2^1 \times 7 \times 3}{10 \times 9} = \dfrac{7}{15}$; (4) $\dfrac{7 \times 3 + 3 \times 2}{10 \times 9} = \dfrac{3}{10}$.

4. 任意将 10 本书放在书架上, 其中有两套书, 一套 3 卷, 另一套 4 卷, 求:

(1) 3 卷一套的放在一起的概率;

(2) 两套各自放在一起的概率;

(3) 两套中至少有一套放在一起的概率;

(4) 两套各自放在一起, 还按卷次顺序排好的概率.

解 设 A 表示 "3 卷一套的放在一起", B 表示 "4 卷一套的放在一起", C 表示 "两套各自放在一起", D 表示 "两套分别按卷次顺序排好".

(1) $P(A) = \dfrac{8! \times 3!}{10!} = \dfrac{1}{15}$;　(2) $P(C) = \dfrac{5! \times 4! \times 3!}{10!} = \dfrac{1}{210}$;

(3) $P(A \bigcup B) = P(A) + P(B) - P(AB) = \dfrac{1}{15} + \dfrac{1}{30} - \dfrac{1}{210} = \dfrac{2}{21}$;

(4) $P(ABD) = \dfrac{5! \times 2 \times 2}{10!} = \dfrac{1}{7560}$.

提示: 按卷次排好有正反两种顺序.

5. (生日问题)设某班级有 n 个人($n \leqslant 365$), 求至少有两个人的生日在同一天的概率.

解　假定一年按 365 天计算, 每个人的生日在 365 天中的任一天是等可能的, 令 $A = \{n$ 个人中至少有两个人的生日相同$\}$, $B = \{n$ 个人的生日全不相同$\}$, 则

$$P(A) = P(\overline{B}) = 1 - P(B) = 1 - \frac{C_{365}^{n} \cdot n!}{365^{n}}.$$

6. 在 11 张卡片上分别写上 engineering 这 11 个字母, 从中任意连抽 6 张, 求依次排列结果为 ginger 的概率.

解　所求概率为 $\dfrac{C_2^1 C_2^1 C_3^1 C_1^1 C_3^1 C_1^1}{A_{11}^6} = \dfrac{1}{9240}$ 或 $\dfrac{2}{11} \times \dfrac{2}{10} \times \dfrac{3}{9} \times \dfrac{1}{8} \times \dfrac{3}{7} \times \dfrac{1}{6} = \dfrac{1}{9240}$.

7. 在区间 $(0,1)$ 内任取两个数, 求这两个数的乘积不大于 $\dfrac{1}{4}$ 的概率.

解　设 x 和 y 表示在 $(0,1)$ 内任取的两个数, 把 (x,y) 视为随机点, 则它落入正方形区域 $\Omega = \{(x,y) \mid 0 < x < 1, 0 < y < 1\}$ 内(图 1-1), 记 $A = \{(x,y) \mid xy \leqslant \dfrac{1}{4}, 0 < x < 1, 0 < y < 1\}$, 则 (x,y) 应位于图 1-1 中阴影部分区域内, 由几何概率公式, 有

$$P(A) = \frac{m(A)}{m(\Omega)} = \frac{\dfrac{1}{4} \times 1 + \displaystyle\int_{\frac{1}{4}}^{1} \dfrac{1}{4x} \mathrm{d}x}{1 \times 1}$$

$$= \frac{1}{4} + \frac{1}{4}\left(0 - \ln\frac{1}{4}\right) = \frac{1 + 2\ln 2}{4} = 0.597.$$

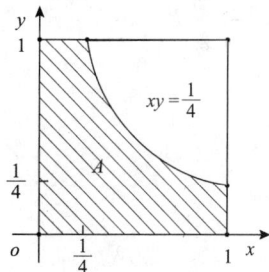

图 1-1　第 7 题

(B) 提高题

1. 玻璃杯成箱出售, 某人欲购买三箱玻璃杯, 仓库里有 10 箱库存的玻璃杯, 其中管理员已经检查了其中的 6 箱, 都没有残次品. 而顾客随机选取了其中的 3 箱. 求:

(1) 顾客选取的 3 箱恰好都是管理员已经检查过的概率?

(2) 顾客选取的 3 箱恰好有 1 箱是管理员检查过的概率?

解　设 A="顾客选取的 3 箱恰好都是管理员已经检查过的", B="顾客选取的 3 箱恰好有 1 箱是管理员检查过的". 则样本点总数为 $n = C_{10}^3$, $n_A = C_6^3 = 20$, $n_B = C_6^1 C_4^2 = 36$.

$$P(A) = \frac{20}{120} = \frac{1}{6}; \quad P(B) = \frac{36}{120} = \frac{3}{10}.$$

2. 考虑一元二次方程 $x^2 + Bx + C = 0$，其中系数 B,C 取值是随机的，分别等于将一枚骰子连掷两次先后出现的点数. 试求下列事件的概率：$A_1 = \{$方程有两个不同实数根$\}$；$A_2 = \{$方程有重根$\}$；$A_3 = \{$方程无实数根$\}$.

解　考虑方程的判别式 $\Delta = B^2 - 4C$，三种情形的充分必要条件是，$\Delta > 0$（方程有两个不同实数根），$\Delta = 0$（重根），$\Delta < 0$（虚根）.

一枚骰子连掷两次总共有 $N = 36$ 个基本事件，B,C 各有 $1,2,3,4,5,6$ 六个可能值，则 $P(A_1) = \dfrac{17}{36}$；$P(A_2) = \dfrac{2}{36}$；$P(A_3) = \dfrac{17}{36}$.

B	1	2	3	4	5	6	总数
$D = B^2/4$	0.25	1	2.25	4	6.25	9	
$\Delta > 0$，$D > C$	0	0	2	3	6	6	17
$\Delta = 0$，$D = C$	0	1	0	1	0	0	3
$\Delta < 0$，$D < C$	6	5	4	2	0	0	17

3. 在半径为 R 的圆内画平行弦，如果这些弦与垂直于弦的直径的交点在该直径上的位置是等可能的，求任意画的弦的长度大于 R 的概率？

解　如图 1-2 所示，设垂直于直径的弦于直径的交点的横坐标为 x，事件 $E =$ "弦的长度大于 R"，则事件 E 包含的基本事件可以用那些横坐标 x 满足下面的不等式表示

$$2\sqrt{R^2 - x^2} > R,$$

即 $-\dfrac{\sqrt{3}}{2}R < x < \dfrac{\sqrt{3}}{2}R$. 则 $P(E) = \dfrac{\sqrt{3}R}{2R} = \dfrac{\sqrt{3}}{2} \approx 0.866$.

图 1-2　第 3 题

图 1-3　第 4 题

4. 在长度为 1 的线段上任取两个点将线段分成三部分，求它们可以构成一个三角形的概率？

解　如图 1-3 所示，设 $A=$ "任意分的三条线段可以构成三角形". 长度为 1 的线段分成三段后，其长度分别为 $x, y, 1-x-y$，有

$$0 < x < 1, \quad 0 < y < 1, \quad 0 < 1-x-y < 1,$$

且把 (x,y) 视为平面上的点，则

$$\begin{cases} y+1-x-y>x, \\ x+1-x-y>y, \\ x+y>1-x-y, \end{cases}$$

即 $x<\dfrac{1}{2},y<\dfrac{1}{2},x+y>\dfrac{1}{2}$. 所以 $P(A)=\dfrac{s}{S}=\dfrac{\dfrac{1}{2}\left(\dfrac{1}{2}\right)^2}{\dfrac{1}{2}}=\dfrac{1}{4}=0.25$.

习题 1-3

(A) 基础题

1. 已知事件 A,B 有包含关系, $P(A)=0.2,P(B)=0.4$,求:

(1) $P(\overline{A}),P(\overline{B})$; (2) $P(AB)$; (3) $P(A\bigcup B)$; (4) $P(\overline{A}B)$; (5) $P(\overline{A}\bigcap\overline{B})$.

解 (1) $P(\overline{A})=1-P(A)=0.8,P(\overline{B})=1-P(B)=0.6$.

(2) 当事件 A,B 有包含关系时, 由 $P(A)=0.2<P(B)=0.4$ 可知, $A\subset B$, 因此有 $P(AB)=P(A)=0.2$.

(3) 由加法公式可得 $P(A\bigcup B)=P(A)+P(B)-P(AB)=0.2+0.4-0.2=0.4$.

(4) $P(\overline{A}B)=P(B)-P(AB)=0.4-0.2=0.2$.

(5) $P(\overline{A}\bigcap\overline{B})=P(\overline{A\bigcup B})=1-P(A\bigcup B)=1-0.4=0.6$.

2. 设 A,B 是两个事件, 且 $P(A)=0.7$, $P(A-B)=0.4$, 求 $P(\overline{AB})$.

解 由于 $A-B=A-AB$, 且 $AB\subset A$, 所以 $P(A-B)=P(A)-P(AB)$, 于是

$$P(AB)=P(A)-P(A-B)=0.7-0.4=0.3,$$

因此

$$P(\overline{AB})=1-P(AB)=1-0.3=0.7.$$

3. 已知 $P(A)=0.4,P(B)=0.3,P(A\bigcup B)=0.6$,求:

(1) $P(AB)$; (2) $P(A\overline{B})$; (3) $P(\overline{AB})$.

解 (1) 因为 $P(A\bigcup B)=P(A)+P(B)-P(AB)$, 所以有

$$P(AB)=P(A)+P(B)-P(A\bigcup B)=0.4+0.3-0.6=0.1.$$

(2) 因为 $P(A\overline{B})=P(A-B)=P(A)-P(AB)$, 所以有 $P(A\overline{B})=0.4-0.1=0.3$.

(3) 因为 $P(\overline{AB})=P(\overline{A\bigcup B})=1-P(A\bigcup B)$, 所以有 $P(\overline{AB})=1-0.6=0.4$.

4. 设 $P(A)=P(B)=P(C)=0.5,P(AB)=0,P(AC)=0.3,P(BC)=0.4$, 求 $P(\overline{A}\overline{B}\overline{C})$.

解 因为 $ABC\subset AB,P(AB)=0$, 所以 $P(ABC)=0$,

$$P(\overline{A}\,\overline{B}\,\overline{C}) = P(\overline{A \cup B \cup C}) = 1 - P(A \cup B \cup C)$$
$$= 1 - P(A) - P(B) - P(C) + P(AB) + P(AC) + P(BC) - P(ABC)$$
$$= 1 - 0.5 - 0.5 - 0.5 + 0 + 0.3 + 0.4 - 0 = 0.2.$$

5. 设 A, B 是两个事件, 证明 $P(AB) = 1 - P(\overline{A}) - P(\overline{B}) + P(\overline{A}\,\overline{B})$.

证明　法一: 因为 $P(A \cup B) = P(A) + P(B) - P(AB)$, 故

$$P(AB) = P(A) + P(B) - P(A \cup B)$$
$$= [1 - P(\overline{A})] + [1 - P(\overline{B})] - [1 - P(\overline{A \cup B})]$$
$$= 1 - P(\overline{A}) - P(\overline{B}) + P(\overline{A \cup B})$$
$$= 1 - P(\overline{A}) - P(\overline{B}) + P(\overline{A}\,\overline{B}).$$

法二: $P(AB) = 1 - P(\overline{AB}) = 1 - P(\overline{A} \cup \overline{B})$
$$= 1 - [P(\overline{A}) + P(\overline{B}) - P(\overline{A}\,\overline{B})]$$
$$= 1 - P(\overline{A}) - P(\overline{B}) + P(\overline{A}\,\overline{B}).$$

(B) 提高题

1. 在 1 到 50 共 50 个数中任取一个数, 求这个数能被 2 或 3 或 5 整除的概率?

解　设 $A =$ "任取的这个数能被 2 或 3 或 5 整除", $A_1 =$ "任取的这个数能被 2 整除", $A_2 =$ "任取的这个数能被 3 整除", $A_3 =$ "任取的这个数能被 5 整除". 则

$$P(A_1) = \frac{25}{50} = \frac{1}{2}, \quad P(A_2) = \frac{16}{50} = \frac{8}{25}, \quad P(A_3) = \frac{10}{50} = \frac{1}{5}, \quad P(A_1 A_2) = \frac{8}{50} = \frac{4}{25},$$

$$P(A_1 A_3) = \frac{5}{50} = \frac{1}{10}, \quad P(A_2 A_3) = \frac{3}{50}, \quad P(A_1 A_2 A_3) = \frac{1}{50}.$$

由概率的加法公式得

$$P(A) = P(A_1 \cup A_2 \cup A_3)$$
$$= P(A_1) + P(A_2) + P(A_3) - P(A_1 A_2) - P(A_1 A_3) - P(A_2 A_3) + P(A_1 A_2 A_3)$$
$$= \frac{1}{2} + \frac{8}{25} + \frac{1}{5} - \frac{4}{25} - \frac{1}{10} - \frac{3}{50} + \frac{1}{50} = \frac{18}{25}.$$

2. 已知 $P(A) = 0.7, P(B) = 0.8$, 则

(1) 在什么情况下, $P(AB)$ 取得最大值, 最大值是多少?

(2) 在什么情况下, $P(AB)$ 取得最小值, 最小值是多少?

解　(1) $P(AB) \leqslant P(A)$, 且 $P(AB) \leqslant P(B)$, 当 $P(AB) = P(A)$ 时, $P(AB)$ 最大为 0.7.

(2) 根据加法公式得, $P(AB) = P(A) + P(B) - P(A \cup B)$, 当 $P(A \cup B) = 1$ 时, $P(AB)$ 最小为 0.5.

习题 1-4

(A) 基础题

1. 掷两颗均匀的骰子, 已知第一颗掷出 6 点, 求掷出点数之和不小于 10 的概率.

解　设 $A=$ "掷出点数之和不小于 10", $B=$ "第一颗掷出 6 点", 则

$$P(A|B) = \frac{P(AB)}{P(B)} = \frac{3/36}{6/36} = \frac{1}{2}.$$

2. 已知某国男性公民寿命大于 60 岁的概率为 70%, 大于 50 岁的概率为 85%, 若某人今年已 50 岁, 求他活到 60 岁的概率.

解　设事件 $A=$ "某人活到 50 岁", 事件 $B=$ "某人活到 60 岁", 则

$$P(B|A) = \frac{P(AB)}{P(A)} = \frac{P(B)}{P(A)} = \frac{70\%}{85\%} \approx 0.8235.$$

3. 假设一批产品中一、二、三等品各占 60%, 30%, 10%, 从中任意取出一件, 结果不是三等品, 求取到的是一等品的概率.

解　设 $A_i = \{$取出的产品为第 i 等品$\}, i = 1, 2, 3$, 则 A_1, A_2, A_3 互不相容. 故所求概率为

$$P(A_1 | A_1 \bigcup A_2) = \frac{P[A_1 \bigcap (A_1 \bigcup A_2)]}{P(A_1 \bigcup A_2)} = \frac{P(A_1)}{P(A_1 \bigcup A_2)} = \frac{P(A_1)}{P(A_1) + P(A_2)} = \frac{0.6}{0.6 + 0.3} = \frac{2}{3}$$

4. 设 $P(A) = 0.6, P(B) = 0.8, P(A|B) = 0.7$, 求 $P(B|A)$.

解　$P(AB) = P(B)P(A|B) = 0.8 \times 0.7 = 0.56$, 所以

$$P(B|A) = \frac{P(AB)}{P(A)} = \frac{0.56}{0.6} \approx 0.93.$$

5. 设随机事件 A, B 相互独立, $P(\overline{AB}) = \frac{1}{25}$, $P(A\overline{B}) = P(\overline{A}B)$, 求 $P(\overline{A})$.

解　因为 $P(\overline{AB}) = 1 - P(A \bigcup B) = \frac{1}{25}$, 故 $P(A \bigcup B) = P(A) + P(B) - P(AB) = \frac{24}{25}$.

由 $P(A\overline{B}) = P(\overline{A}B)$, 有 $P(A) - P(AB) = P(B) - P(AB)$, 故 $P(A) = P(B)$.

又由已知 A, B 相互独立, 所以有 $P(A) + P(A) - P^2(A) = \frac{24}{25}$, 解得 $P(A) = \frac{4}{5}$. $P(A) = \frac{6}{5}$(舍). 故 $P(\overline{A}) = \frac{1}{5}$.

6. 三个人独立地猜一个谜语, 个人单独能猜出的概率分别为 0.2, 0.25, 0.3, 求能将这个谜语猜出的概率.

解　设 $A = \{$能将这个谜语猜出$\}$,

$$P(A) = 1 - P(\overline{A}) = 1 - (1 - 0.2)(1 - 0.25)(1 - 0.3) = 0.58.$$

7. 从某单位外打电话给该单位某一办公室要由单位总机转进, 若总机打通的概率为 0.6, 办公室的分机占线率为 0.3, 设二者是独立的, 求从单位外向该办公室打电话能

打通的概率.

解　设 $B=\{$从外向办公室打通电话$\}$，$A_1=\{$总机打通$\}$，$A_2=\{$办公室不占线$\}$，

$$P(B)=P(A_1A_2)=P(A_1)P(A_2)=0.6\times(1-0.3)=0.42 .$$

(B) 提高题

1. 设袋中装有 r 个红球，t 个白球，每次自袋中任取一个球，观察其颜色后放回，并再放入 a 个与所取出的那个球同色的球. 若在袋中连续取球四次，试求第一、二次取到红球且第三、四次取到白球的概率.

解　以 $A_i\ (i=1,2,3,4)$ 表示事件"第 i 次取到红球"，则所求概率为

$$P(A_1A_2\overline{A}_3\overline{A}_4)=P(A_1)P(A_2\,|\,A_1)P(\overline{A}_3\,|\,A_1A_2)P(\overline{A}_4\,|\,A_1A_2\overline{A}_3)$$

$$=\frac{r}{r+t}\cdot\frac{r+a}{r+t+a}\cdot\frac{t}{r+t+2a}\cdot\frac{t+a}{r+t+3a}.$$

2. 设有三个相互独立的随机事件 A,B,C，且 $ABC=\varnothing,P(A)=P(B)=P(C)<\dfrac{1}{2}$，$P(A\cup B\cup C)=\dfrac{9}{16}$，求 $P(A)$.

解　由事件 A,B,C 相互独立，且 $ABC=\varnothing,P(A)=P(B)=P(C)$ 知，

$$P(AB)=P(A)\cdot P(B)=P^2(A),$$
$$P(AC)=P(A)\cdot P(C)=P^2(A),$$
$$P(BC)=P(B)\cdot P(C)=P^2(A),$$
$$P(ABC)=P(\varnothing)=0.$$

因而

$$P(A\cup B\cup C)=P(A)+P(B)+P(C)-P(AB)-P(AC)-P(BC)+P(ABC)$$

$$=3P(A)-3P^2(A)=\frac{9}{16},$$

得 $P(A)=\dfrac{1}{4}$ 或 $\dfrac{3}{4}$. 由于 $P(A)<\dfrac{1}{2}$，所以 $P(A)=\dfrac{1}{4}$.

3. 用导弹在距离 50 公里处打击一移动目标，击中的概率为 0.8. 如果第一次没有击中，则进行第二次打击，但由于目标的移动而使距离变为 60 公里；如果第二次依然没有击中，则进行第三次打击，此时距离变为 80 公里. 假设击中的概率与距离成反比，求导弹击中目标的概率？

解　设 $A=$"导弹击中目标"，$A_i=$"第 i 次击中目标"，$i=1,2,3$，则

$$A=A_1\cup\overline{A}_1A_2\cup\overline{A}_1\overline{A}_2A_3.$$

因为击中的概率与距离成反比，故设 $p=\dfrac{k}{d}$，k 为待定的常数. 由 $d=50$ 公里时

$p=0.8$ 可得 $k=40$，即 $p=\dfrac{40}{d}$．所以第二次击中的概率为 $p_2=\dfrac{40}{60}=\dfrac{2}{3}$．第三次击中的

概率为 $p_3=\dfrac{40}{80}=0.5$．而 $P(A_2\,|\,\overline{A}_1)=p_2=\dfrac{2}{3},P(A_3\,|\,\overline{A}_1\overline{A}_2)=p_3=0.5$．

由加法公式可得

$$\begin{aligned}
P(A)&=P(A_1)+P(\overline{A}_1A_2)+P(\overline{A}_1\overline{A}_2A_3)\\
&=P(A_1)+P(\overline{A}_1)P(A_2\,|\,\overline{A}_1)+P(\overline{A}_1)P(\overline{A}_2\,|\,\overline{A}_1)P(A_3\,|\,\overline{A}_1\overline{A}_2)\\
&=0.8+(1-0.8)\times\frac{2}{3}+(1-0.8)\times\left(1-\frac{2}{3}\right)\times0.5\approx0.967.
\end{aligned}$$

习题 1-5

(A) 基础题

1. 某手机制造企业有两个生产基地，一个在 S 市，另一个在 T 市，但都生产同型号手机．S 市生产的手机占总数的 60%，T 市的占 40%．两个基地的手机都送到两地之间的一个中心仓库，且产品混合放在一起．从质量检查可知 S 市生产的手机有 5% 不合格；T 市生产的手机有 10% 不合格．从中心仓库随机抽出一个手机，求它是不合格品的概率．

解　设 $A=$ "抽到的是 S 市生产基地生产的手机"，$B=$ "不合格的手机"，则

$$P(A)=0.6,\quad P(\overline{A})=0.4,\quad P(B\,|\,A)=0.05,\quad P(B\,|\,\overline{A})=0.1.$$

由全概率公式得

$$P(B)=P(A)P(B\,|\,A)+P(\overline{A})P(B\,|\,\overline{A})=0.6\times0.05+0.4\times0.1=0.07.$$

2. 有三个箱子，分别编号为 1,2,3，1 号箱有 1 个红球 4 个白球，2 号箱有 2 个红球 3 个白球，3 号箱有 3 个红球，某人从三箱中任取一箱，从中随机地取一个球，求取到红球的概率．

解　设 $A_i=$ "任取一箱为 i 号箱"，$i=1,2,3$；$B=$ "任取一球取得红球"，则

$$P(A_i)=\frac{1}{3}\ (i=1,2,3),\quad P(B\,|\,A_1)=\frac{1}{5},\quad P(B\,|\,A_2)=\frac{2}{5},\quad P(B\,|\,A_3)=1.$$

由全概率公式得

$$P(B)=\sum_{i=1}^{3}P(A_i)P(B\,|\,A_i)=\frac{8}{15}.$$

3. 已知男人中有 5% 是色盲患者，女人中有 0.25% 是色盲患者，今从男女人数相等的人群中随机挑选一人，恰好是色盲患者，求此人是男性的概率．

解　设 $A=\{$任选一人是男性$\}$，$\overline{A}=\{$任选一人是女性$\}$，$B=\{$任选一人是色盲患者$\}$，故

$$P(B)=P(A)P(B\,|\,A)+P(\overline{A})P(B\,|\,\overline{A})=\frac{1}{2}\times5\%+\frac{1}{2}\times0.25\%=0.02625;$$

$$P(A \mid B) = \frac{P(A)P(B \mid A)}{P(B)} = \frac{20}{21}.$$

4. 在通信网络中装有密码钥匙, 设全部收到的信息中有 95% 是可信的, 又设全部不可信的信息中只有 0.1% 是使用密码钥匙传送的, 而全部可信信息是使用密码钥匙传送的. 求由密码钥匙传送的信息是可信信息的概率.

解　设 $A =$ "信息是使用密码钥匙传送的", $B =$ "信息是可信的". 根据贝叶斯公式, 有

$$P(B \mid A) = \frac{P(AB)}{P(A)} = \frac{P(B)P(A \mid B)}{P(B)P(A \mid B) + P(\bar{B})P(A \mid \bar{B})}$$

$$= \frac{95\% \times 1}{95\% \times 1 + 5\% \times 0.1\%} = \frac{19000}{19001} \approx 99.9947\%.$$

5. 已知一批产品中有 95% 是合格品, 检验产品质量时, 一个合格品被误判为次品的概率为 0.02, 一个次品被误判为合格品的概率是 0.03. 求:

(1) 任意抽查一个产品, 它被判为合格品的概率;

(2) 如果一个产品经检查被判为合格, 那么它确实是合格品的概率.

解　记 $A_1 = \{$产品是合格品$\}$, $A_2 = \{$产品是不合格品$\}$, $B = \{$产品被判为合格品$\}$.

(1) 由全概率公式得

$$P(B) = P(A_1)P(B \mid A_1) + P(A_2)P(B \mid A_2)$$

$$= 95\% \times 0.98 + 5\% \times 0.03 = 0.9325;$$

(2) 由贝叶斯公式得

$$P(A_1 \mid B) = \frac{P(A_1)P(B \mid A_1)}{P(B)} = 0.998.$$

6. 某班教师发现在考试及格的学生中有 90% 的学生从来没有旷课现象, 而在考试不及格的学生中只有 10% 的学生从来没有旷课现象, 现在只有 90% 的学生考试及格, 从这个班级的学生中随机抽取一名学生.

(1) 求抽到的这名学生从来没有旷课现象的概率;

(2) 若已知抽到的这名学生从来没有旷课现象, 求他考试及格的概率.

解　记 $A = \{$抽到的学生考试及格$\}$, $B = \{$抽到的学生从来没有旷课现象$\}$, 则

$$P(A) = 0.9, \quad P(B \mid A) = 0.9, \quad P(B \mid \bar{A}) = 0.1.$$

(1) 由全概率公式得

$$P(B) = P(A)P(B \mid A) + P(\bar{A})P(B \mid \bar{A})$$

$$= 90\% \times 90\% + 10\% \times 10\% = 0.82;$$

(2) 由贝叶斯公式得

$$P(A \mid B) = \frac{P(A)P(B \mid A)}{P(B)} = \frac{0.81}{0.82} \approx 0.9878.$$

(B) 提高题

1. 轰炸机轰炸某目标, 它能飞到距目标 400 米、200 米、100 米的概率分别为 0.5, 0.3, 0.2, 又设它在距目标 400 米、200 米、100 米的命中率分别为 0.01, 0.02, 0.1, 当目标被命中时, 求飞机是在 400 米、200 米、100 米处轰炸的概率.

解 设 $A_1 = $ "飞机飞到距目标 400 米处", $A_2 = $ "飞机飞到距目标 200 米处", $A_3 = $ "飞机飞到距目标 100 米处", $B = $ "目标被击中", 则

$$P(A_1) = 0.5, \qquad P(A_2) = 0.3, \qquad P(A_3) = 0.2,$$
$$P(B \mid A_1) = 0.01, \quad P(B \mid A_2) = 0.02, \quad P(B \mid A_3) = 0.1.$$

由全概率公式可知

$$P(B) = \sum_{i=1}^{3} P(A_i) P(B \mid A_i) = 0.5 \times 0.01 + 0.3 \times 0.02 + 0.2 \times 0.1 = 0.031.$$

由贝叶斯公式可得

$$P(A_1 \mid B) = \frac{P(A_1) P(B \mid A_1)}{P(B)} = \frac{0.5 \times 0.01}{0.031} = \frac{5}{31},$$
$$P(A_2 \mid B) = \frac{P(A_2) P(B \mid A_2)}{P(B)} = \frac{0.3 \times 0.02}{0.031} = \frac{6}{31},$$
$$P(A_3 \mid B) = \frac{P(A_3) P(B \mid A_3)}{P(B)} = \frac{0.2 \times 0.1}{0.031} = \frac{20}{31}.$$

2. 某射击小组共有 20 名射手, 其中一级射手 4 人, 二级射手 8 人, 三级射手 7 人, 四级射手 1 人, 一、二、三、四级射手能通过选拔进入比赛的概率分别是 0.9, 0.7, 0.5, 0.2.

(1) 求任选一名射手, 能通过选拔进入比赛的概率;

(2) 若已知一名射手被选拔进入了比赛, 求他是一级射手的概率.

解 $A_i = $ "所选射手为 i 级", $i = 1, 2, 3, 4$, $B = $ "射手被选拔进入比赛", 则

$$P(A_1) = \frac{1}{5}, \qquad P(A_2) = \frac{2}{5}, \qquad P(A_3) = \frac{7}{20}, \qquad P(A_4) = \frac{1}{20},$$
$$P(B \mid A_1) = 0.9, \quad P(B \mid A_2) = 0.7, \quad P(B \mid A_3) = 0.5, \quad P(B \mid A_4) = 0.2.$$

(1) 根据全概率公式

$$P(B) = \sum_{i=1}^{4} P(A_i) P(B \mid A_i)$$
$$= \frac{1}{5} \times 0.9 + \frac{2}{5} \times 0.7 + \frac{7}{20} \times 0.5 + \frac{1}{20} \times 0.2 = \frac{185}{200} = 0.925;$$

(2) 由贝叶斯公式

$$P(A_1 \mid B) = \frac{P(A_1) P(B \mid A_1)}{P(B)} = \frac{\dfrac{1}{5} \times 0.9}{\dfrac{185}{200}} = \frac{36}{185} \approx 0.195.$$

3. 设有来自三个地区的各 10 名、15 名和 25 名考生的报名表, 其中女生的报名表分别为 3 份、7 份和 5 份. 随机地取一个地区的报名表, 从中先后抽出两份.

(1) 求先抽到的一份是女生表的概率 p;

(2) 已知后抽到的一份是男生表, 求先抽到的一份是女生表的概率 q.

解　$A_i =$ "抽出的两份报名表来自第 i 个地区", $i = 1, 2, 3$, $B_1 =$ "先抽到的一份是女生表", $B_2 =$ "后抽到的一份是男生表".

(1) 依题意有

$$P(A_1) = P(A_2) = P(A_3) = \frac{1}{3};$$

$$P(B_1 \mid A_1) = \frac{3}{10}, \quad P(B_1 \mid A_2) = \frac{7}{15}, \quad P(B_1 \mid A_3) = \frac{1}{5}.$$

由全概率公式可得

$$p = P(B_1) = P(A_1)P(B_1 \mid A_1) + P(A_2)P(B_1 \mid A_2) + P(A_3)P(B_1 \mid A_3)$$

$$= \frac{1}{3}\left(\frac{3}{10} + \frac{7}{15} + \frac{1}{5}\right) = \frac{29}{90}.$$

(2) 事件 $\overline{B}_1$ 表示先抽到的一份是男生表, 则

$$P(B_2) = P(\overline{B}_1) = 1 - \frac{29}{90} = \frac{61}{90}.$$

易知

$$P(B_1 B_2 \mid A_1) = \frac{3}{10} \times \frac{7}{9} = \frac{7}{30},$$

$$P(B_1 B_2 \mid A_2) = \frac{7}{15} \times \frac{8}{14} = \frac{4}{15},$$

$$P(B_1 B_2 \mid A_3) = \frac{5}{25} \times \frac{20}{24} = \frac{1}{6}.$$

由全概率公式可得

$$P(B_1 B_2) = P(A_1)P(B_1 B_2 \mid A_1) + P(A_2)P(B_1 B_2 \mid A_2) + P(A_3)P(B_1 B_2 \mid A_3)$$

$$= \frac{1}{3}\left(\frac{7}{30} + \frac{4}{15} + \frac{1}{6}\right) \times \frac{20}{24} = \frac{2}{9}.$$

故

$$q = P(B_1 \mid B_2) = \frac{P(B_1 B_2)}{P(B_2)} = \frac{\dfrac{2}{9}}{\dfrac{61}{90}} = \frac{20}{61}.$$

习题 1-6

1. 一批产品的废品率为 0.1, 每次抽取 1 个, 观测后放回, 下次再取 1 个, 共重复 3

次, 求 3 次中恰有两次抽到废品的概率.

解 $C_3^2 \times 0.1^2 \times (1-0.1)^{3-2} = 0.027$.

2. 设三次独立试验中, 事件 A 出现的概率相等, 若已知 A 至少出现一次的概率等于 $\frac{19}{27}$, 求在一次试验中事件 A 出现的概率.

解 设 $P(A) = p$, 则

$$P\{A\,至少出现一次\} = 1 - P\{A\,一次也不出现\} = 1 - (1-p)^3 = \frac{19}{27},$$

故 $(1-p)^3 = \frac{8}{27}$, 所以 $p = \frac{1}{3}$.

3. 若电灯泡的耐用时数在 1000 小时以上的概率为 0.2, 求三个电灯泡在使用 1000 小时以后最多只有一个损坏的概率. 设这三个电灯泡是相互独立地使用的.

解 设 $A = $ "电灯泡使用 1000 小时以上", 依题意有 $P(A) = 0.2 = p$, $P(\overline{A}) = 0.8 = q$. 考察三个灯泡, 视为进行三重伯努利试验, 则

$$P = C_3^3 p^3 q^{3-3} + C_3^2 p^2 q^{3-2} = p^3 + 3p^2 q = 0.2^3 + 3 \times 0.2^2 \times 0.8 = 0.104.$$

4. 设事件 A 在一次实验中出现的概率为 0.4, 问使 A 以不小于 0.9 的概率至少出现一次, 需要重复多少次试验.

解 设 n 为试验次数, $A_i = $ "A 在第 i 次出现", $i = 1, 2, 3, \cdots, n$. 则 $A_1, A_2, \cdots, A_n$ 相互独立, 那么 A 至少出现一次的概率为

$$P_n = P(A_1 \bigcup A_2 \bigcup \cdots \bigcup A_n) = 1 - P(\overline{A_1}\,\overline{A_2}\cdots\overline{A_n}) = 1 - P(\overline{A_1})P(\overline{A_2})\cdots P(\overline{A_n}) = 1 - (1-0.4)^n.$$

由题意可知

$$P_n = 1 - (1-0.4)^n \geqslant 0.9,$$

即 $0.6^n \leqslant 0.1$, 解得 $n \geqslant 4.505$. 所以至少要进行 5 次试验.

5. 某医疗团队对一种药物的疗效进行研究, 此药物对某种疾病的治愈率为 0.9, 现在有 8 名患此种疾病的人同时服用此药物, 求至少有 6 人治愈的概率 p.

解 设 $A = $ "患者服用该药物后治愈", 则 $P(A) = 0.9, P(\overline{A}) = 0.1$, 那么

$$p = P_8^6 + P_8^7 + P_8^8 = C_8^6 \times 0.9^6 \times 0.1^2 + C_8^7 \times 0.9^7 \times 0.1 + C_8^8 \times 0.9^8 \times 0.1^0 = 0.9619.$$

自 测 题 一

1. 设 A, B 为两个随机事件, 且 $P(A) = 0.9, P(A-B) = 0.3$, 则 $P(\overline{AB}) = ($).

解 因为 $P(A-B) = P(A) - P(AB) = 0.3$, 所以 $P(AB) = 0.6$. 故

$$P(\overline{AB}) = 1 - P(AB) = 1 - 0.6 = 0.4.$$

2. 已知 $P(A) = 0.4$，$P(B) = 0.3$，$P(B|A) = 0.5$，则 $P(A \cup B) = ($　　$)$.

解　因为 $P(B|A) = \dfrac{P(AB)}{P(A)} = 0.5$，所以 $P(AB) = 0.2$. 从而

$$P(A \cup B) = P(A) + P(B) - P(AB) = 0.4 + 0.3 - 0.2 = 0.5.$$

3. 设事件 A 与 B 相互独立，且 $P(B) = 0.5, P(A - B) = 0.3$，则 $P(B - A) = ($　　$)$.

解　由 A 与 B 相互独立知，$P(AB) = P(A)P(B)$. 于是

$$P(A - B) = P(A) - P(AB) = P(A) - P(A)P(B) = P(A)[1 - P(B)] = 0.5P(A).$$

从而 $P(A) = 2P(A - B) = 0.6$. 故

$$P(B - A) = P(B) - P(AB) = P(B) - P(A)P(B) = 0.5 - 0.6 \times 0.5 = 0.2.$$

4. 设 A, B 为两个随机事件，且 $0 < P(A) < 1, 0 < P(B) < 1$，如果 $P(A|B) = 1$，则 $P(\bar{B}|\bar{A}) = ($　　$)$.

解　由题设可知 $P(A|B) = \dfrac{P(AB)}{P(B)} = 1$. 于是 $P(AB) = P(B)$. 因此

$$P(A \cup B) = P(A) + P(B) - P(AB) = P(A),$$

$$P(\bar{B}|\bar{A}) = \frac{P(\bar{B}\,\bar{A})}{P(\bar{A})} = \frac{P(\overline{A \cup B})}{P(\bar{A})} = \frac{1 - P(A \cup B)}{1 - P(A)} = \frac{1 - P(A)}{1 - P(A)} = 1.$$

5. 设 A, B, C 为随机事件，且 A 与 B 互不相容，A 与 C 互不相容，B 与 C 相互独立，$P(A) = P(B) = P(C) = \dfrac{1}{3}$，则 $P(B \cup C | A \cup B \cup C) = ($　　$)$.

解　由于 A 与 B 互不相容，A 与 C 互不相容，B 与 C 相互独立，故

$$P(AB) = 0, \quad P(AC) = 0, \quad P(BC) = P(B)P(C) = \frac{1}{9}, \quad P(ABC) = 0.$$

由条件概率公式得

$$P(B \cup C | A \cup B \cup C) = \frac{P[(B \cup C)|(A \cup B \cup C)]}{P(A \cup B \cup C)} = \frac{P(B \cup C)}{P(A \cup B \cup C)}$$

$$= \frac{P(B) + P(C) - P(BC)}{P(A) + P(B) + P(C) - P(AB) - P(BC) - P(AC) + P(ABC)}$$

$$= \frac{\dfrac{1}{3} + \dfrac{1}{3} - \dfrac{1}{9}}{\dfrac{1}{3} + \dfrac{1}{3} + \dfrac{1}{3} - \dfrac{1}{9}} = \frac{5}{8}.$$

6. 某班有 30 个同学，其中 8 个女同学，随机地选 10 个，求

(1) 正好有 2 个女同学的概率；

(2) 最多有 2 个女同学的概率；

(3) 至少有 2 个女同学的概率.

解 (1) $\dfrac{C_8^2 C_{22}^8}{C_{30}^{10}}$；(2) $\dfrac{C_{22}^{10} + C_8^1 C_{22}^9 + C_8^2 C_{22}^8}{C_{30}^{10}}$；(3) $1 - \dfrac{C_{22}^{10} + C_8^1 C_{22}^9}{C_{30}^{10}}$.

7. (抽奖券问题) 设某超市有奖销售，投放 n 张奖券，只有 1 张有奖，每位顾客可抽 1 张，求第 $k(1 \leqslant k \leqslant n)$ 位顾客中奖的概率.

解 记 $A = \{$第 k 位顾客中奖$\}$，抽奖券为不放回抽样，则

$$P(A) = \frac{A_{n-1}^{k-1} \times 1}{A_n^k} = \frac{(n-1) \times \cdots \times (n-k+1) \times 1}{n \times (n-1) \times \cdots \times (n-k+1)} = \frac{1}{n}.$$

8. (相遇问题) 甲、乙二人相约在中午 12 点到 1 点在预订地点会面，先到者等待 10 分钟就可离去，试求二人能会面的概率(假设二人在该时段到达预订地点是等可能的).

解 设 $A = \{$二人能会面$\}$，且甲、乙二人到达的时刻分别为 x, y. 则样本空间对应于区域 $\Omega = \{(x, y) \mid 0 \leqslant x \leqslant 1, 0 \leqslant y \leqslant 1\}$.

而事件 A 对应于平面区域 $A = \left\{(x, y) \Big| |x - y| \leqslant \dfrac{1}{6}\right\}$，如图 1-4 所示.

$$P(A) = \frac{m(A)}{m(\Omega)} = \frac{1^2 - \dfrac{1}{2} \times \left(\dfrac{5}{6}\right)^2 \times 2}{1^2} = \frac{11}{36}.$$

9. 从 5 双不同鞋子中任取 4 只，求 4 只鞋子中至少有 2 只配成一双的概率.

解 记 $A = $"4 只鞋子中至少有 2 只配成一双"，则 $\bar{A} = $"4 只都不配对". 因为从 10 只中任取 4 只，取法有 C_{10}^4 种，每种取法等可能. 要 4 只都不配对，可在 5 双中任取 4 双，再在 4 双中的每一双里任取一只，取法有 $C_5^4 \times 2^4$ 种. 所以有

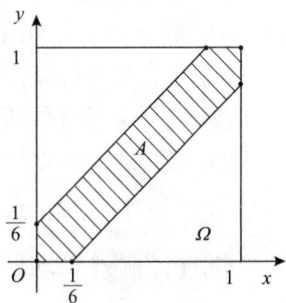

图 1-4　相遇问题

$$P(\bar{A}) = \frac{C_5^4 \times 2^4}{C_{10}^4} = \frac{8}{21}, \quad P(A) = 1 - P(\bar{A}) = \frac{13}{21}.$$

10. 10 个签中有 4 个是难签，3 人参加抽签(无放回)，甲先、乙次、丙最后，求甲抽到难签，甲、乙都抽到难签，甲没有抽到难签而乙抽到难签及甲、乙、丙都抽到难签的概率.

解 设 $A = $"甲抽到难签"，$B = $"乙抽到难签"，$C = $"丙抽到难签"，则

$$P(A) = \frac{4}{10}, \quad P(AB) = P(A)P(B \mid A) = \frac{4}{10} \times \frac{3}{9} = \frac{2}{15},$$

$$P(\bar{A}B) = P(\bar{A})P(B \mid \bar{A}) = \frac{6}{10} \times \frac{4}{9} = \frac{4}{15},$$

$$P(ABC) = P(A)P(B \mid A)P(C \mid AB) = \frac{4}{10} \times \frac{3}{9} \times \frac{2}{8} = \frac{1}{30}.$$

11. 100 张彩票中有 7 张有奖，现有甲先乙后各买了一张彩票，试计算说明甲、乙

两人中奖的概率是否相同.

解　设 A = "甲中奖", B = "乙中奖", 则 $P(A) = \dfrac{7}{100}$. 由全概率公式得

$$P(B) = P(A)P(B \mid A) + P(\bar{A})P(B \mid \bar{A}) = \frac{7}{100} \times \frac{6}{99} + \frac{93}{100} \times \frac{7}{99} = \frac{7}{100},$$

计算结果说明, 甲、乙中奖的概率是相同的, 与先后次序无关.

12. 设有两个相同的盒子, 第一盒子中有 4 个红球和 6 个白球, 第二盒子中有 5 个红球和 5 个白球, 随机地取一个盒子, 从中随机地取一个球, 求取到红球的概率.

解　设 A = "从中取出的球为红球", B = "取出的球为第一个盒中的", $\bar{B}$ = "取出的球为第二个盒中的", 由全概率公式得

$$P(A) = P(B)P(A \mid B) + P(\bar{B})P(A \mid \bar{B})$$
$$= \frac{1}{2} \times \frac{4}{10} + \frac{1}{2} \times \frac{5}{10} = 0.45.$$

13. 据以往数据分析表明, 当机器运转正常时, 产品的合格率为 90%; 当机器发生故障时, 其合格率为 30%; 当机器开动时, 机器运转正常的概率为 75%.

(1) 求某日首件新产品是合格品的概率;

(2) 已知某日首件新产品是合格品, 求机器运转正常的概率.

解　设 A = "机器运转正常", B = "首件新产品是合格品",

$$P(A) = 0.75, \quad P(\bar{A}) = 0.25, \quad P(B \mid A) = 0.9, \quad P(B \mid \bar{A}) = 0.3.$$

(1) 由全概率公式得

$$P(B) = P(A)P(B \mid A) + P(\bar{A})P(B \mid \bar{A}) = 0.75 \times 0.9 + 0.25 \times 0.3 = 0.75.$$

(2) 由贝叶斯公式得

$$P(A \mid B) = \frac{P(A)P(A \mid B)}{P(B)} = \frac{0.75 \times 0.9}{0.75} = 0.9.$$

14. 某商店有 100 台相同型号的冰箱待售, 其中 60 台是甲厂生产的, 25 台是乙厂生产的, 15 台是丙厂生产的, 已知这三个厂生产的冰箱质量不同, 它们的不合格率依次为 0.1, 0.4, 0.2, 现有一位顾客从这批冰箱中随机地取了一台, 试求:

(1) 该顾客取到一台合格冰箱的概率;

(2) 顾客开箱测试后发现冰箱不合格, 求这台冰箱来自甲厂的概率.

解　设 B = "任取一台为不合格", 设 A_i = "冰箱分别由甲、乙、丙厂生产" ($i = 1, 2, 3$),

(1) 由全概率公式可得

$$P(B) = \sum_{i=1}^{3} P(A_i)P(B \mid A_i) = 0.6 \times 0.1 + 0.25 \times 0.4 + 0.15 \times 0.2 = 0.19.$$

所以 $P(\bar{B}) = 0.81$.

(2) 由贝叶斯公式得 $P(A\,|\,B)=\dfrac{P(A)P(B\,|\,A)}{P(B)}=\dfrac{0.6\times0.1}{0.19}=\dfrac{6}{19}$.

15. 某人有一串 m 把外形相同的钥匙, 其中只有一把能打开家门, 有一天此人酒醉回家, 下意识地每次从 m 把钥匙中随便拿一把去开门, 问此人在第 k 次才把门打开的概率.

解　P(第 k 次把门打开)$=\left(1-\dfrac{1}{m}\right)^{k-1}\dfrac{1}{m}$.

16. 某电子产品的使用时数在 5000h 以上的概率为 0.3, 求三个电子产品在使用 5000h 以后最多只有一个损坏的概率.

解　设事件 $A=$ "电子产品的使用时数在 5000h 以上", $B_i=$ "三个电子产品使用 5000h 以后坏了 $i\,(i=0,1,2,3)$ 个", 由题设条件可知

$$P(A)=0.3,\quad P(\overline{A})=0.7,$$
$$P(B_0)=C_3^0\times0.7^0\times0.3^3=0.027,$$
$$P(B_1)=C_3^1\times0.7^1\times0.3^2=0.189.$$

于是

$$P(B_0+B_1)=P(B_0)+P(B_1)=0.027+0.189=0.216.$$

17. 某一型号的高射炮, 每一门炮发射一弹击中飞机的概率为 0.6, 现若干门炮同时发射(每炮一发), 问欲以 99% 的把握击中来犯的一架敌机, 至少需要几门炮?

解　设配置 n 门炮, 令 $A_i=\{$第 i 门炮击中飞机$\}$, $i=1,2,\cdots,n$, $B=\{$敌机被击中$\}$. 则

$$P(B)=P(A_1\bigcup A_2\bigcup\cdots\bigcup A_n)=1-P(\overline{A_1\bigcup A_2\bigcup\cdots\bigcup A_n})=1-P(\overline{A_1}\,\overline{A_2}\cdots\overline{A_n})$$
$$=1-P(\overline{A_1})\cdots P(\overline{A_n})=1-0.4^n\geqslant0.99,$$

解得 $n\geqslant\log_{0.4}0.01$, 即 $n\geqslant5.026$, 故至少需要配置 6 门炮.

第二章　随机变量及其概率分布

一、基 本 内 容

1. 随机变量的概念

(1) 随机变量与高等数学中函数的区别;

(2) 随机变量表示随机事件的方法.

2. 随机变量分类

随机变量主要分为离散型随机变量和连续型随机变量.

常见离散型随机变量:

(1) 0-1 分布; (2) 二项分布; (3) 泊松分布; (4) 几何分布; (5) 超几何分布.

3. 随机变量分布函数的概念

(1) 随机变量分布函数的定义;

(2) 随机变量分布函数的性质.

4. 连续型随机变量

设随机变量 X 的分布函数为 $F(x)$, 如果存在非负可积函数 $f(x)$, 使得对于任意的实数 x, 有 $F(x) = \int_{-\infty}^{x} f(t)\mathrm{d}t \ (-\infty < x < +\infty)$, 则称随机变量 X 为连续型随机变量, 其中 $f(x)$ 称为连续型随机变量 X 的概率密度函数, 简称密度.

概率密度函数 $f(x)$ 的性质:

(1) $f(x) \geqslant 0, \ -\infty < x < +\infty$;

(2) $\int_{-\infty}^{+\infty} f(x)\mathrm{d}x = 1$;

(3) 对任意实数 a, $b \, (a < b)$, 有 $P\{a < X \leqslant b\} = F(b) - F(a) = \int_{a}^{b} f(x)\mathrm{d}x$;

(4) 如果 $f(x)$ 在 x 点连续, 则 $F'(x) = f(x)$.

下面介绍几种常见的连续型随机变量的分布.

(1) **均匀分布**　若随机变量 X 的概率密度函数为 $f(x) = \begin{cases} \dfrac{1}{b-a}, & a < x < b, \\ 0, & \text{其他}, \end{cases}$ 其中

$a, b\,(a < b)$ 为常数, 则称 X 服从区间 (a,b) 上的均匀分布, 记作 $X \sim U(a,b)$.

(2) **指数分布** 若随机变量 X 的概率密度函数为 $f(x) = \begin{cases} \lambda e^{-\lambda x}, & x > 0, \\ 0, & x \leqslant 0, \end{cases}$ 其中 $\lambda > 0$

为常数, 则称随机变量 X 服从参数为 λ 的指数分布, 记作 $X \sim E(\lambda)$.

(3) **正态分布** 若随机变量 X 的概率密度函数为 $f(x) = \dfrac{1}{\sqrt{2\pi}\sigma} e^{-\frac{(x-\mu)^2}{2\sigma^2}}$ $(-\infty < x <$

$+\infty)$, 其中 $\mu, \sigma > 0$ 为常数, 则称随机变量 X 服从参数为 μ 和 σ^2 的正态分布, 记作

$X \sim N(\mu, \sigma^2)$. 当 $\mu = 0, \sigma = 1$ 时, 称随机变量 X 服从标准正态分布, 记作 $X \sim N(0,1)$,

此时, X 的概率密度函数为 $\varphi(x) = \dfrac{1}{\sqrt{2\pi}} e^{-\frac{x^2}{2}}$ $(-\infty < x < +\infty)$.

若 $X \sim N(0,1)$, 则 X 的分布函数为 $\Phi(x) = \displaystyle\int_{-\infty}^{x} \dfrac{1}{\sqrt{2\pi}} e^{-\frac{t^2}{2}} \mathrm{d}t$ $(-\infty < x < +\infty)$, 且 $\Phi(-x) =$

$1 - \Phi(x)$.

正态分布的标准化: $P\{X \leqslant x\} = F(x) = \Phi\left(\dfrac{x - \mu}{\sigma}\right)$. 故若 $X \sim N(\mu, \sigma^2)$, 则

$$P\{a < X \leqslant b\} = F(b) - F(a) = \Phi\left(\dfrac{b - \mu}{\sigma}\right) - \Phi\left(\dfrac{a - \mu}{\sigma}\right).$$

5. 随机变量函数的分布

一维离散型随机变量函数的分布: 设 X 为离散型随机变量, 其分布列为 $P\{X =$ $x_i\} = p_i\,(i = 1, 2, \cdots)$, $y = g(x)$ 为任一函数, 则随机变量 $Y = g(X)$ 的取值为 $g(x_i)$ $(i = 1, 2, \cdots)$, 相应的分布列为

$Y = g(X)$	$g(x_1)$	$g(x_2)$	$\cdots$	$g(x_i)$	$\cdots$
P	p_1	p_2	$\cdots$	p_i	$\cdots$

但是需要注意的是, 与 $g(x_i)$ 取相同值对应的那些概率应合并相加.

设 X 为连续型随机变量, 其概率密度函数为 $f_X(x)$, $y = g(x)$ 为一连续函数, 则 $Y = g(X)$ 仍为连续型随机变量, 求 Y 的概率密度函数的方法有如下两种.

(1) **分布函数法** $Y = g(X)$ 的分布函数 $F_Y(y) = P\{Y \leqslant y\} = P\{g(X) \leqslant y\} = P\{X \in I\}$, 其中 $I = \{x \mid g(x) \leqslant y\}$, 则 Y 的概率密度函数 $f_Y(y) = F_Y'(y)$.

(2) **公式法** 设随机变量 X 的概率密度函数为 $f_X(x)$, $y = g(x)$ 单调可导, 且其导数恒不为零, 记 $x = h(y)$ 为其反函数, 则 Y 的概率密度函数为

$$f_y(y) = \begin{cases} f_X[h(y)] \cdot |h'(y)|, & \alpha < y < \beta, \\ 0, & \text{其他}, \end{cases}$$

其中 $\alpha = \min\{g(-\infty), g(+\infty)\}, \beta = \max\{g(-\infty), g(+\infty)\}$.

二、基 本 要 求

(1) 理解随机变量的概念, 会运用随机变量表示随机事件, 掌握常见离散型随机变量的分布.

(2) 理解随机变量分布函数的概念, 熟练运用随机变量分布函数的性质.

① $0 \leqslant F(x) \leqslant 1$, $x \in \mathbb{R}$, $F(-\infty) = \lim\limits_{x \to -\infty} F(x) = 0$, $F(+\infty) = \lim\limits_{x \to +\infty} F(x) = 1$.

② 若 $x_1 < x_2$, 则 $F(x_1) \leqslant F(x_2)$, 即 $F(x)$ 单调不减.

③ $F(x+0) = F(x)$, 即 $F(x)$ 为右连续函数.

④ $P\{a < X \leqslant b\} = F(b) - F(a)$.

(3) 要求掌握连续型随机变量的基本特点, 尤其是概率密度函数的几个性质, 常用的几个连续型随机变量的分布, 如均匀分布、指数分布、正态分布.

(4) 能熟练求出离散型随机变量函数的分布, 以及连续型随机变量函数的分布.

(5) 熟练应用分布函数法和公式法.

三、扩 展 例 题

例 1　设随机变量 X 的概率分布列为 $P\{X = k\} = a\dfrac{\lambda^k}{k!}, k = 0, 1, 2, \cdots$, 其中参数 $\lambda > 0$ 为常数, 试确定常数 a.

解　根据概率分布列的性质知 $\sum\limits_{k=0}^{+\infty} a\dfrac{\lambda^k}{k!} = a\sum\limits_{k=0}^{+\infty} \dfrac{\lambda^k}{k!} = a\mathrm{e}^{\lambda} = 1$. 所以 $a = \mathrm{e}^{-\lambda}$.

例 2　设一个口袋中有形状相同的 5 个球, 其中 3 个黑色球, 2 个白色球, 先从中任取一个球, 设 $X = \begin{cases} 1, & \text{取到白球}, \\ 0, & \text{取到黑球}, \end{cases}$ 求随机变量 X 的概率分布列.

解　由题意知 X 的取值为 0,1, 且 $P\{X = 0\} = \dfrac{C_2^1}{C_5^1} = \dfrac{2}{5}$, $P\{X = 1\} = \dfrac{C_3^1}{C_5^1} = \dfrac{3}{5}$. 所以 X 的概率分布列为

X	0	1
P	$\dfrac{2}{5}$	$\dfrac{3}{5}$

例3 设随机变量 $X \sim B(n, p)$，已知 $P\{X=1\} = P\{X=n-1\}$，求 p 与 $P\{X=2\}$ 的值.

解 因为 $X \sim B(n, p)$，所以

$$P\{X=1\} = C_n^1 p^1 (1-p)^{n-1}, \quad P\{X=n-1\} = C_n^{n-1} p^{n-1} (1-p),$$

$C_n^1 p^1 (1-p)^{n-1} = C_n^{n-1} p^{n-1} (1-p)$，解得 $p = \dfrac{1}{2}$.

$$P\{X=2\} = C_n^2 p^2 (1-p)^{n-2} = \frac{n(n-1)}{2^{n+1}}.$$

例4 设随机变量 $X \sim B(2, p)$，$Y \sim B(4, p)$，若 $P\{X \geqslant 1\} = \dfrac{5}{9}$，求 $P\{Y \geqslant 1\}$.

解 由于 $X \sim B(2, p)$，所以 $P\{X \geqslant 1\} = 1 - P\{X < 1\} = 1 - P\{X = 0\}$，

$$P\{X=0\} = C_2^0 p^0 (1-p)^2 = 1 - \frac{5}{9} = \frac{4}{9},$$

解得 $p = \dfrac{1}{3}$，故 $P\{Y \geqslant 1\} = 1 - P\{Y=0\} = 1 - \left(\dfrac{2}{3}\right)^4 = \dfrac{65}{81}$.

例5 设某保险公司的某种人寿保险有 1000 人投保，每个投保人在一年内死亡的概率为 0.005，且每人在一年内是否死亡是相互独立的，试求在未来一年内这 1000 个投保人中死亡人数不超过 10 的概率.

解 设在未来一年内这 1000 人中死亡人数为 X，则 $X \sim B(1000, 0.005)$，则

$$P\{X \leqslant 10\} = \sum_{k \leqslant 10} P\{X=k\} = \sum_{k \leqslant 10} C_{1000}^k 0.005^k (1-0.005)^{1000-k}.$$

上式右端计算量很大，然而 $n = 1000$ 较大，$p = 0.005$ 较小，且 $\lambda = np = 5$ 适中，所以根据泊松定理可得 $P\{X \leqslant 10\} = \sum_{k \leqslant 10} P\{X=k\} = \mathrm{e}^{-5} \sum_{k \leqslant 10} \dfrac{5^k}{k!} = 0.9863$.

例6 (2008 年考研真题) 设随机变量 X 服从正态分布 $N(\mu, \sigma^2)$，且二次方程 $y^2 + 4y + X = 0$ 无实根的概率为 $\dfrac{1}{2}$，则 $\mu = ($ $)$.

解 二次方程 $y^2 + 4y + X = 0$ 无实根，则 $\Delta = 16 - 4X < 0$，即 $X > 4$. 因为 $P\{X > 4\} = \dfrac{1}{2}$，故 $\mu = 4$.

评析: 正态分布是考研数学的重点，正态分布的结论要熟记，本题用到的结论为: $X \sim N(\mu, \sigma^2)$，则 $P\{X \leqslant \mu\} = P\{X > \mu\} = \dfrac{1}{2}$. 该结论在考研数学中经常出现.

例7 (2010 年考研真题) 从 $1, 2, 3, 4$ 中随机取一数，记为 X，正整数 $1, \cdots, X$ 中任取一数，记为 Y，求 $P\{Y=2\}$.

解 设事件 $(X=i)$ $(i=1,2,3,4)$ 恰好是样本空间的一个完备事件组，并且 $P\{X=i\} = $

$\dfrac{1}{4}$，则

$$P\{Y=2\mid X=1\}=0, \qquad P\{Y=2\mid X=2\}=\frac{1}{2},$$

$$P\{Y=2\mid X=3\}=\frac{1}{3}, \qquad P\{Y=2\mid X=4\}=\frac{1}{4}.$$

由全概率公式有

$$P\{Y=2\}=\sum_{i=1}^{4}P\{X=i\}P\{Y=2\mid X=i\}=\frac{1}{4}\sum_{i=2}^{4}\frac{1}{i}=\frac{13}{48}.$$

例 8 (2013 年考研真题)　设 X_1,X_2,X_3 是随机变量，且 $X_1\sim N(0,1)$，$X_2\sim N(0,2^2)$，$X_3\sim N(5,3^2)$，$p_i=P\{-2\leqslant X_i\leqslant 2\}(i=1,2,3)$，则(　　　).

A. $p_1>p_2>p_3$　　B. $p_2>p_1>p_3$　　C. $p_3>p_1>p_2$　　D. $p_1>p_3>p_2$

解　设 $U\sim N(0,1)$，则

$$p_1=P\{-2\leqslant U\leqslant 2\}, \quad p_2=P\{-1\leqslant U\leqslant 1\}, \quad p_3=P\left\{-\frac{7}{3}\leqslant U\leqslant -1\right\}.$$

故由标准正态分布密度函数的图形及上述概率的几何意义(面积)，可得 $p_1>p_2>p_3$，故 A 正确.

例 9 (2023 年考研真题)　设随机变量 X 的密度函数为

$$f(x)=\frac{\mathrm{e}^x}{(1+\mathrm{e}^x)^2}, \quad -\infty<x<+\infty.$$

令 $Y=\mathrm{e}^X$. 求 (1) X 的分布函数; (2) Y 的概率密度.

解　(1) 随机变量 X 的分布函数为

$$F_X(x)=P\{X\leqslant x\}=\int_{-\infty}^{x}\frac{\mathrm{e}^t}{(1+\mathrm{e}^t)^2}\mathrm{d}t=-\frac{1}{1+\mathrm{e}^t}\bigg|_{-\infty}^{x}=1-\frac{1}{1+\mathrm{e}^x}=\frac{\mathrm{e}^x}{1+\mathrm{e}^x}.$$

(2) 随机变量 Y 的分布函数为 $F_Y(y)=P\{Y\leqslant y\}=P\{\mathrm{e}^X\leqslant y\}$. 若 $y\leqslant 0$，则 $F_Y(y)=0$；若 $y>0$，则

$$F_Y(y)=P\{X\leqslant \ln y\}=\int_{-\infty}^{\ln y}f(x)\mathrm{d}x=\int_{-\infty}^{\ln y}\frac{\mathrm{e}^x}{(1+\mathrm{e}^x)^2}\mathrm{d}x=\frac{y}{1+y}.$$

从而 Y 的概率密度 $f_Y(y)=F_Y'(y)=\begin{cases}\dfrac{1}{(1+y)^2}, & y>0,\\ 0, & y\leqslant 0.\end{cases}$

四、习 题 详 解

习题 2-1

1. 随机变量与函数的区别是什么?

解 (1) 定义域不同, 函数的定义域是数集 D, 而随机变量的定义域是样本空间 Ω.

(2) 对应关系不同, 函数取值完全由定义域和对应法则所确定, 而随机变量的取值则完全由样本点 ω 确定, 若 ω 出现, 则随机变量 X 取值 $X(\omega)$. 由于在一次试验中究竟哪一个样本点出现是随机的, 因而随机变量取值也是随机的.

2. 概率论与数理统计中引入随机变量概念的意义是什么?

解 概率论与数理统计中引入随机变量后, 所有随机试验都可以用不同的随机变量表示, 而随机变量的值域是实数. 对数轴上的任一集合 A, $\{X \in A\}$ 都表示一个随机事件, 只要知道 $P\{X \in A\}$, 就可以对随机试验进行全面刻画. 随机变量的引入, 有助于用数学的理论来研究随机现象.

3. 一个盒子中有 10 个乒乓球, 编号分别是 $1,2,\cdots,10$. 现在从中任意取出一个球, 观察标号"小于 5""等于 5""大于 5"的情况, 试定义一个随机变量表示上述试验结果, 并求每个结果发生的概率.

解 设 $X =$ "乒乓球上的编号", 则 X 的取值为 $X = 1,2,\cdots,10$, 并且 $P\{X = i\} = \dfrac{1}{10}$, $\{X < 5\} =$ "小于 5"; $\{X = 5\} =$ "等于 5"; $\{X > 5\} =$ "大于 5". 则

$$P\{X < 5\} = \frac{4}{10} = \frac{2}{5}; \quad P\{X = 5\} = \frac{1}{10}; \quad P\{X > 5\} = \frac{5}{10} = \frac{1}{2}.$$

习题 2-2

(A) 基础题

1. 已知离散型随机变量 X 的分布列为 $P\{X = k\} = \dfrac{1-a}{4^k}, k = 1,2,\cdots$, 求 a 的值.

解 因为 $P\{X = k\} = \dfrac{1-a}{4^k}$, $k = 1,2,\cdots$, 根据分布列的性质有

$$\sum_{k=1}^{+\infty} \frac{1-a}{4^k} = (1-a)\sum_{k=1}^{+\infty} \frac{1}{4^k} = \frac{1}{3}(1-a) = 1.$$

解得 $a = -2$.

2. 设在 10 只灯泡中有 2 只次品, 在其中取 3 次, 每次任取 1 只, 作不放回抽样, X 表示取出灯泡的次品数, 求 X 的分布列.

解 根据题意知随机变量 X 的取值为 0, 1, 2,

$$P\{X=0\}=\frac{8}{10}\times\frac{7}{9}\times\frac{6}{8}=\frac{7}{15};$$

$$P\{X=1\}=\frac{2}{10}\times\frac{8}{9}\times\frac{7}{8}+\frac{8}{10}\times\frac{2}{9}\times\frac{7}{8}+\frac{8}{10}\times\frac{7}{9}\times\frac{2}{8}=\frac{7}{15};$$

$$P\{X=2\}=\frac{2}{10}\times\frac{1}{9}\times\frac{8}{8}+\frac{2}{10}\times\frac{8}{9}\times\frac{1}{8}+\frac{8}{10}\times\frac{2}{9}\times\frac{1}{8}=\frac{1}{15}.$$

所以 X 的分布列为

X	0	1	2
P	$\frac{7}{15}$	$\frac{7}{15}$	$\frac{1}{15}$

3. 一袋中装有 6 个小球, 编号为 1, 2, 3, 4, 5, 6 . 从袋中同时取出 4 个小球, 用 X 表示取出的小球中的最大号码, 求 X 的分布列.

解　X 的可能取值为 4, 5, 6 .

$$P\{X=4\}=\frac{1}{C_6^4}=\frac{1}{15},\qquad P\{X=5\}=\frac{C_4^3}{C_6^4}=\frac{4}{15},\qquad P\{X=6\}=\frac{C_5^3}{C_6^4}=\frac{2}{3}.$$

所以 X 的分布列为

X	4	5	6
P	$\frac{1}{15}$	$\frac{4}{15}$	$\frac{2}{3}$

4. 有 5 件产品, 其中 2 件次品, 从中任取 2 件, 设随机变量 X 表示取得的次品数, 求
(1) X 的分布列; (2) $P\left\{X\leqslant\frac{1}{2}\right\}$; (3) $P\left\{1\leqslant X\leqslant\frac{3}{2}\right\}$; (4) $P\{1<X<2\}$.

解　X 的可能取值为 0, 1, 2 .

(1) $P\{X=0\}=\dfrac{C_3^2}{C_5^2}=\dfrac{3}{10}$,　$P\{X=1\}=\dfrac{C_3^1\times C_2^1}{C_5^2}=\dfrac{6}{10}$,　$P\{X=2\}=\dfrac{C_2^2}{C_5^2}=\dfrac{1}{10}$.

所以 X 的分布列如下所示

X	0	1	2
P	$\frac{3}{10}$	$\frac{6}{10}$	$\frac{1}{10}$

(2) $P\left\{X\leqslant\dfrac{1}{2}\right\}=P\{X=0\}=\dfrac{3}{10}$.

(3) $P\left\{1 \leqslant X \leqslant \dfrac{3}{2}\right\} = P\{X = 1\} = \dfrac{6}{10}$.

(4) $P\{1 < X < 2\} = 0$.

5.某人进行射击, 假设每次射击的命中率为 0.01, 独立射击 400 次, 试求至少命中一次的概率.

解　将一次射击看成是一次试验. 设命中的次数为 X, 则 $X \sim B(400, 0.01)$, 于是所求概率为 $P\{X \geqslant 1\} = 1 - P\{X = 0\} = 1 - 0.99^{400} = 0.982$.

(B) 提高题

1. 某宿舍楼内有 5 台投币自助洗衣机, 设每台洗衣机是否被使用相互独立.调查表明在任意时刻每台洗衣机被使用的概率为 0.1, 在同一时刻, 求:

(1) 恰有 2 台洗衣机被使用的概率; (2) 至多有 3 台洗衣机被使用的概率.

解　设 X 为同一时刻使用洗衣机的数量, 则 X 服从二项分布, 即 $X \sim B(5, 0.1)$, 因此

(1) $P\{X = 2\} = C_5^2 \times 0.1^2 \times 0.9^3 = 0.0729$;

(2) $P\{X \leqslant 3\} = 1 - P\{X = 4\} - P\{X = 5\}$

$\qquad = 1 - C_5^4 \times 0.1^4 \times 0.9^1 - C_5^5 \times 0.1^5 \times 0.9^0 = 0.99954$.

2. 某人从网上订购了 6 只茶杯, 在运输途中, 茶杯被打破的概率为 0.02, 求

(1) 该人收到茶杯时, 恰有 2 只茶杯被打破的概率;

(2) 该人收到茶杯时, 至少有 1 只茶杯被打破的概率;

(3) 该人收到茶杯时, 至多有 2 只茶杯被打破的概率.

解　设 X 为被打破茶杯的数量, 则 $X \sim B(6, 0.02)$, 从而

(1) $P\{X = 2\} = C_6^2 \times 0.02^2 \times 0.98^4 = 0.0055$;

(2) $P\{X \geqslant 1\} = 1 - P\{X = 0\} = 0.1142$;

(3) $P\{X \leqslant 2\} = P\{X = 0\} + P\{X = 1\} + P\{X = 2\}$

$\qquad = C_6^0 \times 0.02^0 \times 0.98^6 + C_6^1 \times 0.02^1 \times 0.98^5 + C_6^2 \times 0.02^2 \times 0.98^4 = 0.9998$.

3. 某纺织厂有 80 台纺织机, 每台机器是否工作相互独立, 若每台机器出故障的概率均为 0.01, 现有两种方案配备维修人员, 方案一: 配备 4 名维修工, 每人分别负责 20 台机器;方案二: 配备 3 名维修工, 3 人一起负责 80 台机器, 试比较两种方案下机器发生故障时需要等待维修的概率, 以便做出决策.

解　用 X 表示同一时间机器发生故障的台数.

第一种方案下 $X \sim B(20, 0.01)$, 每个人负责的 20 台机器中如果超过 1 台发生故障就需要等待, 利用泊松分布近似代替二项分布, 可得机器发生故障时需要等待的概率为 $P\{X > 1\} \approx 0.0175$.

第二种方案 $X \sim B(80, 0.01)$, 这种方案 3 个人一起负责 80 台机器, 则 80 台机器中

超过 3 台发生故障就需要等待维修, 利用泊松分布近似代替二项分布, 则机器发生故障需要等待的概率为 $P\{X > 3\} \approx 0.0091$.

可见第二种方案下, 虽然配备的人员少, 但由于团结协作, 发生故障后需要等待的概率反倒低一些.

习题 2-3

(A) 基础题

1. 设离散型随机变量 X 分布函数为 $F(x) = \begin{cases} 0, & x < 0, \\ 0.4, & 0 \leqslant x < 3, \\ 0.8, & 3 \leqslant x < 5, \\ 1, & x \geqslant 5, \end{cases}$ 求:

(1) X 的分布列; (2) $P\{1 < X \leqslant 2\}$.

解 (1) 根据分布函数, 随机变量 X 的可能取值为 $0, 3, 5$, 根据分布函数的性质

$P\{X = 0\} = F(0) - F(0 - 0) = 0.4$; $P\{X = 3\} = F(3) - F(3 - 0) = 0.8 - 0.4 = 0.4$;

$P\{X = 5\} = F(5) - F(5 - 0) = 1 - 0.8 = 0.2$;

所以 X 的分布列为

X	0	3	5
P	0.4	0.4	0.2

(2) $P\{1 < X \leqslant 2\} = F(2) - F(1) = 0.4 - 0.4 = 0$.

2. 设随机变量 X 的分布函数为 $F(x) = \begin{cases} 1 - \mathrm{e}^{-x}, & x \geqslant 0, \\ 0, & x < 0, \end{cases}$ 求:

(1) $P\{X \leqslant 2\}$; (2) $P\{X > 3\}$.

解 (1) $P\{X \leqslant 2\} = F(2) = 1 - \mathrm{e}^{-2}$;

(2) $P\{X > 3\} = 1 - P\{X \leqslant 3\} = 1 - F(3) = \mathrm{e}^{-3}$.

3. 设随机变量 $X \sim B(1, 0.3)$, 试写出 X 的分布函数.

解 因为 $X \sim B(1, 0.3)$, 所以 X 的可能取值为 $0, 1$, 分布列为

X	0	1
P	0.7	0.3

X 的分布函数为

$$F(x) = \sum_{k \leqslant x} P\{X = k\} = \begin{cases} 0, & x < 0, \\ 0.7, & 0 \leqslant x < 1, \\ 1, & x \geqslant 1. \end{cases}$$

4. 设随机变量 X 的分布函数为 $F(x) = \begin{cases} 0, & x \leqslant 0, \\ kx^2, & 0 < x \leqslant 2, \\ 1, & x > 2, \end{cases}$ 试确定常数 k 的值, 并求

$P\{2 < X \leqslant 3\}$; $P\{X \geqslant 3\}$.

解 根据分布函数的性质, 有 $\lim\limits_{x \to 2^+} F(x) = F(2)$, 即 $4k = 1$, 所以 $k = \dfrac{1}{4}$.

$$P\{2 < X \leqslant 3\} = F(3) - F(2) = 1 - 1 = 0,$$
$$P\{X \geqslant 3\} = 1 - P\{X < 3\} = 1 - F(3 - 0).$$

(B) 提高题

1. 设 X 是一个离散型随机变量, 其分布列如下所示

X	-1	0	1
P	0.5	$1 - 2q$	q^2

试求: (1) 常数 q; (2) X 的分数函数.

解 (1) 根据概率分布的性质以及 $0 \leqslant p_i \leqslant 1$ 有

$$\begin{cases} 0.5 + 1 - 2q + q^2 = 1, \\ 0 \leqslant 1 - 2q \leqslant 1, \\ q^2 \leqslant 1. \end{cases}$$

解方程组得 $\begin{cases} q = 1 \pm \dfrac{\sqrt{2}}{2}, \\ 0 \leqslant q \leqslant 0.5, \\ -1 \leqslant q \leqslant 1, \end{cases}$ 故 $q = 1 - \dfrac{\sqrt{2}}{2}$.

(2) X 的分布函数为

$$F(x) = P\{X \leqslant x\} = \sum_{x_k \leqslant x} P\{X = x_k\} = \begin{cases} 0, & x < -1, \\ 0.5, & -1 \leqslant x < 0, \\ \sqrt{2} - 0.5, & 0 \leqslant x < 1, \\ 1, & x \geqslant 1. \end{cases}$$

2. 已知随机变量 X 的概率分布为

X	1	2	3
P	θ^2	$2\theta(1-\theta)$	$(1-\theta)^2$

且 $P\{X \geqslant 2\} = \dfrac{3}{4}$, 试求: (1) 常数 θ; (2) X 的分布函数.

解　(1) 由 $P\{X \geqslant 2\} = P\{X = 2\} + P\{X = 3\} = 2\theta(1-\theta) + (1-\theta)^2 = 1 - \theta^2 = \dfrac{3}{4}$, 求得

$\theta = \pm\dfrac{1}{2}$, 又 $P\{X = 2\} = 2\theta(1-\theta) \geqslant 0$, 故取 $\theta = \dfrac{1}{2}$, 从而得 X 的概率分布为

X	1	2	3
P	$\dfrac{1}{4}$	$\dfrac{1}{2}$	$\dfrac{1}{4}$

(2) X 的分布函数为

$$F(x) = P\{X \leqslant x\} = \sum_{x_k \leqslant x} P\{X = x_k\} = \begin{cases} 0, & x < 1, \\ \dfrac{1}{4}, & 1 \leqslant x < 2, \\ \dfrac{3}{4}, & 2 \leqslant x < 3, \\ 1, & x \geqslant 3. \end{cases}$$

3. 设随机变量 X 的分布函数为 $F(x) = \begin{cases} A + Be^{-2x}, & x > 0, \\ 0, & x \leqslant 0, \end{cases}$ 求:

(1) A, B 的值; (2) $P\{0 < X \leqslant 2\}$; (3) $P\{X \geqslant 2\}$.

解　(1) 根据分布函数的性质, $F(0) = F(0+0)$. 因此有 $\lim\limits_{x \to 0+}(A + Be^{-2x}) = A + B = 0$,

此外, $F(+\infty) = \lim\limits_{x \to +\infty}(A + Be^{-2x}) = A = 1$, 因此 $B = -1$. 所以 X 的分布函数为

$$F(x) = \begin{cases} 1 - e^{-2x}, & x > 0, \\ 0, & x \leqslant 0. \end{cases}$$

(2) $P\{0 < X \leqslant 2\} = F(2) - F(0) = 1 - e^{-4}$.

(3) $P\{X \geqslant 2\} = 1 - P\{X < 2\} = 1 - F(2-0) = e^{-4}$.

4. 设 $F_1(x)$ 与 $F_2(x)$ 都是分布函数, 又 a 和 b 是两个正常数, 且 $a + b = 1$, 证明: $F(x) = aF_1(x) + bF_2(x)$ 也是一个分布函数.

证明　为此要验证具有分布函数的四个基本性质.

(1) 单调性. 因为 $F_1(x)$ 与 $F_2(x)$ 都是分布函数,故当 $x_1 < x_2$ 时, 有 $F_1(x_1) \leqslant F_1(x_2)$, $F_2(x_1) \leqslant F_2(x_2)$, 于是 $F(x_1) = aF_1(x_1) + bF_2(x_1) \leqslant aF_1(x_2) + bF_2(x_2) = F(x_2)$.

(2) 有界性. 对任意的 x, 有 $0 \leqslant F(x) \leqslant 1$.

(3) 规范性.

$$F(-\infty) = aF_1(-\infty) + bF_2(-\infty) = 0,$$
$$F(+\infty) = aF_1(+\infty) + bF_2(+\infty) = a + b = 1.$$

(4) 右连续性. $F(x+0) = aF_1(x+0) + bF_2(x+0) = aF_1(x) + bF_2(x) = F(x)$.

习题 2-4

(A) 基础题

1. 已知随机变量 X 的概率密度为 $f(x) = \begin{cases} x, & 0 \leqslant x < 1, \\ 2-x, & 1 \leqslant x < 2, \\ 0, & \text{其他}. \end{cases}$ 求:

(1) 分布函数 $F(x)$;

(2) $P\{X < 0.5\}$, $P\{X > 1.3\}$, $P\{0.2 < X \leqslant 1.2\}$.

解　(1) $F(x) = \int_{-\infty}^{x} f(t)\mathrm{d}t$.

当 $x < 0$ 时, $F(x) = \int_{-\infty}^{x} f(t)\mathrm{d}t = \int_{-\infty}^{x} 0\mathrm{d}t = 0$.

当 $0 \leqslant x < 1$ 时, $F(x) = \int_{-\infty}^{x} f(t)\mathrm{d}t = \int_0^x t\mathrm{d}t = \frac{1}{2}x^2$.

当 $1 \leqslant x < 2$ 时, $F(x) = \int_{-\infty}^{x} f(t)\mathrm{d}t = \int_{-\infty}^0 0\mathrm{d}t + \int_0^1 t\mathrm{d}t + \int_1^x (2-t)\mathrm{d}t = -\frac{1}{2}x^2 + 2x - 1$.

当 $x \geqslant 2$ 时, $F(x) = \int_{-\infty}^{x} f(t)\mathrm{d}t = \int_{-\infty}^0 0\mathrm{d}t + \int_0^1 t\mathrm{d}t + \int_1^2 (2-t)\mathrm{d}t + \int_2^x 0\mathrm{d}t = 1$.

所以 X 的分布函数为 $F(x) = \begin{cases} 0, & x < 0, \\ \dfrac{1}{2}x^2, & 0 \leqslant x < 1, \\ -\dfrac{1}{2}x^2 + 2x - 1, & 1 \leqslant x < 2, \\ 1, & x \geqslant 2. \end{cases}$

(2) $P\{X < 0.5\} = F(0.5) = \dfrac{1}{8}$, $P\{X > 1.3\} = 1 - F(1.3) = 0.245$, $P\{0.2 < X \leqslant 1.2\} = F(1.2) - F(0.2) = 0.66$.

2. 设连续型随机变量 X 的分布函数为 $F(x) = \begin{cases} 0, & x \leqslant 0, \\ x^2, & 0 < x < 1, \\ 1, & 1 \leqslant x. \end{cases}$ 求:

(1) X 的概率密度 $f(x)$；(2) X 落入区间 $(0.3, 0.7)$ 的概率.

解　(1) 对 $F(x)$ 求导得 $f(x) = \begin{cases} 2x, & 0 < x < 1, \\ 0, & \text{其他}. \end{cases}$

(2) $P\{0.3 < X \leqslant 0.7\} = F(0.7) - F(0.3) = 0.49 - 0.09 = 0.4$.

3. 某原件在损坏前可连续运行的时间(单位: h)是一个连续型随机变量 X，其密度函数为含有参数 $\lambda(\lambda > 0)$ 的函数

$$f(x) = \begin{cases} \lambda e^{-\frac{x}{100}}, & x \geqslant 0, \\ 0, & \text{其他}. \end{cases}$$

试求: (1) X 的分布函数 $F(x)$；(2) 元件连续运行时间为 $50 \sim 150\text{h}$ 的概率.

解　(1) 由规范性 $\int_{-\infty}^{+\infty} f(x)\mathrm{d}x = 1$ 求参数 λ，由于

$$1 = \int_{-\infty}^{+\infty} f(x)\mathrm{d}x = \int_{-\infty}^{0} f(t)\mathrm{d}t + \int_{0}^{+\infty} f(t)\mathrm{d}t = 0 + \int_{0}^{+\infty} \lambda e^{-\frac{t}{100}}\mathrm{d}t = 100\lambda,$$

故得 $\lambda = \dfrac{1}{100}$，由此可得分布函数为

当 $x < 0$ 时，$F(x) = \int_{-\infty}^{x} f(t)\mathrm{d}t = \int_{-\infty}^{x} 0\mathrm{d}t = 0$；

当 $x \geqslant 0$ 时，$F(x) = \int_{-\infty}^{x} f(t)\mathrm{d}t = \int_{0}^{x} \lambda e^{-\frac{t}{100}}\mathrm{d}t = 1 - e^{-\frac{x}{100}}$.

故

$$F(x) = \begin{cases} 1 - e^{-\frac{x}{100}}, & x \geqslant 0, \\ 0, & x < 0. \end{cases}$$

(2) $P(50 \leqslant x \leqslant 150) = F(150) - F(50) = e^{-\frac{50}{100}} - e^{-\frac{150}{100}} = e^{-\frac{1}{2}} - e^{-\frac{3}{2}} \approx 0.3834$.

4. 设随机变量 $X \sim N(5,9)$，试确定 c 的值使 $P\{X > c\} = P\{X \leqslant c\}$.

解　由题意可得 $P\{X > c\} = 1 - P\{X \leqslant c\} = P\{X \leqslant c\}$. 所以 $P\{X \leqslant c\} = \dfrac{1}{2} = \Phi\left(\dfrac{c-5}{3}\right)$，查表可得 $\Phi(0) = \dfrac{1}{2}$，所以 $c = 5$.

5. 设 $X \sim N(1.5, 4)$，求:

(1) $P\{X < 2.5\}$；(2) $P\{X < -4\}$；(3) $P\{X > 3\}$；(4) $P\{|X| < 2\}$.

解　(1) $P\{X < 2.5\} = F(2.5) = \Phi\left(\dfrac{2.5-1.5}{2}\right) = \Phi(0.5) = 0.6915$.

(2) $P\{X < -4\} = F(-4) = \Phi\left(\dfrac{-4-1.5}{2}\right) = \Phi(-2.75) = 1 - \Phi(2.75) = 0.003$.

(3) $P\{X > 3\} = 1 - F(3) = 1 - \Phi\left(\dfrac{3-1.5}{2}\right) = 1 - \Phi(0.75) = 1 - 0.7734 = 0.2266$.

(4) $P\{|X| < 2\} = F(2) - F(-2) = \Phi\left(\dfrac{2-1.5}{2}\right) - \Phi\left(\dfrac{-2-1.5}{2}\right)$

$\qquad\qquad = \Phi(0.25) - \Phi(-1.75) = \Phi(0.25) - 1 + \Phi(1.75)$

$\qquad\qquad = 0.5987 + 0.9599 - 1 = 0.5586.$

(B) 提高题

1. 设随机变量 X 在 $(-1,1)$ 上服从均匀分布, 求方程 $t^2 - 3Xt + 1 = 0$ 有实根的概率.

解　随机变量 X 的概率密度函数为 $f(x) = \begin{cases} \dfrac{1}{2}, & -1 < x < 1, \\ 0, & \text{其他.} \end{cases}$　要使方程有实根, 必须

使 $\Delta = 9X^2 - 4 \geqslant 0$, 即 $X \geqslant \dfrac{2}{3}$ 或 $X \leqslant -\dfrac{2}{3}$. 所求概率为

$$P\left\{X \geqslant \frac{2}{3} \text{或} X \leqslant -\frac{2}{3}\right\} = P\left\{X \geqslant \frac{2}{3}\right\} + P\left\{X \leqslant -\frac{2}{3}\right\}$$

$$= \int_{\frac{2}{3}}^{1} \frac{1}{2}\,\mathrm{d}x + \int_{-1}^{-\frac{2}{3}} \frac{1}{2}\,\mathrm{d}x = \frac{1}{6} + \frac{1}{6} = \frac{1}{3}.$$

2. 某仪器装有 3 只独立工作的同型号的电子元件, 其寿命 X (单位: h)都服从参数为 $\dfrac{1}{300}$ 的指数分布, 在仪器使用的最初 150h 内, 求:

(1) 至少有 1 只电子元件损坏的概率; (2) 至多有 2 只电子元件损坏的概率.

解　X 的密度函数为 $f(x) = \begin{cases} \dfrac{1}{300}\mathrm{e}^{-\frac{x}{300}}, & x > 0, \\ 0, & x \leqslant 0. \end{cases}$ 则

$$P\{x \leqslant 150\} = \int_{-\infty}^{150} f(x)\mathrm{d}x = \int_{0}^{150} \frac{1}{300}\mathrm{e}^{-\frac{x}{300}}\mathrm{d}x = 1 - \mathrm{e}^{-\frac{1}{2}} = p.$$

设 Y 表示 3 只电子元件中在仪器使用的最初 150h 内损坏的数量, 则 $Y \sim B(3, p)$,

(1) $P\{Y \geqslant 1\} = 1 - P\{Y = 0\} = 1 - C_3^0 p^0 (1-p)^3 = 1 - (1-p)^3 = 1 - \mathrm{e}^{-\frac{3}{2}}.$

(2) $P\{Y \leqslant 2\} = 1 - P\{Y = 3\} = 1 - C_3^3 p^3 (1-p)^0 = 1 - p^3 = 1 - (1 - \mathrm{e}^{-\frac{1}{2}})^3.$

3. 某地抽样结果表明, 考生的数学成绩 X (百分制)近似服从正态分布 $N(72, \sigma^2)$, 96 分以上的占考生总数的 2.28%, 求考生的数学成绩在 60 分到 84 分之间的概率.

解　由题意可得 $P\{X > 96\} = 1 - P\{X \leqslant 96\} = 1 - \Phi\left(\dfrac{96-72}{\sigma}\right) = 1 - \Phi\left(\dfrac{24}{\sigma}\right) = 0.0228$, 也

就是 $\Phi\left(\dfrac{24}{\sigma}\right) = 0.9772$, 查表可得 $\Phi(2) = 0.9772$, 即 $\sigma = 12$.

$$P\{60 < X < 84\} = \Phi\left(\frac{84-72}{\sigma}\right) - \Phi\left(\frac{60-72}{\sigma}\right) = 2\Phi(1) - 1 = 0.6826.$$

4. 在电源电压不超过 200 V，200～240 V 和超过 240 V 三种情况下，某种电子元件损坏的概率分别为 $0.1, 0.001$ 和 0.2，假设电源电压 X 服从正态分布 $N(220,25^2)$，试求：

(1) 该电子元件损坏的概率；(2) 该电子元件损坏时，电源电压超过 240V 的概率.

解　设 $A_i(i=1,2,3)$ 分别表示电压不超过 200V，200～240V 和超过 240V 三种情况，B 表示电子元件损坏. 由于 X 服从正态分布 $N(220,25^2)$，所以

$$P(A_1) = P\{X \leqslant 200\} = F(200) = \Phi\left(\frac{200-220}{25}\right) = \Phi(-0.8)$$

$$= 1 - \Phi(0.8) = 1 - 0.7881 = 0.2119,$$

$$P(A_2) = P\{200 \leqslant X \leqslant 240\} = \Phi(0.8) - \Phi(-0.8) = 0.5762,$$

$$P(A_3) = P\{X > 240\} = 1 - \Phi\left(\frac{240-220}{25}\right) = 1 - \Phi(0.8) = 0.2119.$$

(1) 由条件可知 $P(B|A_1) = 0.1, P(B|A_2) = 0.001, P(B|A_3) = 0.2$. 由全概率公式得

$$P(B) = \sum_{i=1}^{3} P(A_i)P(B|A_i) = 0.2119 \times 0.1 + 0.5762 \times 0.001 + 0.2119 \times 0.2 \approx 0.0651.$$

(2) 由贝叶斯公式得

$$P(A_3|B) = \frac{P(A_3)P(B|A_3)}{\sum_{i=1}^{3} P(A_i)P(B|A_i)} = \frac{0.2119 \times 0.2}{0.06415} \approx 0.6513.$$

习题 2-5

(A) 基础题

1. 已知离散型随机变量 X 的分布列如下

X	−2	−1	0	1	3
P	0.1	0.2	0.4	0.2	0.1

求 $Y = |X| + 2$ 的分布列.

解　$Y = |X| + 2$ 的分布列如下.

Y	2	3	4	5
P	0.4	0.4	0.1	0.1

2. 已知离散型随机变量 X 的分布列为

X	-2	-1	0	1
P	0.2	0.3	0.2	0.3

求: (1) $Y = -2X + 1$ 的分布列; (2) $Y = X^2 + 1$ 的分布列.

解 (1) Y 的取值依次为 $5, 3, 1, -1$. 所以 $Y = -2X + 1$ 的分布列为

Y	5	3	1	-1
P	0.2	0.3	0.2	0.3

(2) Y 的取值依次为 $5, 2, 1$. 所以 $Y = X^2 + 1$ 的概率分布为

Y	5	2	1
P	0.2	0.6	0.2

3. 设随机变量 $X \sim U(0,5)$, 求 $Y = 3X + 2$ 的概率密度函数.

解 X 的密度函数为 $f_X(x) = \begin{cases} \dfrac{1}{5}, & 0 < x < 5, \\ 0, & 其他. \end{cases}$

设 $Y = 3X + 2$ 的分布函数为 $F_Y(y)$, 则

$$F_Y(y) = P\{Y \leqslant y\} = P\{3X + 2 \leqslant y\} = P\left\{X \leqslant \frac{y-2}{3}\right\} = F_X\left(\frac{y-2}{3}\right).$$

所以 $f_Y(y) = F_Y'(y) = \begin{cases} \dfrac{1}{15}, & 2 < y < 17, \\ 0, & 其他. \end{cases}$

4. 设随机变量 X 的密度函数为 $f_X(x) = \begin{cases} e^{-x}, & x > 0, \\ 0, & x \leqslant 0, \end{cases}$ 求 $Y = X^2$ 的分布函数与概率密度函数.

解 设 $Y = X^2$ 的分布函数为 $F_Y(y)$, 则 $F_Y(y) = P\{Y \leqslant y\} = P\{X^2 \leqslant y\}$.
当 $y \leqslant 0$ 时, $F_Y(y) = 0$.
当 $y > 0$ 时,

$$F_Y(y) = P\{X^2 \leqslant y\} = P\{-\sqrt{y} \leqslant X \leqslant \sqrt{y}\} = \int_{-\sqrt{y}}^{\sqrt{y}} f_X(x)\mathrm{d}x$$

$$= \int_{-\sqrt{y}}^{0} 0\mathrm{d}x + \int_{0}^{\sqrt{y}} e^{-x}\mathrm{d}x = 1 - e^{-\sqrt{y}}.$$

所以 $Y = X^2$ 的分布函数为 $F_Y(y) = \begin{cases} 1 - e^{-\sqrt{y}}, & y > 0, \\ 0, & y \leqslant 0. \end{cases}$

概率密度函数为 $f_Y(y) = F_Y'(y) = \begin{cases} \dfrac{1}{2\sqrt{y}} e^{-\sqrt{y}}, & y > 0, \\ 0, & y \leqslant 0. \end{cases}$

(B) 提高题

1. 设随机变量 X 的分布列为

X	-1	0	3
P	$2a$	$2a$	a

求: (1) 常数 a 的值; (2) X 的分布函数;

(3) $P\left\{-1 \leqslant X \leqslant \dfrac{3}{2}\right\}$; (4) $Y = (X-1)^2$ 的分布列.

解 (1) 因为 $2a + 2a + a = 1$, 所以 $a = 0.2$. 因此 X 的分布列为

X	-1	0	3
P	0.4	0.4	0.2

(2) 当 $x < -1$ 时, $F(x) = P\{X \leqslant x\} = 0$.

当 $-1 \leqslant x < 0$ 时, $F(x) = P\{X \leqslant x\} = P\{X = -1\} = 0.4$.

当 $0 \leqslant x < 3$ 时, $F(x) = P\{X \leqslant x\} = P\{X = -1\} + P\{X = 0\} = 0.8$.

当 $x \geqslant 3$ 时, $F(x) = P\{X \leqslant x\} = P\{X = -1\} + P\{X = 0\} + P\{X = 3\} = 1$.

所以 X 的分布函数为 $F(x) = \begin{cases} 0, & x < -1, \\ 0.4, & -1 \leqslant x < 0, \\ 0.8, & 0 \leqslant x < 3, \\ 1, & x \geqslant 3. \end{cases}$

(3) $P\left\{-1 \leqslant X \leqslant \dfrac{3}{2}\right\} = F\left(\dfrac{3}{2}\right) - F(-1-0) = 0.8$.

(4) $Y = (X-1)^2$ 的分布列为

Y	1	4
P	0.4	0.6

2. 设随机变量 X 的分布列为 $P\{X=k\}=\dfrac{1}{2^k}(k=1,2,3,\cdots)$，试求 $Y=\sin\left(\dfrac{\pi X}{2}\right)$ 的分布列.

解　因为 $\sin\dfrac{k\pi}{2}=\begin{cases}-1, & k=4j-1, \\ 0, & k=2j, \\ 1, & k=4j-3,\end{cases}\quad j=1,2,3,\cdots.$

所以随机变量 Y 的可能的取值为 $-1,0,1$，且

$$P\{Y=-1\}=\sum_{k=1}^{+\infty}P\{X=4k-1\}=\sum_{k=1}^{+\infty}\frac{1}{2^{4k-1}}=\frac{1}{8}\cdot\frac{1}{1-\dfrac{1}{16}}=\frac{2}{15};$$

$$P\{Y=0\}=\sum_{k=1}^{+\infty}P\{X=2k\}=\sum_{k=1}^{+\infty}\frac{1}{2^{2k}}=\frac{1}{4}\cdot\frac{1}{1-\dfrac{1}{4}}=\frac{1}{3};$$

$$P\{Y=1\}=\sum_{k=1}^{+\infty}P\{X=4k-3\}=\sum_{k=1}^{+\infty}\frac{1}{2^{4k-3}}=\frac{1}{2}\cdot\frac{1}{1-\dfrac{1}{16}}=\frac{8}{15}.$$

Y 的分布列如下

Y	-1	0	1
P	$\dfrac{2}{15}$	$\dfrac{1}{3}$	$\dfrac{8}{15}$

3. 设随机变量 X 在 $(0,1)$ 上服从均匀分布，求 $Y=e^X$ 的分布函数和密度函数.

解　X 在 $(0,1)$ 上服从均匀分布，所以 X 的密度函数为

$$f_X(x)=\begin{cases}1, & 0<x<1, \\ 0, & \text{其他}.\end{cases}$$

设 $Y=e^X$ 的分布函数为 $F_Y(y)$，则

$$F_Y(y)=P\{Y\le y\}=P\{e^X\le y\}.$$

当 $y\le 0$ 时，$\{e^X\le y\}$ 是不可能事件，所以 $F_Y(y)=0$.

当 $y>0$ 时，$F_Y(y)=P\{e^X\le y\}=P\{X\le\ln y\}=\displaystyle\int_{-\infty}^{\ln y}f_X(x)\mathrm{d}x$.

当 $0<y\le 1$ 时，$F_Y(y)=0$.

当 $1<y<e$ 时，$F_Y(y)=\displaystyle\int_{-\infty}^{\ln y}f_X(x)\mathrm{d}x=\int_{-\infty}^{0}0\mathrm{d}x+\int_{0}^{\ln y}1\mathrm{d}x=\ln y$.

当 $y\ge e$ 时，$F_Y(y)=\displaystyle\int_{-\infty}^{\ln y}f_X(x)\mathrm{d}x=\int_{-\infty}^{0}0\mathrm{d}x+\int_{0}^{1}1\mathrm{d}x+\int_{1}^{\ln y}0\mathrm{d}x=1$.

所以 $Y = e^X$ 的分布函数为 $F_Y(y) = \begin{cases} 0, & y \leqslant 1, \\ \ln y, & 1 < y < e, \\ 1, & y \geqslant e. \end{cases}$ 密度函数为

$$f_Y(y) = F_Y'(y) = \begin{cases} \dfrac{1}{y}, & 1 < y < e, \\ 0, & \text{其他}. \end{cases}$$

4. 设随机变量 X 服从参数为 2 的指数分布, 求 $Y = 1 + e^{-2X}$ 的密度函数.

解　X 的密度函数为 $f_X(x) = \begin{cases} 2e^{-2x}, & x > 0, \\ 0, & x \leqslant 0. \end{cases}$

设 $Y = 1 + e^{-2X}$ 的分布函数为 $F_Y(y)$, 则

$$F_Y(y) = P\{Y \leqslant y\} = P\{1 + e^{-2X} \leqslant y\} = P\{e^{-2X} \leqslant y - 1\}.$$

当 $y - 1 \leqslant 0$, 即 $y \leqslant 1$ 时, $\{e^{-2X} \leqslant y - 1\}$ 是不可能事件, 所以 $F_Y(y) = 0$, 此时 $f_Y(y) = F_Y'(y) = 0$.

当 $y > 1$ 时, $F_Y(y) = P\{e^{-2X} \leqslant y - 1\} = P\left\{X \geqslant -\dfrac{1}{2}\ln(y-1)\right\} = \displaystyle\int_{-\frac{\ln(y-1)}{2}}^{+\infty} f_X(x)\mathrm{d}x$.

当 $1 < y < 2$ 时, $F_Y(y) = \displaystyle\int_{\frac{\ln(y-1)}{2}}^{+\infty} f_X(x)\mathrm{d}x = \int_{\frac{\ln(y-1)}{2}}^{+\infty} 2e^{-2x}\mathrm{d}x$. 此时

$$f_Y(y) = F_Y'(y) = -2e^{-2\left[-\frac{\ln(y-1)}{2}\right]}\left[-\frac{1}{2(y-1)}\right] = 1.$$

当 $y \geqslant 2$ 时, $F_Y(y) = \displaystyle\int_{\frac{\ln(y-1)}{2}}^{+\infty} f_X(x)\mathrm{d}x = \int_{\frac{\ln(y-1)}{2}}^{0} 0\mathrm{d}x + \int_0^{+\infty} 2e^{-2x}\mathrm{d}x$. 此时 $f_Y(y) = F_Y'(y) = 0$.

综上, Y 密度函数为 $f_Y(y) = \begin{cases} 1, & 1 < y < 2, \\ 0, & \text{其他}. \end{cases}$

5. 设随机变量 X 的概率密度为 $f(x) = \begin{cases} \dfrac{1}{3\sqrt[3]{x^2}}, & 1 \leqslant x \leqslant 8, \\ 0, & \text{其他}, \end{cases}$ $F(x)$ 是 X 的分布函数, 求随机变量 $Y = F(X)$ 的分布函数.

解　当 $x < 1$ 时, $F(x) = 0$.

当 $x > 8$ 时, 有 $F(x) = 1$.

当 $1 \leqslant x \leqslant 8$ 时, $F(x) = \displaystyle\int_1^x \frac{1}{3\sqrt[3]{t^2}}\mathrm{d}t = \sqrt[3]{x} - 1$.

令 $F_Y(y)$ 为 $Y = F(X)$ 的分布函数.

当 $y \leqslant 0$ 时, $F_Y(y) = P\{Y \leqslant y\} = 0$.

当 $y \geqslant 1$ 时, $F_Y(y) = 1$.

当 $0 < y < 1$ 时，$F_Y(y) = P\{Y \leqslant y\} = P\{F(X) \leqslant y\} = P\{\sqrt[3]{X} - 1 \leqslant y\} = P\{X \leqslant (y+1)^3\} = F[(y+1)^3] = y$.

因此 $Y = F(X)$ 的分布函数为 $F_Y(y) = \begin{cases} 0, & y \leqslant 0, \\ y, & 0 < y < 1, \\ 1, & y \geqslant 1. \end{cases}$ 即 $Y = F(X) \sim U(0,1)$.

自 测 题 二

1. 设随机变量 X 的概率密度函数为 $f(x) = \dfrac{1}{2}\mathrm{e}^{-|x|}$，$-\infty < x < +\infty$，求 X 的分布函数 $F(x)$.

解　$F(x) = \displaystyle\int_{-\infty}^{x} f(t)\mathrm{d}t$.

当 $x < 0$ 时，$F(x) = \displaystyle\int_{-\infty}^{x} f(t)\mathrm{d}t = \dfrac{1}{2}\int_{-\infty}^{x}\mathrm{e}^{t}\mathrm{d}t = \dfrac{1}{2}\mathrm{e}^{x}$.

当 $x \geqslant 0$ 时，$F(x) = \displaystyle\int_{-\infty}^{x} f(t)\mathrm{d}t = \dfrac{1}{2}\int_{-\infty}^{0}\mathrm{e}^{t}\mathrm{d}t + \dfrac{1}{2}\int_{0}^{x}\mathrm{e}^{-t}\mathrm{d}t = 1 - \dfrac{1}{2}\mathrm{e}^{-x}$.

所以 $F(x) = \begin{cases} \dfrac{1}{2}\mathrm{e}^{x}, & x < 0, \\[2mm] 1 - \dfrac{1}{2}\mathrm{e}^{-x}, & x \geqslant 0. \end{cases}$

2. 设随机变量 X 的分布函数为 $F(x) = \begin{cases} 1 - \mathrm{e}^{-x}, & x \geqslant 0, \\ 0, & x < 0. \end{cases}$　求：

(1) $P\{X \leqslant 2\}$；　(2) $P\{X > 3\}$；　(3) X 的概率密度函数 $f(x)$.

解　(1) $P\{X \leqslant 2\} = F(2) = 1 - \mathrm{e}^{-2}$.

(2) $P\{X > 3\} = 1 - P\{X \leqslant 3\} = 1 - F(3) = \mathrm{e}^{-3}$.

(3) $f(x) = F'(x) = \begin{cases} \mathrm{e}^{-x}, & x \geqslant 0, \\ 0, & x < 0. \end{cases}$

3. 已知随机变量 X 的概率密度函数为 $f(x) = \begin{cases} ax + b, & x \in (0,1), \\ 0, & \text{其他,} \end{cases}$ 且 $P\left\{X > \dfrac{1}{2}\right\} = \dfrac{5}{8}$，

求：(1) a, b 的值；(2) X 的分布函数 $F(x)$；(3) $P\left\{\dfrac{1}{4} < X \leqslant \dfrac{1}{2}\right\}$.

解　(1) 由于 $\displaystyle\int_{-\infty}^{+\infty} f(x)\mathrm{d}x = 1$，所以 $\displaystyle\int_{-\infty}^{0} f(x)\mathrm{d}x + \int_{0}^{1} f(x)\mathrm{d}x + \int_{1}^{+\infty} f(x)\mathrm{d}x = 1$，即

$$\int_{-\infty}^{0} 0\mathrm{d}x + \int_{0}^{1}(ax+b)\mathrm{d}x + \int_{1}^{+\infty} 0\mathrm{d}x = \int_{0}^{1}(ax+b)\mathrm{d}x = \dfrac{a}{2} + b = 1.$$

又 $P\left\{X>\dfrac{1}{2}\right\}=\displaystyle\int_{\frac{1}{2}}^{+\infty}f(x)\mathrm{d}x=\int_{\frac{1}{2}}^{1}(ax+b)\mathrm{d}x+\int_{1}^{+\infty}0\mathrm{d}x=\dfrac{3a}{8}+\dfrac{b}{2}=\dfrac{5}{8}$，所以 $a=1$，$b=\dfrac{1}{2}$，

即 $f(x)=\begin{cases}x+\dfrac{1}{2}, & x\in(0,1),\\[2mm] 0, & \text{其他.}\end{cases}$

(2) $F(x)=\displaystyle\int_{-\infty}^{x}f(t)\mathrm{d}t$．

当 $x\leqslant 0$ 时，$F(x)=\displaystyle\int_{-\infty}^{x}f(t)\mathrm{d}t=\int_{-\infty}^{x}0\mathrm{d}t=0$．

当 $0<x<1$ 时，$F(x)=\displaystyle\int_{-\infty}^{x}f(t)\mathrm{d}t=\int_{-\infty}^{0}0\mathrm{d}t+\int_{0}^{x}\left(t+\dfrac{1}{2}\right)\mathrm{d}t=\dfrac{1}{2}(x^2+x)$．

当 $x\geqslant 1$ 时，$F(x)=\displaystyle\int_{-\infty}^{x}f(t)\mathrm{d}t=\int_{-\infty}^{0}0\mathrm{d}t+\int_{0}^{1}\left(t+\dfrac{1}{2}\right)\mathrm{d}t+\int_{1}^{x}0\mathrm{d}t=1$．

所以 X 的分布函数为 $F(x)=\begin{cases}0, & x\leqslant 0,\\[1mm] \dfrac{1}{2}(x^2+x), & 0<x<1,\\[2mm] 1, & x\geqslant 1.\end{cases}$

(3) $P\left\{\dfrac{1}{4}<X\leqslant\dfrac{1}{2}\right\}=F\left(\dfrac{1}{2}\right)-F\left(\dfrac{1}{4}\right)=\dfrac{7}{32}$，或

$$P\left\{\dfrac{1}{4}<X\leqslant\dfrac{1}{2}\right\}=\int_{\frac{1}{4}}^{\frac{1}{2}}f(x)\mathrm{d}x=\int_{\frac{1}{4}}^{\frac{1}{2}}\left(x+\dfrac{1}{2}\right)\mathrm{d}x=\dfrac{7}{32}.$$

4. 设随机变量 X 的概率密度函数为 $f(x)=\begin{cases}k(3+2x), & x\in(2,4),\\[1mm] 0, & \text{其他,}\end{cases}$ 求：

(1) k 的值；　(2) X 的分布函数 $F(x)$；　(3) $P\{1<X\leqslant 3\}$．

解　(1) 由于 $\displaystyle\int_{-\infty}^{+\infty}f(x)\mathrm{d}x=1$，所以 $\displaystyle\int_{-\infty}^{2}0\mathrm{d}x+\int_{2}^{4}k(3+2x)\mathrm{d}x+\int_{4}^{+\infty}0\mathrm{d}x=18k=1$，因此

$k=\dfrac{1}{18}$．

(2) $F(x)=\displaystyle\int_{-\infty}^{x}f(t)\mathrm{d}t$．

当 $x\leqslant 2$ 时，$F(x)=\displaystyle\int_{-\infty}^{x}f(t)\mathrm{d}t=\int_{-\infty}^{x}0\mathrm{d}t=0$．

当 $2<x<4$ 时，$F(x)=\displaystyle\int_{-\infty}^{x}f(t)\mathrm{d}t=\int_{-\infty}^{2}0\mathrm{d}t+\int_{2}^{x}\dfrac{1}{18}(3+2t)\mathrm{d}t=\dfrac{1}{18}(x^2+3x-10)$．

当 $x\geqslant 4$ 时，$F(x)=\displaystyle\int_{-\infty}^{x}f(t)\mathrm{d}t=\int_{-\infty}^{2}0\mathrm{d}t+\int_{2}^{4}\dfrac{1}{18}(3+2t)\mathrm{d}t+\int_{4}^{x}0\mathrm{d}t=1$．

所以 X 的分布函数为 $F(x)=\begin{cases}0, & x\leqslant 2,\\ \dfrac{1}{18}(x^2+3x-10), & 2<x<4,\\ 1, & x\geqslant 4.\end{cases}$

(3) $P\{1<X\leqslant 3\}=F(3)-F(1)=\dfrac{4}{9}$.

5. 已知随机变量 X 在 $(0,5)$ 上服从均匀分布, 求矩阵 $A=\begin{pmatrix}2 & 0 & 0\\ 0 & -X & 1\\ 0 & -1 & 0\end{pmatrix}$ 的特征值全为实数的概率.

解 $X\sim U(0,5)$, 则 X 的密度函数为 $f(x)=\begin{cases}\dfrac{1}{5}, & 0<x<5,\\ 0, & \text{其他}.\end{cases}$ 因为

$$|\lambda E-A|=\begin{vmatrix}\lambda-2 & 0 & 0\\ 0 & \lambda+X & -1\\ 0 & 1 & \lambda\end{vmatrix}=(\lambda-2)(\lambda^2+X\lambda+1),$$

故欲使 A 的特征值全为实数, 即要使关于 λ 的一元二次方程 $\lambda^2+X\lambda+1=0$ 有实根, 须 $\Delta=X^2-4\geqslant 0$, 即 $X\geqslant 2$ 或 $X\leqslant -2$. 所求概率为

$$P\{X\geqslant 2 \text{或} X\leqslant -2\}=P\{X\geqslant 2\}+P\{X\leqslant -2\}$$
$$=\int_2^{+\infty}f(x)dx+\int_{-\infty}^{-2}f(x)dx=\int_2^5\frac{1}{5}dx+\int_5^{+\infty}0dx+\int_{-\infty}^{-2}0dx=\frac{3}{5}.$$

6. 设 $X\sim N(0,1)$, 求: (1) $P\{X<1.36\}$; (2) $P\{X<-0.25\}$; (3) $P\{|X|<1.6\}$.

解 (1) $P\{X<1.36\}=\Phi(1.36)=0.9131$.

(2) $P\{X<-0.25\}=\Phi(-0.25)=1-\Phi(0.25)=1-0.5987=0.4013$.

(3) $P\{|X|<1.6\}=\Phi(1.6)-\Phi(-1.6)=2\Phi(1.6)-1=2\times 0.9452-1=0.8904$.

7. 某单位招聘 155 人, 按考试成绩录用, 共有 526 人报名, 假设报名者考试成绩 $X\sim N(70,100)$, 已知 90 分以上 12 人, 60 分以下 83 人, 若从高分到低分依次录取, 某人成绩为 78 分, 问此人能否被录取?

解 设被录取者最低分为 x_0, 则

$$P\{X\geqslant x_0\}=\frac{155}{526}=0.2947=1-P\{X<x_0\}=1-\Phi\left(\frac{x_0-70}{10}\right),$$

所以 $\Phi\left(\dfrac{x_0-70}{10}\right)=0.7053$, 即 $\dfrac{x_0-70}{10}\approx 0.54$, 得 $x_0=75.4$, 此人成绩 78 分, 高于最低分, 故此人能被录取.

8. 设随机变量 X 服从参数为 λ 的指数分布, 求 $Y=X^3$ 的概率密度函数.

解　随机变量 X 的概率密度函数为 $f(x) = \begin{cases} \lambda e^{-\lambda x}, & x > 0, \\ 0, & \text{其他}, \end{cases}$ 则 Y 的分布函数

$$F_Y(y) = P\{Y \leqslant y\} = P\{X^3 \leqslant y\} = P\{X \leqslant \sqrt[3]{y}\} = \int_{-\infty}^{\sqrt[3]{y}} f_X(x)\mathrm{d}x.$$

当 $y \leqslant 0$ 时，$F_Y(y) = 0$．

当 $y > 0$ 时，$F_Y(y) = \int_{-\infty}^{\sqrt[3]{y}} f_X(x)\mathrm{d}x = \int_{-\infty}^{0} 0\mathrm{d}x + \int_{0}^{\sqrt[3]{y}} \lambda e^{-\lambda x}\mathrm{d}x = \int_{0}^{\sqrt[3]{y}} \lambda e^{-\lambda x}\mathrm{d}x$．

所以 Y 的概率密度函数为 $f_Y(y) = F_Y'(y) = \begin{cases} \dfrac{1}{3} \lambda e^{-\lambda \sqrt[3]{y}} \cdot \dfrac{1}{\sqrt[3]{y^2}}, & y > 0, \\ 0, & y \leqslant 0. \end{cases}$

第三章 多维随机变量及其分布

一、基 本 内 容

1. 二维随机变量定义

设 $X = X(\omega), Y = Y(\omega)$ 是定义在样本空间 Ω 上的两个随机变量, 则称 (X, Y) 为二维随机变量或二维随机向量.

2. 二维随机变量的联合分布函数

二维随机变量 (X, Y) 的联合分布函数定义为

$$F(x, y) = P\{X \leqslant x, Y \leqslant y\}.$$

3. 联合分布函数的性质

(1) $0 \leqslant F(x, y) \leqslant 1$.

(2) $F(x, y)$ 是变量 x (固定 y)或 y (固定 x)的非减函数.

(3) $F(x, -\infty) = \lim\limits_{y \to -\infty} F(x, y) = 0$, $F(-\infty, y) = \lim\limits_{x \to -\infty} F(x, y) = 0$,

$F(-\infty, -\infty) = \lim\limits_{\substack{x \to -\infty \\ y \to -\infty}} F(x, y) = 0$, $F(+\infty, +\infty) = \lim\limits_{\substack{x \to +\infty \\ y \to +\infty}} F(x, y) = 1$.

(4) $F(x, y)$ 是变量 x (固定 y)或 y (固定 x)的右连续函数.

(5) $P\{x_1 < X \leqslant x_2, y_1 < Y \leqslant y_2\} = F(x_2, y_2) - F(x_2, y_1) - F(x_1, y_2) + F(x_1, y_1)$.

4. 二维随机变量的边缘分布函数

已知 (X, Y) 的联合分布函数为 $F(x, y)$, 则关于 X 的边缘分布函数为

$$F_X(x) = F(x, +\infty);$$

关于 Y 的边缘分布函数为

$$F_Y(y) = F(+\infty, y).$$

5. 二维离散型随机变量

如果二维随机变量 (X, Y) 可能取值为有限个或可列无限个, 则称 (X, Y) 为二维离散型随机变量.

6. 二维离散型随机变量的联合概率分布

二维离散型随机变量 (X, Y) 的可能取值为 $(x_i, y_j)(i, j = 1, 2, \cdots)$，称

$$P\{X = x_i, Y = y_j\} = p_{ij}, \quad i, j = 1, 2, \cdots$$

为二维离散型随机变量 (X, Y) 的联合概率分布或联合分布列.

联合概率分布具有以下性质:

(1) $p_{ij} \geq 0, i, j = 1, 2, \cdots$;

(2) $\sum\limits_{i} \sum\limits_{j} p_{ij} = 1$.

7. 二维离散型随机变量的边缘概率分布

设 (X, Y) 为二维离散型随机变量，$p_{ij}, i = 1, 2, \cdots$ 为其联合概率分布，则

$$p_{i\cdot} = P\{X = x_i\} = \sum_{j=1}^{+\infty} p_{ij}, \quad i = 1, 2, \cdots,$$

$$p_{\cdot j} = P\{Y = y_j\} = \sum_{i=1}^{+\infty} p_{ij}, \quad j = 1, 2, \cdots$$

分别称为 (X, Y) 关于 X 和 Y 的边缘概率分布列, 简称边缘分布.

8. 二维连续型随机变量及联合概率密度

对于二维随机变量 (X, Y) 分布函数 $F(x, y)$，如果存在一个二元非负可积函数 $f(x, y)$ 使得对于任意的实数 x, y 都有

$$F(x, y) = \int_{-\infty}^{x} \int_{-\infty}^{y} f(s, t) \mathrm{d}s \mathrm{d}t$$

成立, 则 (X, Y) 称为二维连续型随机变量, $f(x, y)$ 称为二维连续型随机变量的联合概率密度.

9. 二维连续型随机变量的联合概率密度的性质

(1) $f(x, y) \geq 0, \ -\infty < x < +\infty, \ -\infty < y < +\infty$.

(2) $\int_{-\infty}^{+\infty} \int_{-\infty}^{+\infty} f(x, y) \mathrm{d}x \mathrm{d}y = 1$.

(3) 在 $f(x, y)$ 的连续点处有

$$\frac{\partial^2 F(x, y)}{\partial x \partial y} = f(x, y).$$

(4) 设 (X, Y) 为二维连续型随机变量, 则对平面上任一区域 D 有

$$P\{(X,Y) \in D\} = \iint\limits_{D} f(x,y)\mathrm{d}x\mathrm{d}y .$$

10. 二维连续型随机变量的边缘概率密度

设 $f(x,y)$ 为二维连续型随机变量的联合概率密度, 则

$$f_X(x) = \int_{-\infty}^{+\infty} f(x,y)\mathrm{d}y , \quad f_Y(y) = \int_{-\infty}^{+\infty} f(x,y)\mathrm{d}x$$

分别称为 (X,Y) 关于 X 和 Y 的边缘概率密度.

11. 随机变量的独立性

(1) 两个随机变量独立性的定义.

设 $F(x,y)$ 及 $F_X(x), F_Y(y)$ 分别是二维随机变量 (X,Y) 的分布函数及边缘分布函数, 若对于所有的 x, y 有

$$F(x,y) = F_X(x) \cdot F_Y(y) ,$$

则称随机变量 X 和 Y 是相互独立的.

(2) 离散型随机变量的独立性.

设 (X,Y) 是二维离散型随机变量, X 和 Y 相互独立的充分必要条件为: 对一切 i, j, 有

$$P\{X = x_i, Y = y_j\} = P\{X = x_i\} \cdot P\{Y = y_j\} , \quad \text{即 } p_{ij} = p_{i\cdot} \cdot p_{\cdot j} .$$

(3) 连续型随机变量的独立性.

设 (X,Y) 为二维连续型随机变量, 其概率密度函数为 $f(x,y)$, $f_X(x)$, $f_Y(y)$ 为边缘概率密度函数, 则 X 和 Y 相互独立的充分必要条件为: 对任意的实数 x, y, 都有

$$f(x,y) = f_X(x) \cdot f_Y(y) .$$

12. 条件分布

(1) 离散型随机变量的条件分布.

设 (X,Y) 是二维离散型随机变量, 对于固定的 j, 如果 $P\{Y = y_j\} > 0$, 则称

$$P\{X = x_i \mid Y = y_j\} = \frac{P\{X = x_i, Y = y_j\}}{P\{Y = y_j\}} = \frac{p_{ij}}{p_{\cdot j}}, \quad i = 1,2,\cdots$$

为在 $Y = y_j$ 条件下随机变量 X 的条件分布列.

对于固定的 i, 如果 $P\{X = x_i\} > 0$, 则称

$$P\{Y = y_j \mid X = x_i\} = \frac{P\{X = x_i, Y = y_j\}}{P\{X = x_i\}} = \frac{p_{ij}}{p_{i\cdot}}, \quad j = 1,2,\cdots$$

为在 $X = x_i$ 条件下随机变量 Y 的条件分布列.

(2) 连续型随机变量的条件概率密度.

设二维连续型随机变量 (X,Y) 的联合概率密度函数 $f(x,y)$ 在点 (x,y) 处连续, Y 的边缘概率密度函数 $f_Y(y)$ 在 y 处连续, 且 $f_Y(y)>0$, 则在 $Y=y$ 条件下 X 的条件概率密度为

$$f_{X|Y}(x\,|\,y)=\frac{f(x,y)}{f_Y(y)}.$$

当 $f(x,y)$ 在点 (x,y) 处连续, X 的边缘概率密度函数 $f_X(x)$ 在 x 处连续, 且 $f_X(x)>0$, 则在 $X=x$ 条件下 Y 的条件概率密度为

$$f_{Y|X}(y\,|\,x)=\frac{f(x,y)}{f_X(x)}.$$

13. 二维随机变量函数的分布

(1) 二维离散型随机变量函数的分布.

设 (X,Y) 为二维离散型随机变量, 其联合概率分布为

$$P\{X=x_i,Y=y_j\}=p_{ij},\quad i,j=1,2,\cdots,$$

则随机变量函数 $Z=g(X,Y)$ 的概率分布为 $P\{Z=g(x_i,y_j)\}=p_{ij},i,j=1,2,\cdots$, 但要注意, 取相同 $g(x_i,y_j)$ 值对应的那些概率应合并相加.

(2) 二维连续型随机变量函数的分布.

设 (X,Y) 为二维连续型随机变量, 其概率密度函数为 $f(x,y)$, 若 $Z=g(X,Y)$ 仍是连续型随机变量, 求 $Z=g(X,Y)$ 的概率密度函数 $f_Z(z)$.

方法与一维随机变量函数的分布类似——分布函数法, 步骤如下.

首先, 求 $Z=g(X,Y)$ 的分布函数为

$$F_Z(z)=P\{Z\leqslant z\}=P\{g(X,Y)\leqslant z\}=\iint\limits_{g(x,y)\leqslant z}f(x,y)\mathrm{d}x\mathrm{d}y.$$

然后将 $F_Z(z)$ 对 z 求导得 $f_Z(z)=F_Z'(z)$, 即 $Z=g(X,Y)$ 的概率密度函数.

(3) 和的分布.

设 (X,Y) 为二维连续型随机变量, 其联合概率密度函数为 $f(x,y)$, 则 $Z=X+Y$ 的概率密度函数为

$$f_Z(z)=\int_{-\infty}^{+\infty}f(x,z-x)\mathrm{d}x$$

或

$$f_Z(z)=\int_{-\infty}^{+\infty}f(z-y,y)\mathrm{d}y,$$

若 X,Y 相互独立, 则有 $f(x,y)=f_X(x)f_Y(y)$, 代入上面两式得

$$f_Z(z)=\int_{-\infty}^{+\infty}f_X(x)f_Y(z-x)\mathrm{d}x$$

或

$$f_Z(z) = \int_{-\infty}^{+\infty} f_X(z-y) f_Y(y) \mathrm{d}y ,$$

这两个公式称为**卷积公式**.

(4) 商的分布.

设 (X,Y) 为二维连续型随机变量, 其联合概率密度为 $f(x,y)$, 则 $Z = \dfrac{X}{Y}$ 的概率密度为

$$f_Z(z) = \int_{-\infty}^{+\infty} |y| f(yz, y) \mathrm{d}y .$$

如果 X 与 Y 相互独立, 则有

$$f_Z(z) = \int_{-\infty}^{+\infty} |y| f_X(yz) f_Y(y) \mathrm{d}y .$$

对 $Z = XY$, 有

$$f_Z(z) = \int_{-\infty}^{+\infty} \frac{1}{|x|} f\left(x, \frac{z}{x}\right) \mathrm{d}x = \int_{-\infty}^{+\infty} \frac{1}{|y|} f\left(\frac{z}{y}, y\right) \mathrm{d}y .$$

若 X, Y 相互独立, 则有

$$f_Z(z) = \int_{-\infty}^{+\infty} \frac{1}{|x|} f_X(x) f_Y\left(\frac{z}{x}\right) \mathrm{d}x = \int_{-\infty}^{+\infty} \frac{1}{|y|} f_X\left(\frac{z}{y}\right) f_Y(y) \mathrm{d}y .$$

(5) $M = \max\{X,Y\}$, $N = \min\{X,Y\}$ 的分布.

设 X 和 Y 是相互独立的随机变量, 它们的分布函数分别为 $F_X(x)$ 和 $F_Y(y)$, 则

$M = \max\{X,Y\}$ 的分布函数　$F_{\max}(z) = F_X(z) F_Y(z)$;

$N = \min\{X,Y\}$ 的分布函数　$F_{\min}(z) = 1 - [1 - F_X(z)][1 - F_Y(z)]$.

二、基 本 要 求

(1) 理解二维随机变量及其分布、二维均匀分布和二维正态分布.

(2) 掌握二维随机变量分布的性质、随机变量相互独立的条件、条件分布, 会求与二维随机变量相关事件的概率.

(3) 熟练掌握二维离散型随机变量的联合概率分布、边缘分布, 以及二维连续型随机变量的联合概率密度函数和边缘密度函数的计算.

三、扩 展 例 题

例 1 (2012 年考研真题)　设随机变量 X 与 Y 相互独立, 且分别服从参数为 1 和 4 的指数分布, 则 $P\{X < Y\} = ($　　$)$.

A. $\dfrac{1}{5}$;　　　　　　B. $\dfrac{1}{3}$;　　　　　　C. $\dfrac{2}{5}$;　　　　　　D. $\dfrac{4}{5}$.

解　X 与 Y 的概率密度函数分别为 $f_X(x)=\begin{cases} e^{-x}, & x>0, \\ 0, & x\leqslant 0 \end{cases}$ 和 $f_Y(y)=\begin{cases} 4e^{-4y}, & y>0, \\ 0, & y\leqslant 0. \end{cases}$

由 X 与 Y 相互独立, 可得 $f(x,y)=f_X(x)\cdot f_Y(y)=\begin{cases} 4e^{-x-4y}, & x>0,y>0, \\ 0, & 其他, \end{cases}$ 则

$$P\{X<Y\}=\iint\limits_{x<y} f(x,y)\mathrm{d}x\mathrm{d}y=\int_0^{+\infty}4e^{-4y}\mathrm{d}y\int_0^y e^{-x}\mathrm{d}x=\int_0^{+\infty}4e^{-4y}(1-e^{-y})\mathrm{d}y=\frac{1}{5},$$

所以选 A.

例 2 (2005 年考研真题)　设二维随机变量 (X,Y) 的概率分布为

X ＼ Y	0	1
0	0.4	a
1	b	0.1

已知随机事件 $\{X=0\}$ 与 $\{X+Y=1\}$ 相互独立, 则(　　).

A. $a=0.2,b=0.3$;　　　　　　　　B. $a=0.4,b=0.1$;

C. $a=0.3,b=0.2$;　　　　　　　　D. $a=0.1,b=0.4$.

解　由独立性可知 $P\{X=0,X+Y=1\}=P\{X=0\}\cdot P\{X+Y=1\}$. 而

$$P\{X=0,X+Y=1\}=P\{X=0,Y=1\}=a,$$
$$P\{X=0\}=P\{X=0,Y=0\}+P\{X=0,Y=1\}=0.4+a,$$
$$P\{X+Y=1\}=P\{X=0,Y=1\}+P\{X=1,Y=0\}=a+b=0.5.$$

代入独立性等式, 得 $a=(0.4+a)\times 0.5$, 解得 $a=0.4$, 再由 $a+b=0.5$ 得 $b=0.1$, 故选 B.

例 3 (2015 年考研真题)　设二维随机变量 (X,Y) 服从正态分布 $N(1,0,1,1,0)$, 则 $P\{XY-Y<0\}=$ _____.

解　由 $(X,Y)\sim N(1,0,1,1,0)$ 可知, X 与 Y 独立, 且 $X\sim N(1,1),Y\sim N(0,1)$, 也就有 $X-1\sim N(0,1)$ 与 Y 独立. 再根据对称性,

$$P\{X-1<0\}=P\{X-1>0\}=P\{Y<0\}=P\{Y>0\}=\frac{1}{2}.$$
$$\begin{aligned}P\{XY-Y<0\}&=P\{(X-1)Y<0\}\\&=P\{X-1<0,Y>0\}+P\{X-1>0,Y<0\}\\&=P\{X-1<0\}P\{Y>0\}+P\{X-1>0\}P\{Y<0\}\\&=\frac{1}{2}\times\frac{1}{2}+\frac{1}{2}\times\frac{1}{2}=\frac{1}{2}.\end{aligned}$$

例 4 (2009 年考研真题)　设袋中有 1 个红球、2 个黑球与 3 个白球, 现有放回地从

袋中取两次, 每次取一球, 以 X, Y, Z 分别表示两次取球所取得的红球、黑球与白球的个数, 求: (1) $P\{X = 1 \mid Z = 0\}$; (2) 二维随机变量 (X, Y) 的概率分布.

解 (1) 在没有取得白球的情况下取了一次红球, 则 $P\{X = 1 \mid Z = 0\} = \dfrac{C_2^1 \times 2}{C_3^1 \cdot C_3^1} = \dfrac{4}{9}$.

(2) X, Y 的取值范围是 0, 1, 2, 故

$$P\{X = 0, Y = 0\} = \frac{C_3^1 \cdot C_3^1}{C_6^1 \cdot C_6^1} = \frac{1}{4}, \qquad P\{X = 1, Y = 0\} = \frac{C_2^1 \cdot C_3^1}{C_6^1 \cdot C_6^1} = \frac{1}{6},$$

$$P\{X = 2, Y = 0\} = \frac{1}{C_6^1 \cdot C_6^1} = \frac{1}{36}, \qquad P\{X = 0, Y = 1\} = \frac{C_2^1 \cdot C_2^1 \cdot C_3^1}{C_6^1 \cdot C_6^1} = \frac{1}{3},$$

$$P\{X = 1, Y = 1\} = \frac{C_2^1 \cdot C_2^1}{C_6^1 \cdot C_6^1} = \frac{1}{9}, \qquad P\{X = 2, Y = 1\} = 0,$$

$$P\{X = 0, Y = 2\} = \frac{C_2^1 \cdot C_2^1}{C_6^1 \cdot C_6^1} = \frac{1}{9}, \qquad P\{X = 1, Y = 2\} = 0, \quad P\{X = 2, Y = 2\} = 0.$$

X \\ Y	0	1	2
0	$\dfrac{1}{4}$	$\dfrac{1}{3}$	$\dfrac{1}{9}$
1	$\dfrac{1}{6}$	$\dfrac{1}{9}$	0
2	$\dfrac{1}{36}$	0	0

例 5 (2020 年考研真题) 设随机变量 X_1, X_2, X_3 相互独立, X_1, X_2 均服从标准正态分布, X_3 的概率分布为 $P\{X_3 = 0\} = P\{X_3 = 1\} = \dfrac{1}{2}$, $Y = X_3 X_1 + (1 - X_3) X_2$.

(1) 求二维随机变量 (X_1, Y) 的分布函数, 结果用标准正态分布函数 $\Phi(x)$ 表示;

(2) 证明随机变量 Y 服从标准正态分布.

解 (1) $F(x, y) = P\{X_1 \leqslant x, Y \leqslant y\}$

$$= P\{X_1 \leqslant x, X_3(X_1 - X_2) + X_2 \leqslant y, X_3 = 0\}$$

$$+ P\{X_1 \leqslant x, X_3(X_1 - X_2) + X_2 \leqslant y, X_3 = 1\}$$

$$= P\{X_1 \leqslant x, X_2 \leqslant y, X_3 = 0\} + P\{X_1 \leqslant x, X_1 \leqslant y, X_3 = 1\}.$$

若 $x \leqslant y$, $P\{X_1 \leqslant x, X_1 \leqslant y, X_3 = 1\} = \dfrac{1}{2} P\{X_1 \leqslant x\} = \dfrac{1}{2} \Phi(x)$.

若 $x > y$, $P\{X_1 \leqslant x, X_1 \leqslant y, X_3 = 1\} = \dfrac{1}{2} P\{X_1 \leqslant y\} = \dfrac{1}{2} \Phi(y)$.

故 $F(x,y) = \begin{cases} \dfrac{1}{2}\Phi(x)\Phi(y) + \dfrac{1}{2}\Phi(x), & x \leqslant y, \\[2mm] \dfrac{1}{2}\Phi(x)\Phi(y) + \dfrac{1}{2}\Phi(y), & x > y. \end{cases}$

证明 (2)　$F_Y(y) = P\{Y \leqslant y\} = P\{X_3(X_1 - X_2) + X_2 \leqslant y\}$

$$= \frac{1}{2}P\{X_3(X_1 - X_2) + X_2 \leqslant y \mid X_3 = 0\}$$

$$+ \frac{1}{2}P\{X_3(X_1 - X_2) + X_2 \leqslant y \mid X_3 = 1\}$$

$$= \frac{1}{2}P\{X_2 \leqslant y \mid X_3 = 0\} + \frac{1}{2}P\{X_1 \leqslant y \mid X_3 = 1\}$$

$$= \frac{1}{2}\Phi(y) + \frac{1}{2}\Phi(y) = \Phi(y).$$

故随机变量 Y 服从标准正态分布.

例 6 (2004 年考研真题)　设随机变量 X 在区间 $(0,1)$ 上服从均匀分布, 在 $X = x(0 < x < 1)$ 的条件下, 随机变量 Y 在区间 $(0,x)$ 上服从均匀分布, 求: (1) 随机变量 X 和 Y 的联合概率密度函数; (2) Y 的概率密度函数; (3) 概率 $P\{X + Y > 1\}$.

解　(1) 依题意 X 的概率密度函数为

$$f_X(x) = \begin{cases} 1, & 0 < x < 1, \\ 0, & \text{其他.} \end{cases}$$

在 $X = x\,(0 < x < 1)$ 的条件下, Y 的条件概率密度函数为 $f_{Y|X}(y \mid x) = \begin{cases} \dfrac{1}{x}, & 0 < y < x < 1, \\[2mm] 0, & \text{其他.} \end{cases}$

所以 X 和 Y 的联合概率密度函数为

$$f(x,y) = f_X(x)f_{Y|X}(y \mid x) = \begin{cases} \dfrac{1}{x}, & 0 < y < x < 1, \\[2mm] 0, & \text{其他.} \end{cases}$$

(2) 由 Y 的概率密度函数 $f_Y(y) = \displaystyle\int_{-\infty}^{+\infty} f(x,y)\mathrm{d}x$ 得

当 $y \leqslant 0$ 或 $y \geqslant 1$ 时, 有 $f_Y(y) = 0$.

当 $0 < y < 1$ 时, 有 $f_Y(y) = \displaystyle\int_y^1 \frac{1}{x}\mathrm{d}x = -\ln y$.

于是 Y 的概率密度函数为

$$f_Y(y) = \begin{cases} -\ln y, & 0 < y < 1, \\ 0, & \text{其他.} \end{cases}$$

(3)　$P\{X + Y > 1\} = \displaystyle\iint_{x+y>1} f(x,y)\mathrm{d}x\mathrm{d}y = \iint_{\substack{x+y>1 \\ 0<y<x<1}} \frac{1}{x}\mathrm{d}x\mathrm{d}y = \int_{\frac{1}{2}}^1 \mathrm{d}x \int_{1-x}^x \frac{1}{x}\mathrm{d}y = 1 - \ln 2.$

例 7 (2008 年考研真题)　设随机变量 X 与 Y 相互独立，X 的概率分布为 $P\{X=i\}=\dfrac{1}{3}(i=-1,0,1)$，$Y$ 的概率密度函数为 $f_Y(y)=\begin{cases}1, & 0\leqslant y<1, \\ 0, & \text{其他,}\end{cases}$ 记 $Z=X+Y$. 求：

(1) $P\left\{Z\leqslant\dfrac{1}{2}\Big|X=0\right\}$；　(2) Z 的概率密度函数 $f_Z(z)$.

解　(1)　$P\left\{Z\leqslant\dfrac{1}{2}\Big|X=0\right\}=P\left\{X+Y\leqslant\dfrac{1}{2}\Big|X=0\right\}$

$$=P\left\{Y\leqslant\dfrac{1}{2}\Big|X=0\right\}=P\left\{Y\leqslant\dfrac{1}{2}\right\}=\int_0^{\frac{1}{2}}1\mathrm{d}y=\dfrac{1}{2}.$$

(2)　Z 的分布函数为

$$\begin{aligned}F_Z(z)&=P\{Z\leqslant z\}=P\{X+Y\leqslant z\}\\&=P\{X=-1,Y\leqslant z+1\}+P\{X=0,Y\leqslant z\}+P\{X=1,Y\leqslant z-1\}\\&=\dfrac{1}{3}(P\{Y\leqslant z+1\}+P\{Y\leqslant z\}+P\{Y\leqslant z-1\}).\end{aligned}$$

当 $z<-1$ 时，$F_Z(z)=0$.

当 $-1\leqslant z<0$ 时，$F_Z(z)=\dfrac{1}{3}P\{Y\leqslant z+1\}=\dfrac{1}{3}\int_0^{z+1}1\mathrm{d}z=\dfrac{z+1}{3}$.

当 $0\leqslant z<1$ 时，$F_Z(z)=\dfrac{1}{3}(P\{Y\leqslant z+1\}+P\{Y\leqslant z\})=\dfrac{1}{3}\left(\int_0^1 1\mathrm{d}z+\int_0^z 1\mathrm{d}z\right)=\dfrac{z+1}{3}$.

当 $1\leqslant z<2$ 时，$F_Z(z)=\dfrac{1}{3}(P\{Y\leqslant z+1\}+P\{Y\leqslant z\}+P\{Y\leqslant z-1\})$

$$=\dfrac{1}{3}(1+1+z-1)=\dfrac{z+1}{3}.$$

当 $z\geqslant 2$ 时，$F_Z(z)=1$.

Z 的分布函数为 $F_Z(z)=\begin{cases}0, & z<-1, \\ \dfrac{z+1}{3}, & -1\leqslant z<2, \\ 1, & z\geqslant 2.\end{cases}$ 所以 Z 的概率密度函数为

$$f_Z(z)=F_Z'(z)=\begin{cases}\dfrac{1}{3}, & -1\leqslant z<2, \\ 0, & \text{其他.}\end{cases}$$

例 8 (2016 年考研真题)　设二维随机变量 (X,Y) 在区域

$$D=\{(x,y)\,|\,0<x<1,x^2<y<\sqrt{x}\}$$

上服从均匀分布，令 $U=\begin{cases}1, & X\leqslant Y, \\ 0, & X>Y.\end{cases}$ (1) 写出 (X,Y) 的概率密度函数；(2) 问 U 与 X 是否相互独立？(3) 求 $Z=U+X$ 的分布函数 $F(z)$.

解　(1) 区域 D 的面积 $S(D) = \int_0^1 (\sqrt{x} - x^2)\mathrm{d}x = \dfrac{1}{3}$，所以 (X, Y) 的概率密度函数为

$$f(x, y) = \begin{cases} 3, & 0 < x < 1, x^2 < y < \sqrt{x}, \\ 0, & \text{其他}. \end{cases}$$

(2) U 与 X 不独立.

$$P\left\{ U \leqslant \frac{1}{2}, X \leqslant \frac{1}{2} \right\} = P\left\{ U = 0, X \leqslant \frac{1}{2} \right\} = P\left\{ X > Y, X \leqslant \frac{1}{2} \right\} = 3\int_0^{\frac{1}{2}} (x - x^2)\mathrm{d}x = \frac{1}{4},$$

$$P\left\{ U \leqslant \frac{1}{2} \right\} = P\{U = 0\} = P\{X > Y\} = \frac{1}{2},$$

$$P\left\{ X \leqslant \frac{1}{2} \right\} = \int_0^{\frac{1}{2}} 3\mathrm{d}x \int_{x^2}^{\sqrt{x}} \mathrm{d}y = \frac{1}{\sqrt{2}} - \frac{1}{8},$$

所以 $P\left\{ U \leqslant \dfrac{1}{2}, X \leqslant \dfrac{1}{2} \right\} \neq P\left\{ U \leqslant \dfrac{1}{2} \right\} P\left\{ X \leqslant \dfrac{1}{2} \right\}$，故 U 与 X 不独立.

(3)　　　　$F(z) = P\{U + X \leqslant z\} = P\{X \leqslant z, U = 0\} + P\{1 + X \leqslant z, U = 1\}$
　　　　　　　$= P\{X \leqslant z, X > Y\} + P\{1 + X \leqslant z, X \leqslant Y\}.$

因为

$$P\{X \leqslant z, X > Y\} = \begin{cases} 0, & z < 0, \\ \dfrac{3}{2}z^2 - z^3, & 0 \leqslant z < 1, \\ \dfrac{1}{2}, & z \geqslant 1, \end{cases}$$

$$P\{1 + X \leqslant z, X \leqslant Y\} = \begin{cases} 0, & z < 1, \\ 2(z-1)^{\frac{3}{2}} - \dfrac{3}{2}(z-1)^2, & 1 \leqslant z < 2, \\ \dfrac{1}{2}, & z \geqslant 2, \end{cases}$$

所以 $F(z) = \begin{cases} 0, & z < 0, \\ \dfrac{3}{2}z^2 - z^3, & 0 \leqslant z < 1, \\ 2(z-1)^{\frac{3}{2}} - \dfrac{3}{2}(z-1)^2 + \dfrac{1}{2}, & 1 \leqslant z < 2, \\ 1, & z \geqslant 2. \end{cases}$

例 9 (2021 年考研真题) 在区间 $(0,2)$ 上随机取值, 将该区间分成两段, 较短一段的长度记为 X, 较长一段的长度记为 Y, 令 $Z = \dfrac{Y}{X}$. 求:

(1) X 的概率密度; (2) Z 的概率密度.

解 (1) 在区间 $(0,2)$ 上随机取一点, 将该点位置记为 W, 则 W 服从 $(0,2)$ 上的均匀分布, 则

$$X = \min\{W, 2-W\}.$$

由于 X 为较短一段的长度, 故 X 的取值范围为 $(0,1]$. 记 X 的分布函数为 $F_X(x)$.

当 $x < 0$ 时, $F_X(x) = P\{X \leqslant x\} = 0$.

当 $0 \leqslant x < 1$ 时,

$$\begin{aligned}
F_X(x) &= P\{X \leqslant x\} = 1 - P\{X > x\} = 1 - P\{W > x, 2-W > x\} \\
&= 1 - P\{x < W < 2-x\} = 1 - P\{W < 2-x\} + P\{W \leqslant x\} \\
&= 1 - \frac{2-x}{2} + \frac{x}{2} = x.
\end{aligned}$$

当 $x \geqslant 1$ 时, $F_X(x) = P\{X \leqslant x\} = 1$.

因此, $F_X(x) = \begin{cases} 0, & x < 0, \\ x, & 0 \leqslant x < 1, \\ 1, & x \geqslant 1, \end{cases}$ $f_X(x) = \begin{cases} 1, & 0 < x < 1, \\ 0, & \text{其他}. \end{cases}$

X 服从区间 $(0,1)$ 上的均匀分布.

(2) $Z = \dfrac{Y}{X} = \dfrac{2-X}{X} = \dfrac{2}{X} - 1$. 记 Z 的分布函数为 $F_Z(z)$.

由于 X 的取值范围为 $(0,1]$, 故 Z 的取值范围为 $[1, +\infty)$.

当 $z < 1$ 时, $F_Z(z) = P\{Z \leqslant z\} = 0$.

当 $z \geqslant 1$ 时, $F_Z(z) = P\left\{\dfrac{2}{X} - 1 \leqslant z\right\} = P\left\{\dfrac{2}{X} \leqslant z+1\right\} = P\left\{X \geqslant \dfrac{2}{z+1}\right\}$

$$= 1 - P\left\{X < \frac{2}{z+1}\right\}.$$

由于 $P\left\{X < \dfrac{2}{z+1}\right\} = \dfrac{2}{z+1}$, 故 $F_Z(z) = 1 - \dfrac{2}{z+1}$.

因此, $F_Z(z) = \begin{cases} 0, & z < 1, \\ 1 - \dfrac{2}{z+1}, & z \geqslant 1, \end{cases}$ $f_Z(z) = \begin{cases} 0, & z < 1, \\ \dfrac{2}{(z+1)^2}, & z \geqslant 1. \end{cases}$

四、习 题 详 解

习题 3-1

(A) 基础题

1. 设二维随机变量 (X,Y) 的分布函数为

$$F(x,y) = \begin{cases} (1-e^{-2x})(1-e^{-y}), & x > 0, y > 0, \\ 0, & \text{其他}. \end{cases}$$

求 $P\{X \leqslant 1, Y \leqslant 2\}$.

解　$P\{X \leqslant 1, Y \leqslant 2\} = F(1,2) = (1-e^{-2})^2$.

2. 设二维随机变量 (X,Y) 的分布函数为

$$F(x,y) = \frac{1}{\pi^2}\left(\frac{\pi}{2} + \arctan\frac{x}{2}\right)\left(\frac{\pi}{2} + \arctan\frac{y}{3}\right), \quad -\infty < x, y < +\infty.$$

求 $P\{0 < X \leqslant 2\sqrt{3}, 0 < Y \leqslant 3\sqrt{3}\}$.

解　$P\{0 < X \leqslant 2\sqrt{3}, 0 < Y \leqslant 3\sqrt{3}\} = F(2\sqrt{3}, 3\sqrt{3}) - F(0, 3\sqrt{3}) - F(2\sqrt{3}, 0) + F(0, 0)$

$$= \frac{25}{36} - \frac{5}{12} - \frac{5}{12} + \frac{1}{4} = \frac{1}{9}.$$

3. 设二维随机变量 (X,Y) 的分布函数为

$$F(x,y) = \begin{cases} 1 - e^{-2x} - e^{-y} + e^{-2x-y}, & x > 0, y > 0, \\ 0, & \text{其他}. \end{cases}$$

求 X, Y 的边缘分布函数.

解　$F_X(x) = P\{X \leqslant x\} = F(x, +\infty) = \lim\limits_{y \to +\infty} F(x,y) = \begin{cases} 1 - e^{-2x}, & x > 0, \\ 0, & \text{其他}, \end{cases}$

$F_Y(y) = P\{Y \leqslant y\} = F(+\infty, y) = \lim\limits_{x \to +\infty} F(x,y) = \begin{cases} 1 - e^{-y}, & y > 0, \\ 0, & \text{其他}. \end{cases}$

4. 设二维随机变量 (X,Y) 的分布函数为

$$F(x,y) = \begin{cases} 5a - 3^{-x} - 3^{-y} + 3^{-x-y}, & x \geqslant 0, y \geqslant 0, \\ 0, & \text{其他}. \end{cases}$$

求: (1) 常数 a; (2) (X,Y) 关于 X, Y 的边缘分布函数.

解　(1)　$1 = F(+\infty, +\infty) = \lim\limits_{\substack{x \to +\infty \\ y \to +\infty}} F(x,y) = \lim\limits_{\substack{x \to +\infty \\ y \to +\infty}} (5a - 3^{-x} - 3^{-y} + 3^{-x-y}) = 5a.$

故 $a = \dfrac{1}{5}$.

(2) 关于 X 的边缘分布函数为

$$F_X(x) = F(x,+\infty) = \begin{cases} 1-3^{-x}, & x \geqslant 0, \\ 0, & x < 0. \end{cases}$$

关于 Y 的边缘分布函数为

$$F_Y(y) = F(+\infty,y) = \begin{cases} 1-3^{-y}, & y \geqslant 0, \\ 0, & y < 0. \end{cases}$$

(B) 提高题

1. 设二元函数 $F(x,y) = \begin{cases} 1, & x+y \geqslant 1, \\ 0, & x+y < 1, \end{cases}$ 试问 $F(x,y)$ 能否作为某二维随机变量的分布函数?

解 不能. 因为在平面上取 4 个点 $(1,1),(1,0),(0,1),(0,0)$, 这 4 个点可以构成一个矩形, 但是

$$F(1,1) - F(1,0) - F(0,1) + F(0,0) = -1 < 0,$$

$F(x,y)$ 不满足分布函数的第五个性质, 故不能作为二维随机变量的分布函数.

2. 设二维随机变量 (X,Y) 的分布函数为

$$F(x,y) = A\left(B + \arctan\frac{x}{2}\right)\left(C + \arctan\frac{y}{3}\right), \quad -\infty < x,y < +\infty.$$

求: (1) 常数 A,B,C; (2) $P\{0 < X \leqslant 2, 0 < Y \leqslant 3\}$.

解 (1) 由分布函数的性质, 有

$$F(+\infty,+\infty) = A\left(B + \frac{\pi}{2}\right)\left(C + \frac{\pi}{2}\right) = 1.$$

$$F(x,-\infty) = A\left(B + \arctan\frac{x}{2}\right)\left(C - \frac{\pi}{2}\right) = 0.$$

$$F(-\infty,y) = A\left(B - \frac{\pi}{2}\right)\left(C + \arctan\frac{y}{3}\right) = 0.$$

解得 $A = \dfrac{1}{\pi^2}$, $B = C = \dfrac{\pi}{2}$.

(2) $P\{0 < X \leqslant 2, 0 < Y \leqslant 3\} = F(2,3) - F(0,3) - F(2,0) + F(0,0)$

$$= \frac{9}{16} - \frac{3}{8} - \frac{3}{8} + \frac{1}{4} = \frac{1}{16}.$$

习题 3-2

(A) 基础题

1. 10 件产品中有 3 件次品, 7 件正品, 每次任取一件, 连续取两次, 记

$$X_i = \begin{cases} 0, & 第i次取到正品, \\ 1, & 第i次取到正品, \end{cases} \quad i = 1, 2,$$

在有放回抽样情况下, 写出 (X_1, X_2) 的联合概率分布.

解 (X_1, X_2) 的可能取值为 $(0,0),(0,1),(1,0),(1,1)$. 由于事件 $\{X_1 = i\}$ 与 $\{X_2 = j\}$ 相互独立, 所以有

$$P\{X_1 = i, X_2 = j\} = P\{X_1 = i\} \cdot P\{X_2 = j\}.$$

即 (X_1, X_2) 的联合概率分布为

X_1 \ X_2	0	1
0	0.49	0.21
1	0.21	0.09

2. 将一枚硬币连续掷三次, 以 X 表示在三次中出现正面的次数, 以 Y 表示三次中出现正面的次数与出现反面的次数之差的绝对值, 写出 (X,Y) 的联合概率分布.

解 X 的取值为 $0, 1, 2, 3$, 则对应出现反面的次数为 $3, 2, 1, 0$, 所以 Y 的取值为 1, 3, 则有

$$P\{X = 0, Y = 3\} = \left(\frac{1}{2}\right)^3 = \frac{1}{8}, \quad P\{X = 1, Y = 1\} = C_3^1 \left(\frac{1}{2}\right)^1 \left(\frac{1}{2}\right)^2 = \frac{3}{8},$$

$$P\{X = 2, Y = 1\} = C_3^2 \left(\frac{1}{2}\right)^2 \left(\frac{1}{2}\right)^1 = \frac{3}{8}, \quad P\{X = 3, Y = 3\} = \left(\frac{1}{2}\right)^3 = \frac{1}{8}.$$

于是, (X,Y) 的联合概率分布为

Y \ X	0	1	2	3
1	0	$\frac{3}{8}$	$\frac{3}{8}$	0
3	$\frac{1}{8}$	0	0	$\frac{1}{8}$

3. 箱内装有 10 件产品, 其中一、二、三等品各 $1, 4, 5$ 件. 从箱内任意取出两件产品, 用 X 和 Y 分别表示取出的一等品和二等品的数目. 求:

(1) (X,Y) 的概率分布及其关于 X 和 Y 的边缘分布;

(2) 取出的一等品和二等品相等的概率.

解　(1) X 的所有可能取值为 $0,1$，Y 的所有可能取值为 $0,1,2$，那么 (X,Y) 的所有可能取值为 $(0,0),(0,1),(0,2),(1,0),(1,1),(1,2)$．

由古典概率公式可求得

$$P\{X=0,Y=0\}=\frac{C_5^2}{C_{10}^2}=\frac{10}{45}, \quad P\{X=0,Y=1\}=\frac{C_4^1C_5^1}{C_{10}^2}=\frac{20}{45},$$

$$P\{X=0,Y=2\}=\frac{C_4^2}{C_{10}^2}=\frac{6}{45}, \quad P\{X=1,Y=0\}=\frac{C_1^1C_5^1}{C_{10}^2}=\frac{5}{45},$$

$$P\{X=1,Y=1\}=\frac{C_1^1C_4^1}{C_{10}^2}=\frac{4}{45}, \quad P\{X=1,Y=2\}=P(\varnothing)=0.$$

则 (X,Y) 的概率分布及其关于 X 和 Y 的边缘分布如下表所示.

X \ Y	0	1	2	$p_{i\cdot}$
0	$\frac{10}{45}$	$\frac{20}{45}$	$\frac{6}{45}$	$\frac{4}{5}$
1	$\frac{5}{45}$	$\frac{4}{45}$	0	$\frac{1}{5}$
$p_{\cdot j}$	$\frac{1}{3}$	$\frac{8}{15}$	$\frac{3}{15}$	

(2) 所求概率为

$$P\{X=Y\}=P\{X=0,Y=0\}+P\{X=1,Y=1\}=\frac{10}{45}+\frac{4}{45}=\frac{14}{45}.$$

4. 设随机变量 X 在 $1,2,3$ 中等可能地取值，Y 在 $1\sim X$ 中等可能地取整数值，求 (X,Y) 的分布列及 $P\{X=Y\}$．

解　确定随机变量的取值

$$p_{ij}=P\{X=i,Y=j\}=P\{X=i\}\cdot P\{Y=j\,|\,X=i\}=\frac{1}{i}\cdot\frac{1}{3} \quad (i=1,2,3;j\leqslant i)$$

X \ Y	1	2	3
1	$\frac{1}{3}$	0	0
2	$\frac{1}{6}$	$\frac{1}{6}$	0
3	$\frac{1}{9}$	$\frac{1}{9}$	$\frac{1}{9}$

$$P\{X = Y\} = P\{X = 1, Y = 1\} + P\{X = 2, Y = 2\} + P\{X = 3, Y = 3\} = \frac{1}{3} + \frac{1}{6} + \frac{1}{9} = \frac{11}{18}.$$

5. 已知随机变量 X 的分布列如下:

X	-1	0	1
P	$\dfrac{1}{4}$	$\dfrac{1}{2}$	$\dfrac{1}{4}$

$Y = X^2$, 求 (X,Y) 的分布列.

解

Y ＼ X	-1	0	1
0	0	$\dfrac{1}{2}$	0
1	$\dfrac{1}{4}$	0	$\dfrac{1}{4}$

(B) 提高题

1. 一箱中装有 6 件同种工艺品, 其中一等品 1 件, 二等品 2 件, 三等品 3 件, 现有放回地从箱中取两次, 每次取一件, 以 X, Y, Z 分布表示两次取得的一等品、二等品和三等品的件数. 求:

(1) $P\{X = 1 | Z = 0\}$;

(2) 二维随机变量 (X,Y) 的分布列.

解 (1) $P\{X = 1 | Z = 0\} = \dfrac{P\{X = 1, Z = 0\}}{P\{Z = 0\}} = \dfrac{C_2^1 \times \dfrac{1}{6} \times \dfrac{1}{3}}{\left(\dfrac{1}{2}\right)^2} = \dfrac{4}{9}.$

(2) 由题意知 X 与 Y 的所有可能取值均为 0, 1, 2. (X,Y) 的分布列为

Y ＼ X	0	1	2
0	$\dfrac{1}{4}$	$\dfrac{1}{3}$	$\dfrac{1}{9}$
1	$\dfrac{1}{6}$	$\dfrac{1}{9}$	0
2	$\dfrac{1}{36}$	0	0

2. 设随机变量 Y 服从区间 $(0,3)$ 上的均匀分布, 随机变量 $X_k = \begin{cases} 0, & Y \leqslant k, \\ 1, & Y > k \end{cases}$ $(k = 1,2)$,

求随机变量 (X_1, X_2) 的分布列.

解　因为随机变量 Y 服从区间 $(0,3)$ 上的均匀分布, 所以随机变量 Y 的密度函数为

$$f(y) = \begin{cases} \dfrac{1}{3}, & 0 < y < 3, \\ 0, & \text{其他}. \end{cases}$$

随机变量 (X_1, X_2) 的所有可能取值为 $(0,0), (0,1), (1,0), (1,1)$.

$$P\{X_1 = 0, X_2 = 0\} = P\{Y \leqslant 1, Y \leqslant 2\} = P\{Y \leqslant 1\} = \int_0^1 \frac{1}{3} dy = \frac{1}{3},$$

$$P\{X_1 = 0, X_2 = 1\} = P\{Y \leqslant 1, Y > 2\} = P\{\varnothing\} = 0,$$

$$P\{X_1 = 1, X_2 = 0\} = P\{Y > 1, Y \leqslant 2\} = P\{1 < Y \leqslant 2\} = \int_1^2 \frac{1}{3} dy = \frac{1}{3},$$

$$P\{X_1 = 1, X_2 = 1\} = P\{Y > 1, Y > 2\} = P\{Y > 2\} = \int_2^3 \frac{1}{3} dy = \frac{1}{3}.$$

故随机变量 (X_1, X_2) 的分布列为

X_1 \\ X_2	0	1
0	$\dfrac{1}{3}$	0
1	$\dfrac{1}{3}$	$\dfrac{1}{3}$

3. 两名水平相当的棋手对弈 3 盘, 设 X 表示某名棋手获胜的盘数, Y 表示他输赢盘数之差的绝对值. 假定没有和棋, 且每盘结果是相互独立的, 求:

(1) (X, Y) 的分布列; (2) X 和 Y 的边缘分布列.

解　(1) 由题意知 $X \sim B\left(3, \dfrac{1}{2}\right)$, $Y = \left|X - (3 - X)\right| = \left|2X - 3\right|$, 由 X 的取值可得 Y 的可能取值为 1, 3, 且

$$P\{X = 0, Y = 1\} = P\{\varnothing\} = 0,$$

$$P\{X = 0, Y = 3\} = P\{X = 0\} = C_3^0 \left(\frac{1}{2}\right)^0 \left(\frac{1}{2}\right)^3 = \frac{1}{8},$$

……

同理可得其他各取值点的概率, 见表

Y \\ X	0	1	2	3
1	0	$\dfrac{3}{8}$	$\dfrac{3}{8}$	0
3	$\dfrac{1}{8}$	0	0	$\dfrac{1}{8}$

(2) X 和 Y 的边缘分布列分别为

X	0	1	2	3
P	$\dfrac{1}{8}$	$\dfrac{3}{8}$	$\dfrac{3}{8}$	$\dfrac{1}{8}$

Y	1	3
P	$\dfrac{3}{4}$	$\dfrac{1}{4}$

4. 一个箱子中装有 100 个大小形状完全相同的球, 其中黑色球 50 个, 红色球 40 个, 白色球 10 个, 现从中随机抽取一个球, 记

$$X_1 = \begin{cases} 1, & \text{取到黑色球,} \\ 0, & \text{取到非黑色球,} \end{cases} \qquad X_2 = \begin{cases} 1, & \text{取到红色球,} \\ 0, & \text{取到非红色球,} \end{cases}$$

求 (X_1, X_2) 的分布列.

解　由题意知 $\{X_1 = 0, X_2 = 0\}$ 表示取到的是白色球, 故 $P\{X_1 = 0, X_2 = 0\} = 0.1$.

$\{X_1 = 0, X_2 = 1\}$ 表示取到的是红色球, 故 $P\{X_1 = 0, X_2 = 1\} = 0.4$.

$\{X_1 = 1, X_2 = 0\}$ 表示取到的是黑色球, 故 $P\{X_1 = 0, X_2 = 1\} = 0.5$.

$\{X_1 = 1, X_2 = 1\}$ 表示取到的即是黑色球又是红色球, 这是不可能事件, 故 $P\{X_1 = 1, X_2 = 1\} = 0$, 于是 (X_1, X_2) 的分布列为

X_1 ＼ X_2	0	1
0	0.1	0.4
1	0.5	0

5. 从 $1, 2, \cdots, 8$ 中任取一个数 Z, 设 X 表示 Z 的因数的个数, Y 表示 Z 的质因数的个数, 求: (1) (X, Y) 的联合分布列; (2) $P\{|X - Y| = 1\}$.

解　(1) 首先给出 X, Y, Z 的取值如下:

Z	1	2	3	4	5	6	7	8
X	1	2	2	3	2	4	2	4
Y	0	1	1	1	1	2	1	1

不难看出 (X, Y) 的所有取值为 $(i, j), i = 1, 2, 3, 4, j = 0, 1, 2$, 由于 Z 是任意选取的, 故每一个取值发生的可能性相同, 因此不难求出 (X, Y) 取每个值时的概率, 比如 $P\{X = 1, Y = 0\} = \dfrac{1}{8}$, $P\{X = 2, Y = 0\} = 0$, $P\{X = 2, Y = 1\} = \dfrac{1}{2}$, $\cdots$, 故 (X, Y) 的联合分布列为

Y \ X	1	2	3	4
0	$\frac{1}{8}$	0	0	0
1	0	$\frac{1}{2}$	$\frac{1}{8}$	$\frac{1}{8}$
2	0	0	0	$\frac{1}{8}$

(2) $P\{|X-Y|=1\}=\dfrac{5}{8}$.

习题 3-3

(A) 基础题

1. 设二维连续型随机变量 (X,Y) 的联合概率密度函数为

$$f(x,y)=\begin{cases} cxy, & 0\leqslant x\leqslant 2,0\leqslant y\leqslant 2, \\ 0, & \text{其他}, \end{cases}$$

求: (1) 常数 c; (2) 边缘概率密度 $f_X(x)$, $f_Y(y)$.

解　(1) 由 $\displaystyle\int_{-\infty}^{+\infty}\int_{-\infty}^{+\infty}f(x,y)\mathrm{d}x\mathrm{d}y=\int_0^2\int_0^2 cxy\mathrm{d}x\mathrm{d}y=4c=1$ 得，$c=\dfrac{1}{4}$;

(2) $f_X(x)=\displaystyle\int_{-\infty}^{+\infty}f(x,y)\mathrm{d}y=\begin{cases}\displaystyle\int_0^2\frac{1}{4}xy\mathrm{d}y, & 0\leqslant x\leqslant 2, \\ 0, & \text{其他}\end{cases}=\begin{cases}\dfrac{1}{2}x, & 0\leqslant x\leqslant 2, \\ 0, & \text{其他}.\end{cases}$

由对称性得 $f_Y(y)=\begin{cases}\dfrac{1}{2}y, & 0\leqslant y\leqslant 2, \\ 0, & \text{其他}.\end{cases}$

2. 设二维连续型随机变量 (X,Y) 的联合密度函数为

$$f(x,y)=\begin{cases} x^2+\dfrac{1}{3}xy, & 0\leqslant x\leqslant 1,\, 0\leqslant y\leqslant 2, \\ 0, & \text{其他}, \end{cases}$$

求 X 与 Y 的边缘密度函数.

解　当 $x<0$ 或 $x>1$ 时，$f_X(x)=\displaystyle\int_{-\infty}^{+\infty}f(x,y)\mathrm{d}y=\int_{-\infty}^{+\infty}0\,\mathrm{d}y=0$.

当 $0\leqslant x\leqslant 1$ 时，$f_X(x)=\displaystyle\int_0^2\left(x^2+\frac{1}{3}xy\right)\mathrm{d}y=2x^2+\frac{2}{3}x$，所以

$$f_X(x)=\begin{cases} 2x^2+\dfrac{2}{3}x, & 0\leqslant x\leqslant 1, \\ 0, & \text{其他}. \end{cases}$$

当 $y<0$ 或 $y>2$ 时，$f_Y(y) = \int_{-\infty}^{+\infty} f(x,y)\mathrm{d}x = \int_{-\infty}^{+\infty} 0\,\mathrm{d}x = 0$．

当 $0 \leqslant y \leqslant 2$ 时，$f_Y(y) = \int_0^1 \left(x^2 + \dfrac{1}{3}xy \right)\mathrm{d}x = \dfrac{1}{3} + \dfrac{1}{6}y$，所以

$$f_Y(y) = \begin{cases} \dfrac{1}{3} + \dfrac{1}{6}y, & 0 \leqslant y \leqslant 2, \\ 0, & \text{其他．} \end{cases}$$

3. 设二维连续型随机变量 (X,Y) 的联合概率密度函数为

$$f(x,y) = \begin{cases} cxy, & 0 \leqslant x \leqslant 1, 0 \leqslant y \leqslant x, \\ 0, & \text{其他，} \end{cases}$$

求：(1) 常数 c；(2) X 与 Y 的边缘密度函数 $f_X(x)$，$f_Y(y)$．

解 (1) 因为 $\displaystyle\int_{-\infty}^{+\infty}\int_{-\infty}^{+\infty} f(x,y)\mathrm{d}x\mathrm{d}y = 1$，所以 $\displaystyle\int_0^1 \mathrm{d}x \int_0^x cxy\,\mathrm{d}y = 1$，得 $c = 8$．

(2) 因为 $f_X(x) = \displaystyle\int_{-\infty}^{+\infty} f(x,y)\,\mathrm{d}y, -\infty < x < +\infty$，所以

当 $0 \leqslant x \leqslant 1$ 时，有

$$f_X(x) = \int_{-\infty}^{+\infty} f(x,y)\mathrm{d}y = \int_0^x 8xy\mathrm{d}y = 4x^3．$$

当 $x<0$ 或 $x>1$ 时，$f_X(x) = 0$，故

$$f_X(x) = \begin{cases} 4x^3, & 0 \leqslant x \leqslant 1, \\ 0, & \text{其他．} \end{cases}$$

因为 $f_Y(y) = \displaystyle\int_{-\infty}^{+\infty} f(x,y)\mathrm{d}x, -\infty < y < +\infty$，所以当 $0 \leqslant y \leqslant 1$ 时，有

$$f_Y(y) = \int_{-\infty}^{+\infty} f(x,y)\mathrm{d}x = \int_y^1 8xy\mathrm{d}x = 4y(1-y^2)．$$

当 $y<0$ 或 $y>1$ 时，$f_Y(y) = 0$．故

$$f_Y(y) = \begin{cases} 4y(1-y^2), & 0 \leqslant y \leqslant 1, \\ 0, & \text{其他．} \end{cases}$$

4. 设二维连续型随机变量 (X,Y) 的联合概率密度函数为

$$f(x,y) = \frac{1}{\pi^2(1+x^2)(1+y^2)}．$$

求 (X,Y) 的联合分布函数 $F(x,y)$．

解 $F(x,y) = \displaystyle\int_{-\infty}^{x}\int_{-\infty}^{y} \frac{1}{\pi^2(1+s^2)(1+t^2)}\mathrm{d}s\mathrm{d}t$

$$= \frac{1}{\pi^2}\left(\arctan x + \frac{\pi}{2} \right)\left(\arctan y + \frac{\pi}{2} \right)．$$

5. 设二维连续型随机变量 (X, Y) 的联合分布函数为

$$F(x, y) = \frac{1}{\pi^2}\left(\frac{\pi}{2} + \arctan\frac{x}{2}\right)\left(\frac{\pi}{2} + \arctan\frac{y}{3}\right), \quad -\infty < x, y < +\infty.$$

求 (X, Y) 的联合概率密度函数.

解 将上式两边对 x 与 y 求二阶混合偏导数, 即得 (X, Y) 的概率密度函数

$$f(x, y) = \frac{\partial^2 F(x, y)}{\partial x \partial y} = \frac{6}{\pi^2(x^2 + 4)(y^2 + 9)}, \quad -\infty < x, y < +\infty.$$

(B) 提高题

1. 设二维连续型随机变量 (X, Y) 的联合密度函数为

$$f(x, y) = \begin{cases} x^2 + \dfrac{1}{3}xy, & 0 \leqslant x \leqslant 1, 0 \leqslant y \leqslant 2, \\ 0, & \text{其他}, \end{cases}$$

求 $P\{X + Y \geqslant 1\}$.

解 $P\{X + Y \geqslant 1\} = \int_0^1 \mathrm{d}x \int_{1-x}^2 \left(x^2 + \dfrac{1}{3}xy\right)\mathrm{d}y = \dfrac{65}{72}$.

2. 设二维连续型随机变量 (X, Y) 的联合概率密度函数为

$$f(x, y) = \frac{1}{\pi^2(1 + x^2)(1 + y^2)}.$$

求 $P\{(X, Y) \in D\}$, 其中 D 为以点 $(0,0), (0,1), (1,1), (1,0)$ 为顶点的正方形区域.

解 $P\{(X, Y) \in D\} = \iint\limits_D f(x, y)\mathrm{d}x\mathrm{d}y = \int_0^1 \int_0^1 \dfrac{1}{\pi^2(1 + x^2)(1 + y^2)}\mathrm{d}x\mathrm{d}y$

$$= \frac{1}{\pi^2}\arctan x\Big|_0^1 \arctan y\Big|_0^1 = \frac{1}{16}.$$

3. 设二维随机变量 (X, Y) 的联合概率密度函数为

$$f(x, y) = \begin{cases} \dfrac{xy}{4}, & 0 \leqslant x \leqslant 2, 0 \leqslant y \leqslant 2, \\ 0, & \text{其他}, \end{cases}$$

求 $P\{Y \geqslant X^2\}$.

解 $P\{Y \geqslant X^2\} = \int_0^{\sqrt{2}} \mathrm{d}x \int_{x^2}^2 \dfrac{1}{4}xy\mathrm{d}y = \int_0^{\sqrt{2}}\left(\dfrac{1}{2}x - \dfrac{1}{8}x^5\right)\mathrm{d}x = \dfrac{1}{3}$.

习题 3-4

(A) 基础题

1. 已知随机变量 X_1 和 X_2 的概率分布

X_1	-1	0	1
P	0.25	0.5	0.25

X_2	0	1
P	0.5	0.5

且 $P\{X_1X_2=0\}=1$，(1) 求 X_1 和 X_2 的联合分布列; (2) 问 X_1 和 X_2 是否相互独立.

解 (1) X_1 和 X_2 的联合分布列和边缘分布列为

X_2 \ X_1	-1	0	1	$p_{\cdot j}$
0	c_{11}	c_{12}	c_{13}	0.5
1	c_{21}	c_{22}	c_{23}	0.5
$p_{i\cdot}$	0.25	0.5	0.25	

由 $P\{X_1X_2=0\}=1$ 得 $c_{21}=c_{23}=0$，$c_{11}=0.25, c_{13}=0.25, c_{12}=0, c_{22}=0.5$. 所以 X_1 和 X_2 的联合分布列为

X_2 \ X_1	-1	0	1
0	0.25	0	0.25
1	0	0.5	0

(2) $P\{X_1=-1, X_2=0\} \neq P\{X_1=-1\}P\{X_2=0\}$，所以 X_1 和 X_2 不相互独立.

2. 设随机变量 X 的概率分布为

X	$-\pi$	0	π
P	$\dfrac{c}{9}$	$\dfrac{2c}{9}$	$\dfrac{c}{6}$

(1) 求常数 c；

(2) 求 $Y=\cos X$ 的概率分布;

(3) 求 (X,Y) 的联合概率分布;

(4) 判断 X 与 Y 是否独立.

解 (1) 因为 $\dfrac{c}{9}+\dfrac{2c}{9}+\dfrac{c}{6}=1$，所以 $c=2$.

(2) $Y=\cos X$ 的概率分布为

$Y=\cos X$	-1	1
P	$\dfrac{5}{9}$	$\dfrac{4}{9}$

(3) 因为 (X,Y) 的取值为 $(-\pi,-1),(-\pi,1),(0,-1),(0,1),(\pi,-1),(\pi,1)$，所以 (X,Y) 的概率分布为

Y \ X	$-\pi$	0	π
-1	$\dfrac{2}{9}$	0	$\dfrac{1}{3}$
1	0	$\dfrac{4}{9}$	0

(4) 因为 $p_{2\cdot}=\dfrac{4}{9}$，$p_{\cdot 1}=\dfrac{5}{9}$，$p_{21}=0$，所以 $p_{21}\neq p_{2\cdot}\times p_{\cdot 1}$，故 X 与 Y 不独立.

3. 设二维连续型随机变量 (X,Y) 的联合概率密度函数为

$$f(x,y)=\begin{cases} \mathrm{e}^{-x-y}, & x>0,y>0,\\ 0, & \text{其他,} \end{cases}$$

试判断 X 和 Y 的独立性.

解 X 和 Y 的边缘密度函数分别为

$$f_X(x)=\begin{cases} \mathrm{e}^{-x}, & x>0,\\ 0, & \text{其他,} \end{cases} \qquad f_Y(y)=\begin{cases} \mathrm{e}^{-y}, & y>0,\\ 0, & \text{其他,} \end{cases}$$

易见，$f(x,y)=f_X(x)\cdot f_Y(y)$，所以 X 和 Y 相互独立.

4. 已知连续型随机变量 X 和 Y 的边缘密度函数分别为

$$f_X(x)=\begin{cases} 2\mathrm{e}^{-2x}, & x>0,\\ 0, & \text{其他,} \end{cases} \qquad f_Y(y)=\begin{cases} 3\mathrm{e}^{-3y}, & y>0,\\ 0, & \text{其他,} \end{cases}$$

且 X 和 Y 相互独立，求二维连续型随机变量 (X,Y) 的联合概率密度函数.

解 因 X 和 Y 相互独立，故

$$f(x,y)=f_X(x)\cdot f_Y(y)=\begin{cases} 6\mathrm{e}^{-2x-3y}, & x>0,y>0,\\ 0, & \text{其他.} \end{cases}$$

(B) 提高题

1. 设 X 和 Y 是相互独立的随机变量，且都服从 $(0,1)$ 上的均匀分布，试求方程 $a^2+2Xa+Y=0$ 有实根的概率.

解 方程有实根的条件为 $\Delta=4X^2-4Y\geqslant 0$，即 $X^2\geqslant Y$，而

$$f_X(x)=\begin{cases} 1, & 0\leqslant x\leqslant 1,\\ 0, & \text{其他,} \end{cases} \qquad f_Y(y)=\begin{cases} 1, & 0\leqslant y\leqslant 1,\\ 0, & \text{其他.} \end{cases}$$

由于 X 和 Y 相互独立，所以 (X,Y) 的联合密度函数为 $f(x,y)=\begin{cases} 1, & 0\leqslant x\leqslant 1,0\leqslant y\leqslant 1,\\ 0, & \text{其他,} \end{cases}$ 故

$$P\{X^2\geqslant Y\}=\iint\limits_{x^2\geqslant y} f(x,y)\mathrm{d}x\mathrm{d}y=\int_0^1 \mathrm{d}x\int_0^{x^2} 1\,\mathrm{d}y=\frac{1}{3}.$$

2. 已知 (X,Y) 的联合密度函数为 $f(x,y)=\begin{cases}4xy, & 0\leqslant x,y\leqslant 1,\\ 0, & \text{其他},\end{cases}$ 求 $P\{X+Y\leqslant 1\}$.

解　$P\{X+Y\leqslant 1\}=\iint\limits_{x+y\leqslant 1}f(x,y)\mathrm{d}x\mathrm{d}y=\int_0^1\int_0^{1-x}4xy\mathrm{d}y\mathrm{d}x$

$$=\int_0^1 2x(1-x)^2\mathrm{d}x=\frac{1}{6}.$$

3. 已知 (X,Y) 的联合密度函数为 $f(x,y)=\begin{cases}8xy, & 0<x<y,0<y<1,\\ 0, & \text{其他},\end{cases}$ 讨论随机变量 X,Y 是否独立.

解　当 $x\leqslant 0$ 或 $x\geqslant 1$ 时，$f_X(x)=\int_{-\infty}^{+\infty}f(x,y)\mathrm{d}y=\int_{-\infty}^{+\infty}0\,\mathrm{d}y=0$.

当 $0<x<1$ 时，$f_X(x)=\int_{-\infty}^{+\infty}f(x,y)\mathrm{d}y=\int_x^1 8xy\mathrm{d}y=4x(1-x^2)$.

故 X 的边缘密度函数为 $f_X(x)=\begin{cases}4x(1-x^2), & 0<x<1,\\ 0, & \text{其他}.\end{cases}$

当 $y\leqslant 0$ 或 $y\geqslant 1$ 时，$f_Y(y)=\int_{-\infty}^{+\infty}f(x,y)\mathrm{d}x=\int_{-\infty}^{+\infty}0\,\mathrm{d}x=0$.

当 $0<y<1$ 时，$f_Y(y)=\int_{-\infty}^{+\infty}f(x,y)\mathrm{d}x=\int_0^y 8xy\mathrm{d}x=4y^3$.

故 Y 的边缘密度函数为 $f_Y(y)=\begin{cases}4y^3, & 0<y<1,\\ 0, & \text{其他}.\end{cases}$

显然，$f(x,y)\neq f_X(x)f_Y(y)$，故 X,Y 不独立.

4. 设二维连续型随机变量 (X,Y) 的联合概率密度函数为 $f(x,y)=\begin{cases}\mathrm{e}^{-y}, & 0<x<y,\\ 0, & \text{其他}.\end{cases}$

(1) 求 X 与 Y 的边缘概率密度函数; (2) 判断 X 与 Y 是否独立.

解　(1) $f_X(x)=\int_{-\infty}^{+\infty}f(x,y)\mathrm{d}y=\begin{cases}\int_x^{+\infty}\mathrm{e}^{-y}\mathrm{d}y=\mathrm{e}^{-x}, & x>0,\\ 0, & x\leqslant 0,\end{cases}$

$$f_Y(y)=\int_{-\infty}^{+\infty}f(x,y)\mathrm{d}x=\begin{cases}\int_0^y\mathrm{e}^{-y}\mathrm{d}x=y\mathrm{e}^{-y}, & y>0,\\ 0, & y\leqslant 0.\end{cases}$$

(2) 易见，$f(x,y)\neq f_X(x)f_Y(y)$，所以 X 和 Y 不相互独立.

5. 设二维随机变量 (X,Y) 在单位圆域 $D=\{(x,y)\mid x^2+y^2\leqslant 1\}$ 上服从均匀分布.

(1) 求 X 与 Y 的边缘概率密度函数; (2) 判断 X 与 Y 是否独立.

解　(1) (X,Y) 的概率密度函数为 $f(x,y)=\begin{cases}\dfrac{1}{\pi}, & x^2+y^2\leqslant 1,\\ 0, & x^2+y^2>1.\end{cases}$

当 $|y| \leqslant 1$ 时, $f_Y(y) = \int_{-\infty}^{+\infty} f(x,y) \mathrm{d}x = \int_{-\sqrt{1-y^2}}^{\sqrt{1-y^2}} \frac{1}{\pi} \mathrm{d}x = \frac{2}{\pi}\sqrt{1-y^2}$.

当 $|y| > 1$ 时, $f_Y(y) = 0$, 所以

$$f_Y(y) = \begin{cases} \dfrac{2}{\pi}\sqrt{1-y^2}, & |y| \leqslant 1, \\ 0, & |y| > 1. \end{cases} \quad 同理: \quad f_X(x) = \begin{cases} \dfrac{2}{\pi}\sqrt{1-x^2}, & |x| \leqslant 1, \\ 0, & |x| > 1. \end{cases}$$

(2) 易见, 当 $|x| \leqslant 1, |y| \leqslant 1$ 时, $f(x,y) \neq f_X(x)f_Y(y)$. 所以 X 和 Y 不相互独立.

习题 3-5

(A) 基础题

1. 设二维离散型随机变量 (X,Y) 的联合分布列如下表

X \ Y	0	1	2
0	$\frac{1}{4}$	$\frac{1}{6}$	$\frac{1}{8}$
1	$\frac{1}{4}$	$\frac{1}{8}$	$\frac{1}{12}$

求: (1) 在 $X = 0,1$ 的条件下 X 的分布列; (2) 在 $Y = 0,1,2$ 的条件下 Y 的分布列.

解 (1)

Y	0	1	2
P	$\frac{6}{13}$	$\frac{4}{13}$	$\frac{3}{13}$

Y	0	1	2
P	$\frac{6}{11}$	$\frac{3}{11}$	$\frac{2}{11}$

(2)

X	0	1
P	$\frac{1}{2}$	$\frac{1}{2}$

X	0	1
P	$\frac{4}{7}$	$\frac{3}{7}$

X	0	1
P	$\frac{3}{5}$	$\frac{2}{5}$

2. 设随机变量 X 在 $1,2,3,4$ 四个整数中等可能取值, 另一个随机变量 Y 在 $1 \sim X$ 中等可能的取整数值. 当 Y 取到数字 2 时, 求 X 取各个数的概率.

解 (X,Y) 的分布列及 X 和 Y 边缘分布列如下

X ＼ Y	1	2	3	4	$p_{i\cdot}$
1	$\dfrac{1}{4}$	0	0	0	$\dfrac{1}{4}$
2	$\dfrac{1}{8}$	$\dfrac{1}{8}$	0	0	$\dfrac{1}{4}$
3	$\dfrac{1}{12}$	$\dfrac{1}{12}$	$\dfrac{1}{12}$	0	$\dfrac{1}{4}$
4	$\dfrac{1}{16}$	$\dfrac{1}{16}$	$\dfrac{1}{16}$	$\dfrac{1}{16}$	$\dfrac{1}{4}$
$p_{\cdot j}$	$\dfrac{25}{48}$	$\dfrac{13}{48}$	$\dfrac{7}{48}$	$\dfrac{3}{48}$	

因此条件概率为

$$P\{X=i\,|\,Y=2\}=\frac{p_{i2}}{p_{\cdot 2}}, \quad i=1,2,3,4.$$

根据上表数据可算得相应的概率分别为 $0,\dfrac{6}{13},\dfrac{4}{13},\dfrac{3}{13}$. 故在 $Y=2$ 的条件下 X 的条件分布为

X	1	2	3	4
P	0	$\dfrac{6}{13}$	$\dfrac{4}{13}$	$\dfrac{3}{13}$

3. 设二维连续型随机变量 (X,Y) 的联合概率密度为

$$f(x,y)=\begin{cases}A\mathrm{e}^{-(2x+y)}, & x>0, y>0,\\ 0, & \text{其他}.\end{cases}$$

求:(1) 常数 A;(2) $f_{X|Y}(x|y), f_{Y|X}(y|x)$;(3) $P\{X\leqslant 2\,|\,Y\leqslant 1\}$.

解　(1) 根据 $\displaystyle\int_{-\infty}^{+\infty}\int_{-\infty}^{+\infty}f(x,y)\mathrm{d}x\mathrm{d}y=1$,有

$$\int_{-\infty}^{+\infty}\int_{-\infty}^{+\infty}f(x,y)\mathrm{d}x\mathrm{d}y=\int_{0}^{+\infty}\int_{0}^{+\infty}A\mathrm{e}^{-(2x+y)}\mathrm{d}x\mathrm{d}y$$

$$=A\int_{0}^{+\infty}\mathrm{e}^{-2x}\mathrm{d}x\int_{0}^{+\infty}\mathrm{e}^{-y}\mathrm{d}y$$

$$=A\left(-\frac{1}{2}\mathrm{e}^{-2x}\Big|_{0}^{+\infty}\right)\left(-\mathrm{e}^{-y}\Big|_{0}^{+\infty}\right)=\frac{A}{2}=1.$$

故 $A=2$. 即 $f(x,y)=\begin{cases}2\mathrm{e}^{-(2x+y)}, & x>0, y>0,\\ 0, & \text{其他}.\end{cases}$

(2) 当 $x>0$ 时，$f_X(x)=\int_{-\infty}^{+\infty}f(x,y)\mathrm{d}y=\int_0^{+\infty}2\mathrm{e}^{-(2x+y)}\mathrm{d}y=2\mathrm{e}^{-2x}$. 故 X 的边缘密度函数为

$$f_X(x)=\begin{cases}2\mathrm{e}^{-2x}, & x>0,\\ 0, & \text{其他}.\end{cases}$$

当 $y>0$ 时，$f_Y(y)=\int_{-\infty}^{+\infty}f(x,y)\mathrm{d}x=\int_0^{+\infty}2\mathrm{e}^{-(2x+y)}\mathrm{d}x=\mathrm{e}^{-y}$，故 Y 的边缘密度函数为

$$f_Y(y)=\begin{cases}\mathrm{e}^{-y}, & y>0,\\ 0, & \text{其他}.\end{cases}$$

当 $y>0$ 时，$f_{X|Y}(x|y)=\dfrac{f(x,y)}{f_Y(y)}=\begin{cases}2\mathrm{e}^{-2x}, & x>0,\\ 0, & \text{其他},\end{cases}$ 当 $y\leqslant 0$ 时，$f_{X|Y}(x|y)$ 不存在.

当 $x>0$ 时，$f_{Y|X}(y|x)=\dfrac{f(x,y)}{f_X(x)}=\begin{cases}\mathrm{e}^{-y}, & y>0,\\ 0, & \text{其他},\end{cases}$ 当 $x\leqslant 0$ 时，$f_{Y|X}(y|x)$ 不存在.

(3) $P\{X\leqslant 2|Y\leqslant 1\}=\dfrac{P\{X\leqslant 2,Y\leqslant 1\}}{P\{Y\leqslant 1\}}$，而

$$P\{X\leqslant 2,Y\leqslant 1\}=\int_{-\infty}^2\int_{-\infty}^1 f(x,y)\mathrm{d}x\mathrm{d}y=(1-\mathrm{e}^{-4})(1-\mathrm{e}^{-1}),$$

$$P\{Y\leqslant 1\}=\int_{-\infty}^1 f_Y(y)\mathrm{d}y=1-\mathrm{e}^{-1}.$$

故 $P\{X\leqslant 2|Y\leqslant 1\}=1-\mathrm{e}^{-4}$.

4. 设二维连续型随机变量 (X,Y) 的密度函数为

$$f(x,y)=\begin{cases}1, & |y|<x,0<x<1,\\ 0, & \text{其他},\end{cases}$$

求条件密度 $f_{X|Y}(x|y)$ 和 $f_{Y|X}(y|x)$.

解 当 $x\geqslant 1$ 或 $x\leqslant 0$ 时，$f_X(x)=0$.

当 $0<x<1$ 时，$f_X(x)=\int_{-\infty}^{+\infty}f(x,y)\mathrm{d}y=\int_{-\infty}^{-x}0\mathrm{d}y+\int_{-x}^x 1\mathrm{d}y+\int_x^{+\infty}0\mathrm{d}y=2x$.

故 $f_X(x)=\begin{cases}2x, & 0<x<1,\\ 0, & \text{其他}.\end{cases}$

当 $y\geqslant 1$ 或 $y\leqslant -1$ 时，$f_Y(y)=0$.

当 $0<y<1$ 时，$f_Y(y)=\int_{-\infty}^{+\infty}f(x,y)\mathrm{d}x=\int_{-\infty}^y 0\mathrm{d}x+\int_y^1 1\mathrm{d}x+\int_1^{+\infty}0\mathrm{d}x=1-y$.

当 $-1<y<0$ 时，$f_Y(y)=\int_{-\infty}^{+\infty}f(x,y)\mathrm{d}x=\int_{-\infty}^{-y}0\mathrm{d}x+\int_{-y}^1 1\mathrm{d}x+\int_1^{+\infty}0\mathrm{d}x=1+y$；

$$f_Y(y)=\begin{cases}1+y, & -1<y<0,\\ 1-y, & 0<y<1,\\ 0, & \text{其他}\end{cases}=\begin{cases}1-|y|, & |y|<1,\\ 0, & \text{其他}.\end{cases}$$

当 $|y|<1$ 时，$f_{X|Y}(x|y)=\dfrac{f(x,y)}{f_Y(y)}=\begin{cases}\dfrac{1}{1-|y|}, & |y|<x<1,\\[2mm] 0, & \text{其他}.\end{cases}$

当 $0<x<1$ 时，$f_{Y|X}(y|x)=\dfrac{f(x,y)}{f_X(x)}=\begin{cases}\dfrac{1}{2x}, & |y|<x,\\[2mm] 0, & \text{其他}.\end{cases}$

5. 已知随机变量 Y 的密度函数为 $f_Y(y)=\begin{cases}5y^4, & 0<y<1,\\ 0, & \text{其他}.\end{cases}$ 在给定 $Y=y$ 的条件下，

随机变量 X 的条件概率密度为 $f_{X|Y}(x|y)=\dfrac{f(x,y)}{f_Y(y)}=\begin{cases}\dfrac{3x^2}{y^3}, & 0<x<y<1,\\[2mm] 0, & \text{其他}.\end{cases}$ 求 $P\{X>0.5\}$.

解　(X,Y) 的联合概率密度为 $f(x,y)=f_{X|Y}(x|y)f_Y(y)=\begin{cases}15x^2y, & 0<x<y<1,\\ 0, & \text{其他}.\end{cases}$

当 $0<x<1$ 时，有

$$f_X(x)=\int_{-\infty}^{+\infty}f(x,y)\mathrm{d}y=\int_x^1 15x^2y\mathrm{d}y=\frac{15}{2}(x^2-x^4).$$

当 $x\leqslant 0$ 或 $x\geqslant 1$ 时，$f_X(x)=0$.

即关于 X 的边缘概率密度为 $f_X(x)=\begin{cases}\dfrac{15}{2}(x^2-x^4), & 0<x<1,\\[2mm] 0, & \text{其他}.\end{cases}$

因此 $P\{X>0.5\}=\displaystyle\int_{0.5}^{+\infty}f_X(x)\mathrm{d}x=\int_{0.5}^1\frac{15}{2}(x^2-x^4)\mathrm{d}x=\frac{47}{64}$.

(B) 提高题

1. 设数 X 在区间 $(0,1)$ 上随机地取值，当观察到 $X=x(0<x<1)$ 时，数 Y 在区间 $(x,1)$ 上随机地取值，求 Y 的概率密度 $f_Y(y)$.

解　由题意，X 的概率密度为 $f_X(x)=\begin{cases}1, & 0<x<1,\\ 0, & \text{其他}.\end{cases}$ 对于任意给定的值 $x(0<x<1)$，

在 $X=x$ 的条件下 Y 的条件概率密度为

$$f_{Y|X}(y|x)=\frac{f(x,y)}{f_X(x)}=\begin{cases}\dfrac{1}{1-x}, & x<y<1,\\[2mm] 0, & \text{其他}.\end{cases}$$

因为 $f(x,y)=f_X(x)\cdot f_{Y|X}(y|x)=\begin{cases}\dfrac{1}{1-x}, & 0<x<y<1,\\[2mm] 0, & \text{其他}.\end{cases}$

于是得关于 Y 的概率密度函数为

$$f_Y(y) = \int_{-\infty}^{+\infty} f(x,y)\mathrm{d}x = \begin{cases} \int_0^y \dfrac{1}{1-x}\mathrm{d}x, & 0 < y < 1, \\ 0, & \text{其他} \end{cases} = \begin{cases} -\ln(1-y), & 0 < y < 1, \\ 0, & \text{其他}. \end{cases}$$

2. 设二维连续型随机变量 (X,Y) 的联合概率密度函数为

$$f(x,y) = \begin{cases} \dfrac{21}{4}x^2 y, & x^2 \leqslant y \leqslant 1, \\ 0, & \text{其他}, \end{cases}$$

求条件密度 $f_{X|Y}(x|y)$ 和 $f_{Y|X}(y|x)$.

解　$f_X(x) = \int_{-\infty}^{+\infty} f(x,y)\mathrm{d}y = \begin{cases} \int_{x^2}^1 \dfrac{21}{4}x^2 y\mathrm{d}y, & -1 \leqslant x \leqslant 1, \\ 0, & \text{其他} \end{cases} = \begin{cases} \dfrac{21}{8}(x^2 - x^6), & -1 \leqslant x \leqslant 1, \\ 0, & \text{其他}, \end{cases}$

$$f_Y(y) = \int_{-\infty}^{+\infty} f(x,y)\mathrm{d}x = \begin{cases} \int_{-\sqrt{y}}^{\sqrt{y}} \dfrac{21}{4}x^2 y\mathrm{d}x, & 0 \leqslant y \leqslant 1, \\ 0, & \text{其他} \end{cases} = \begin{cases} \dfrac{7}{2}y^{\frac{5}{2}}, & 0 \leqslant y \leqslant 1, \\ 0, & \text{其他}. \end{cases}$$

当 $0 < y \leqslant 1$ 时，$f_{X|Y}(x|y) = \dfrac{f(x,y)}{f_Y(y)} = \begin{cases} \dfrac{3}{2}x^2 y^{-\frac{3}{2}}, & -\sqrt{y} \leqslant x \leqslant \sqrt{y}, \\ 0, & \text{其他}. \end{cases}$

当 $-1 < x < 1$ 时，$f_{Y|X}(y|x) = \dfrac{f(x,y)}{f_X(x)} = \begin{cases} \dfrac{2y}{1-x^4}, & x^2 \leqslant y \leqslant 1, \\ 0, & \text{其他}. \end{cases}$

3. 设二维连续型随机变量 (X,Y) 服从二维正态分布 $N(0,0,1,1,\rho)$，求条件密度 $f_{X|Y}(x|y)$ 和 $f_{Y|X}(y|x)$.

解　　　　$f(x,y) = \dfrac{1}{2\pi\sqrt{1-\rho^2}}\mathrm{e}^{-\frac{x^2 - 2\rho xy + y^2}{2(1-\rho^2)}}, \quad -\infty < x, y < \infty,$

$$f_X(x) = \dfrac{1}{\sqrt{2\pi}}\mathrm{e}^{-\frac{x^2}{2}}, \quad -\infty < x < \infty,$$

$$f_Y(y) = \dfrac{1}{\sqrt{2\pi}}\mathrm{e}^{-\frac{y^2}{2}}, \quad -\infty < y < \infty,$$

$$f_{X|Y}(x|y) = \dfrac{f(x,y)}{f_Y(y)} = \dfrac{1}{\sqrt{2\pi(1-\rho^2)}}\mathrm{e}^{-\frac{1}{2}\left(\frac{x-\rho y}{\sqrt{1-\rho^2}}\right)^2},$$

$$f_{Y|X}(y|x) = \dfrac{f(x,y)}{f_X(x)} = \dfrac{1}{\sqrt{2\pi(1-\rho^2)}}\mathrm{e}^{-\frac{1}{2}\left(\frac{y-\rho x}{\sqrt{1-\rho^2}}\right)^2}.$$

习题 3-6

(A) 基础题

1. 设离散型随机变量 X 与 Y 的分布列分别为

X	0	1	2
P	$\frac{1}{2}$	$\frac{3}{8}$	$\frac{1}{8}$

Y	0	1
P	$\frac{1}{3}$	$\frac{2}{3}$

且 X 与 Y 独立, 求:

(1) (X, Y) 的联合概率分布列;

(2) $Z = X + Y$ 的概率分布列;

(3) $Z = XY$ 的概率分布列.

解　(1) (X, Y) 的联合概率分布列为

X ＼ Y	0	1
0	$\frac{1}{6}$	$\frac{1}{3}$
1	$\frac{1}{8}$	$\frac{1}{4}$
2	$\frac{1}{24}$	$\frac{1}{12}$

(2) $Z = X + Y$ 的概率分布列为

$X + Y$	0	1	2	3
P	$\frac{1}{6}$	$\frac{11}{24}$	$\frac{7}{24}$	$\frac{1}{12}$

(3) $Z = XY$ 的概率分布列为

XY	0	1	2
P	$\frac{2}{3}$	$\frac{1}{4}$	$\frac{1}{12}$

2. 已知 (X,Y) 的联合概率分布列为

X \ Y	0	1	2
0	$\dfrac{1}{4}$	$\dfrac{1}{6}$	$\dfrac{1}{8}$
1	$\dfrac{1}{4}$	$\dfrac{1}{8}$	$\dfrac{1}{12}$

求: (1) $Z_1 = X - Y$ 的概率分布列;

(2) $Z_2 = XY$ 的概率分布列;

(3) $Z_3 = \max\{X,Y\}$ 的概率分布列.

解

(X,Y)	$(0,0)$	$(0,1)$	$(0,2)$	$(1,0)$	$(1,1)$	$(1,2)$
$Z_1 = X - Y$	0	-1	-2	1	0	-1
$Z_2 = XY$	0	0	0	0	1	2
$Z_3 = \max\{X,Y\}$	0	1	2	1	1	2
P	$\dfrac{1}{4}$	$\dfrac{1}{6}$	$\dfrac{1}{8}$	$\dfrac{1}{4}$	$\dfrac{1}{8}$	$\dfrac{1}{12}$

(1) $Z_1 = X - Y$ 的概率分布列为

$Z_1 = X - Y$	-2	-1	0	1
P	$\dfrac{1}{8}$	$\dfrac{1}{4}$	$\dfrac{3}{8}$	$\dfrac{1}{4}$

(2) $Z_2 = XY$ 的概率分布列为

$Z_2 = XY$	0	1	2
P	$\dfrac{19}{24}$	$\dfrac{1}{8}$	$\dfrac{1}{12}$

(3) $Z_3 = \max\{X,Y\}$ 的概率分布列为

$Z_3 = \max\{X,Y\}$	0	1	2
P	$\dfrac{1}{4}$	$\dfrac{13}{24}$	$\dfrac{5}{24}$

3. 设 X 与 Y 相互独立, 其概率密度函数分别为

$$f_X(x) = \begin{cases} \dfrac{1}{2}\mathrm{e}^{-\frac{x}{2}}, & x \geqslant 0, \\ 0, & x < 0, \end{cases} \quad f_Y(y) = \begin{cases} \dfrac{1}{3}\mathrm{e}^{-\frac{y}{3}}, & y \geqslant 0, \\ 0, & y < 0, \end{cases}$$

求随机变量 $Z = X + Y$ 的概率密度函数.

解　由卷积公式得

$$f(z) = \int_{-\infty}^{+\infty} f_X(x) f_Y(z-x) \mathrm{d}x.$$

考虑到 $f_X(x)$ 仅在 $x \geqslant 0$ 时不为零，$f_Y(z-x)$ 仅在 $z-x \geqslant 0$ 不为零，故上式右端的被积函数 $f_X(x) f_Y(z-x)$ 仅在 $0 \leqslant x \leqslant z$ 时才是非零的，因此

当 $z \geqslant 0$ 时，$f_Z(z) = \displaystyle\int_0^z \frac{1}{2}\mathrm{e}^{-\frac{x}{2}} \frac{1}{3}\mathrm{e}^{-\frac{z-x}{3}} \mathrm{d}x = \mathrm{e}^{-\frac{z}{3}} \int_0^z \frac{1}{6}\mathrm{e}^{-\frac{x}{6}} \mathrm{d}x$

$$= \mathrm{e}^{-\frac{z}{3}} \int_0^z \mathrm{e}^{-\frac{x}{6}} \mathrm{d}\left(\frac{x}{6}\right) = \mathrm{e}^{-\frac{z}{3}}\left(1 - \mathrm{e}^{-\frac{z}{6}}\right).$$

当 $z < 0$ 时，$f_Z(z) = 0$. 故

$$f_Z(z) = \begin{cases} \mathrm{e}^{-\frac{z}{3}}\left(1 - \mathrm{e}^{-\frac{z}{6}}\right), & z \geqslant 0, \\ 0, & z < 0. \end{cases}$$

4. 设随机变量 X 与 Y 独立同分布，共同概率密度函数为 $f(x) = \begin{cases} \mathrm{e}^{-x}, & x > 0, \\ 0, & x \leqslant 0. \end{cases}$ 求随机变量 $Z = X + Y$ 的概率密度函数.

解　由于 X 与 Y 相互独立，所以 $f(x,y) = f_X(x) f_Y(y)$，从而

$$f_Z(z) = \int_{-\infty}^{+\infty} f_X(x) f_Y(z-x) \mathrm{d}x = \begin{cases} \displaystyle\int_0^z \mathrm{e}^{-x} \mathrm{e}^{-(z-x)} \mathrm{d}x, & z > 0, \\ 0, & z \leqslant 0 \end{cases} = \begin{cases} z\mathrm{e}^{-z}, & z > 0, \\ 0, & z \leqslant 0. \end{cases}$$

5. 设二维随机变量 (X,Y) 的联合概率密度函数为 $f(x,y) = \dfrac{1}{2\pi}\mathrm{e}^{-\frac{x^2+y^2}{2}}$，求 $Z = \dfrac{X}{Y}$ 的概率密度函数.

解　由卷积公式得 $Z = \dfrac{X}{Y}$ 的概率密度函数为

$$f_Z(z) = \int_{-\infty}^{+\infty} f(yz, y)|y|\mathrm{d}y = \frac{1}{2\pi}\left[\int_0^{+\infty} y\mathrm{e}^{-\frac{y^2(1+z^2)}{2}}\mathrm{d}y - \int_{-\infty}^0 y\mathrm{e}^{-\frac{y^2(1+z^2)}{2}}\mathrm{d}y\right].$$

令 $t = \dfrac{y^2(1+z^2)}{2}, \mathrm{d}t = y(1+z^2)\mathrm{d}y, 2t = y^2(1+z^2)$，可得

$$f_Z(z) = \frac{1}{2\pi}\frac{1}{z^2+1}\left[\int_0^{+\infty}\mathrm{e}^{-t}\mathrm{d}t - \int_{+\infty}^0\mathrm{e}^{-t}\mathrm{d}t\right] = \frac{1}{2\pi}\frac{1}{z^2+1}2 = \frac{1}{\pi(z^2+1)}.$$

(B) 提高题

1. 设 $X_1, \cdots, X_n$ 在 $(0,1)$ 上都服从均匀分布且相互独立, 求 $Z = \min\{X_1, X_2, \cdots, X_n\}$ 的概率密度函数.

解 由题意, $f_{X_i}(x) = \begin{cases} 1, & 0 < x < 1, \\ 0, & 其他, \end{cases}$ $F_{X_i}(x) = \begin{cases} 0, & x \leqslant 0, \\ x, & 0 < x < 1, \\ 1, & x \geqslant 1. \end{cases}$ 则

$$F_{\min}(z) = 1 - [1 - F(z)]^n = \begin{cases} 0, & z \leqslant 0, \\ 1 - (1-z)^n, & 0 < z < 1, \\ 1, & z \geqslant 1, \end{cases}$$

$$f_{\min}(z) = F'_{\min}(z) = \begin{cases} n(1-z)^{n-1}, & 0 < z < 1, \\ 0, & 其他. \end{cases}$$

2. 设 (X,Y) 的概率密度函数为 $f(x,y) = \begin{cases} 2, & 0 < y < x, 0 < x < 1, \\ 0, & 其他, \end{cases}$ 求:

(1) $Z = X + Y$ 的概率密度函数;

(2) $Z = X - Y$ 的概率密度函数;

(3) $Z = \max\{X,Y\}$ 的概率密度函数 $f_z(z)$.

解 (1) $F_Z(z) = P(Z \leqslant z) = P(X + Y \leqslant z) = \iint\limits_{x+y \leqslant z} f(x,y)\mathrm{d}x\mathrm{d}y$

$$= \begin{cases} 0, & z \leqslant 0, \\ \int_0^{\frac{z}{2}} \mathrm{d}y \int_y^{z-y} 2\mathrm{d}x, & 0 < z \leqslant 1, \\ \int_0^{\frac{z}{2}} \mathrm{d}x \int_0^x 2\mathrm{d}y + \int_{\frac{z}{2}}^1 \mathrm{d}x \int_0^{z-x} 2\mathrm{d}y, & 1 < z \leqslant 2, \\ 1, & z > 2 \end{cases} = \begin{cases} 0, & z \leqslant 0, \\ \dfrac{1}{2}z^2, & 0 < z \leqslant 1, \\ 2z - 1 - \dfrac{1}{2}z^2, & 1 < z \leqslant 2, \\ 1, & z > 2. \end{cases}$$

故 $f_Z(z) = F'_Z(z) = \begin{cases} z, & 0 < z \leqslant 1, \\ 2-z, & 1 < z \leqslant 2, \\ 0, & 其他. \end{cases}$

(2) $F_Z(z) = P(Z \leqslant z) = P(X - Y \leqslant z) = \iint\limits_{x-y \leqslant z} f(x,y)\mathrm{d}x\mathrm{d}y$

$$= \begin{cases} 0, & z \leqslant 0, \\ \int_0^z \mathrm{d}x \int_0^x 2\mathrm{d}y + \int_z^1 \mathrm{d}x \int_{x-z}^x 2\mathrm{d}y, & 0 < z < 1, \\ \int_0^1 \mathrm{d}x \int_0^x 2\mathrm{d}y, & z \geqslant 1 \end{cases} = \begin{cases} 0, & z \leqslant 0, \\ 2z - z^2, & 0 < z < 1, \\ 1, & z \geqslant 1. \end{cases}$$

故 $f_Z(z) = F_Z'(z) = \begin{cases} 2 - 2z, & 0 < z < 1, \\ 0, & 其他. \end{cases}$

(3) $F_Z(z) = P\{Z \leqslant z\} = P\{\max\{X, Y\} \leqslant z\} = P\{X \leqslant z, Y \leqslant z\}$.

当 $z < 0$ 时, $F_Z(z) = 0$.

当 $0 \leqslant z < 1$ 时, $F_Z(z) = \int_0^z \mathrm{d}x \int_0^x 2\mathrm{d}y = z^2$.

当 $z \geqslant 1$ 时, $F_Z(z) = 1$.

故 $f_Z(z) = F_Z'(z) = \begin{cases} 2z, & 0 \leqslant z < 1, \\ 0, & 其他. \end{cases}$

3. 设 X 与 Y 相互独立, 它们都服从 $N(0, \sigma^2)$, 求 $Z = \sqrt{X^2 + Y^2}$ 的概率密度函数.

解 $f_X(x) = \dfrac{1}{\sqrt{2\pi}\sigma}\mathrm{e}^{-\frac{x^2}{2\sigma^2}}$, $f_Y(y) = \dfrac{1}{\sqrt{2\pi}\sigma}\mathrm{e}^{-\frac{y^2}{2\sigma^2}}$.

先求分布函数 $F_Z(z) = P\{Z \leqslant z\} = P\{\sqrt{X^2 + Y^2} \leqslant z\}$.

当 $z \leqslant 0$ 时, $F_Z(z) = 0$.

当 $z > 0$ 时, $F_Z(z) = P\{\sqrt{X^2 + Y^2} \leqslant z\} = \iint\limits_{\sqrt{x^2+y^2} \leqslant z} \dfrac{1}{2\pi\sigma^2}\mathrm{e}^{-\frac{x^2+y^2}{2\sigma^2}}\mathrm{d}x\mathrm{d}y$

$\qquad = \dfrac{1}{2\pi\sigma^2}\int_0^{2\pi}\mathrm{d}\theta\int_0^z r\mathrm{e}^{-\frac{r^2}{2\sigma^2}}\mathrm{d}r = \dfrac{1}{\sigma^2}\int_0^z r\mathrm{e}^{-\frac{r^2}{2\sigma^2}}\mathrm{d}r$.

故 $Z = \sqrt{X^2 + Y^2}$ 的概率密度函数为

$$f_Z(z) = F_Z'(z) = \begin{cases} \dfrac{z}{\sigma^2}\mathrm{e}^{-\frac{z^2}{2\sigma^2}}, & z > 0, \\ 0, & 其他. \end{cases}$$

4. 设一个系统由两个相互独立的子系统构成, 这两个子系统的正常工作时间分别设为 X, Y, 且 $X \sim E\left(\dfrac{1}{1000}\right), Y \sim E\left(\dfrac{1}{1500}\right)$, 若这个系统的连接方式为两个子系统串联, 求这种连接方式下整个系统正常工作时间的概率密度函数.

解 由题意可知, $f_X(x) = \begin{cases} \dfrac{1}{1000}\mathrm{e}^{-\frac{x}{1000}}, & x > 0, \\ 0, & 其他, \end{cases}$ $f_Y(y) = \begin{cases} \dfrac{1}{1500}\mathrm{e}^{-\frac{y}{1500}}, & y > 0, \\ 0, & 其他, \end{cases}$ 故

$$F_X(x) = \begin{cases} 1 - \mathrm{e}^{-\frac{x}{1000}}, & x > 0, \\ 0, & 其他, \end{cases} \qquad F_Y(y) = \begin{cases} 1 - \mathrm{e}^{-\frac{y}{1500}}, & y > 0, \\ 0, & 其他, \end{cases}$$

设整个系统的正常工作时间为 Z, 则 $Z = \min\{X, Y\}$,

$$F_Z(z) = 1 - [1 - F_X(z)][1 - F_Y(z)] = \begin{cases} 1 - e^{-\frac{z}{600}}, & z > 0, \\ 0, & \text{其他}, \end{cases}$$

$$f_Z(z) = F_Z'(z) = \begin{cases} \dfrac{1}{600} e^{-\frac{z}{600}}, & z > 0, \\ 0, & \text{其他}. \end{cases}$$

5. 若上题中, 系统的连接方式为两个子系统并联, 求这种连接方式下整个系统正常工作时间的概率密度函数.

解 设整个系统的正常工作时间为 Z, 则 $Z = \max\{X, Y\}$,

$$F_Z(z) = F_X(z) F_Y(z) = \begin{cases} \left(1 - e^{-\frac{z}{1000}}\right)\left(1 - e^{-\frac{z}{1500}}\right), & z > 0, \\ 0, & \text{其他}, \end{cases}$$

$$f_Z(z) = F_Z'(z) = \begin{cases} \dfrac{1}{1000} e^{-\frac{z}{1000}} + \dfrac{1}{1500} e^{-\frac{z}{1500}} - \dfrac{1}{600} e^{-\frac{z}{600}}, & z > 0, \\ 0, & \text{其他}. \end{cases}$$

自 测 题 三

1. 设二维随机变量 (X, Y) 的联合概率密度函数为 $f(x, y) = \begin{cases} ke^{-(2x+y)}, & x > 0, y > 0, \\ 0, & \text{其他}, \end{cases}$ 求:

(1) 常数 k;　　　　　　　　(2) 联合分布函数 $F(x, y)$;

(3) $P\{-1 < X \leqslant 1, -1 < Y \leqslant 1\}$;　　(4) $P\{X + Y \leqslant 1\}$.

解 (1) $\displaystyle\int_{-\infty}^{+\infty}\int_{-\infty}^{+\infty} f(x, y)\mathrm{d}x\mathrm{d}y = \int_0^{+\infty}\int_0^{+\infty} ke^{-(2x+y)}\mathrm{d}x\mathrm{d}y = \frac{k}{2} = 1$, 所以 $k = 2$.

(2) 当 $x > 0, y > 0$ 时,

$$F(x, y) = P\{X \leqslant x, Y \leqslant y\} = \int_0^x\int_0^y 2e^{-(2s+t)}\mathrm{d}s\mathrm{d}t = (1 - e^{-2x})(1 - e^{-y});$$

当 $x \leqslant 0$ 或 $y \leqslant 0$ 时, $F(x, y) = 0$.

所以 $F(x, y) = \begin{cases} (1 - e^{-2x})(1 - e^{-y}), & x > 0, y > 0, \\ 0, & \text{其他}. \end{cases}$

(3) $\displaystyle P\{-1 < X \leqslant 1, -1 < Y \leqslant 1\} = \int_{-1}^1\int_{-1}^1 f(s, t)\mathrm{d}s\mathrm{d}t = \int_0^1\int_0^1 2e^{-(2s+y)}\mathrm{d}s\mathrm{d}t$

$$= \int_0^1 2e^{-2s}\mathrm{d}s\int_0^1 e^{-t}\mathrm{d}t = (1 - e^{-2})(1 - e^{-1}).$$

(4) $\displaystyle P\{X + Y \leqslant 1\} = \iint\limits_{x+y \leqslant 1} f(s, t)\mathrm{d}s\mathrm{d}t = \int_0^1\mathrm{d}x\int_0^{1-x} 2e^{-(2x+y)}\mathrm{d}y$

$$= \int_0^1 2e^{-2x}(1 - e^{x-1})\mathrm{d}x = 1 - 2e^{-1} + e^{-2}.$$

2. 某仪器由两个部件构成, X, Y 分别表示两个部件的寿命(单位: 千小时), 已知 (X,Y) 的联合分布函数

$$F(x,y) = \begin{cases} 1 - e^{-0.5x} - e^{-0.5y} + e^{-0.5(x+y)}, & x \geqslant 0, y \geqslant 0, \\ 0, & \text{其他}. \end{cases}$$

求: (1) X, Y 的边缘分布函数; (2) 联合概率密度函数和边缘概率密度函数; (3) 两部件寿命都超过 100 小时的概率.

解 (1)
$$F_X(x) = F(x, +\infty) = \lim_{y \to +\infty} F(x,y) = \begin{cases} 1 - e^{-0.5x}, & x \geqslant 0, \\ 0, & \text{其他}, \end{cases}$$

$$F_Y(y) = F(+\infty, y) = \lim_{x \to +\infty} F(x,y) = \begin{cases} 1 - e^{-0.5y}, & y \geqslant 0, \\ 0, & \text{其他}. \end{cases}$$

(2)
$$f(x,y) = \frac{\partial^2 F(x,y)}{\partial x \partial y} = \begin{cases} 0.25 e^{-0.5(x+y)}, & x \geqslant 0, y \geqslant 0, \\ 0, & \text{其他}, \end{cases}$$

$$f_X(x) = F'_X(x) = \begin{cases} 0.5 e^{-0.5x}, & x \geqslant 0, \\ 0, & \text{其他}, \end{cases}$$

$$f_Y(y) = F'_Y(y) = \begin{cases} 0.5 e^{-0.5y}, & y \geqslant 0, \\ 0, & \text{其他}. \end{cases}$$

(3) $P\left\{ X \geqslant \dfrac{100}{1000}, Y \geqslant \dfrac{100}{1000} \right\} = \displaystyle\int_{0.1}^{+\infty} \int_{0.1}^{+\infty} f(x,y) \mathrm{d}x \mathrm{d}y = e^{-0.1}$.

3. 设二维离散型随机变量 (X,Y) 的联合分布列如下

X ＼ Y	1	2	3
1	$\frac{1}{6}$	$\frac{1}{9}$	$\frac{1}{18}$
2	$\frac{1}{3}$	a	b

试根据下列条件分别求 a 和 b 的值;

(1) $P\{Y=2\} = \dfrac{1}{3}$;　(2) $P\{X>1 \mid Y=2\} = 0.5$;　(3) X 与 Y 相互独立.

解 由 $1 = \displaystyle\sum_{i=1}^{2} \sum_{j=1}^{3} p_{ij} = \left(\dfrac{1}{6} + \dfrac{1}{9} + \dfrac{1}{18} \right) + \left(\dfrac{1}{3} + a + b \right)$ 得 $a + b = \dfrac{1}{3}$.

(1) 由 $\dfrac{1}{3} = P\{Y=2\} = \dfrac{1}{9} + a$ 得 $a = \dfrac{2}{9}$, 故 $b = \dfrac{1}{9}$.

(2) 由

$$\frac{1}{2} = P\{X > 1 \mid Y = 2\} = \frac{P\{X > 1, Y = 2\}}{P\{Y = 2\}} = \frac{P\{X = 2, Y = 2\}}{P\{Y = 2\}} = \frac{a}{\frac{1}{9} + a},$$

可得 $a = \dfrac{1}{9}$, $b = \dfrac{2}{9}$.

(3) 要使 X 与 Y 相互独立, 必须有 $p_{ij} = p_{i \cdot} \, p_{\cdot j}$, $i = 1,2; j = 1,2,3$. 故应有 $p_{12} = \dfrac{1}{9} =$

$\left(\dfrac{1}{6} + \dfrac{1}{9} + \dfrac{1}{18} \right) \left(\dfrac{1}{9} + a \right) = p_{1 \cdot} p_{\cdot 1}$, 解得 $a = \dfrac{2}{9}$, 故 $b = \dfrac{1}{9}$.

4. 设二维随机变量 (X, Y) 的联合概率密度函数为 $f(x, y) = \begin{cases} Ax, & 0 < x < 1, 0 < y < x, \\ 0, & \text{其他.} \end{cases}$

(1)求常数 A; (2)求 X 与 Y 的边缘密度函数 $f_X(x), f_Y(y)$; (3) 判断 X 与 Y 是否相互独立; (4)求 $f_{Y|X}(y \mid x)$; (5)求 $P\{X + Y \leqslant 1\}$.

解　(1) 因为 $\displaystyle\int_{-\infty}^{+\infty} \int_{-\infty}^{+\infty} f(x, y) \mathrm{d}x \mathrm{d}y = 1$, 所以 $\displaystyle\int_0^1 \mathrm{d}x \int_0^x Ax \, \mathrm{d}y = 1$, 得 $A = 3$.

(2) 当 $0 < x < 1$ 时, 有

$$f_X(x) = \int_{-\infty}^{+\infty} f(x, y) \mathrm{d}y = \int_0^x 3x \, \mathrm{d}y = 3x^2.$$

当 $x \leqslant 0$ 或 $x \geqslant 1$ 时, $f_X(x) = 0$. 即关于 X 的边缘概率密度函数为

$$f_X(x) = \begin{cases} 3x^2, & 0 < x < 1, \\ 0, & \text{其他.} \end{cases}$$

同理关于 Y 的边缘概率密度为　$f_Y(y) = \begin{cases} \dfrac{3}{2}(1 - y^2), & 0 < y < 1, \\ 0, & \text{其他.} \end{cases}$

(3) 显然, $f(x, y) \neq f_X(x) f_Y(y)$, 故 X, Y 不相互独立.

(4) 当 $X = x \, (0 < x < 1)$ 时, Y 的条件概率密度为

$$f_{Y|X}(y \mid x) = \frac{f(x, y)}{f_X(x)} = \begin{cases} \dfrac{1}{x}, & 0 < y < x, \\ 0, & \text{其他.} \end{cases}$$

(5) $P\{X + Y \leqslant 1\} = \displaystyle\int_0^{\frac{1}{2}} \mathrm{d}y \int_y^{1-y} 3x \, \mathrm{d}x = \frac{3}{2} \int_0^{\frac{1}{2}} (1 - 2y) \mathrm{d}y = \frac{3}{8}$.

5. 设 $(X, Y) \sim N(0, 0, \sigma^2, \sigma^2, 0)$. 求 $P\{X \leqslant Y\}$.

解　X 的概率密度函数为 $f(x, y) = \dfrac{1}{2\pi\sigma^2} \mathrm{e}^{-\frac{x^2 + y^2}{2\sigma^2}}$, $-\infty < x < +\infty$, $-\infty < y < +\infty$, 所求

概率 $P\{X \leqslant Y\} = \displaystyle\iint_{x \leqslant y} f(x, y) \mathrm{d}x \mathrm{d}y = \iint_{x \leqslant y} \frac{1}{2\pi\sigma^2} \mathrm{e}^{-\frac{x^2 + y^2}{2\sigma^2}} \mathrm{d}x \mathrm{d}y$. 其积分区域如图 3-1 所示. 采用

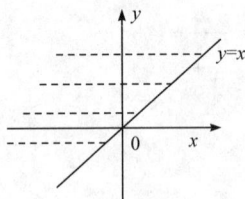

极坐标来计算二重积分, 所求概率

$$P\{X \leqslant Y\} = \iint\limits_{D} \frac{1}{2\pi\sigma^2} e^{-\frac{r^2}{2\sigma^2}} r dr d\theta = \int_{\frac{\pi}{4}}^{\frac{5\pi}{4}} d\theta \int_{0}^{+\infty} \frac{1}{2\pi\sigma^2} e^{-\frac{r^2}{2\sigma^2}} r dr$$

$$\left(\diamondsuit u = \frac{r^2}{2\sigma^2}\right) = \pi \cdot \frac{1}{2\pi\sigma^2} \int_{0}^{+\infty} e^{-u} \sigma^2 du = \frac{1}{2}.$$

图 3-1

6. 设随机变量 X 与 Y 相互独立, X 在区间 $(0,2)$ 上服从均匀分布, Y 服从参数为 0.5 的指数分布, 求: (1) (X,Y) 的联合概率密度函数; (2) $P\{Y \leqslant X^2\}$.

解 (1) 根据 X 在区间 $(0,2)$ 上服从均匀分布, Y 服从参数为 0.5 的指数分布, 可得 X 与 Y 的概率密度函数分别为

$$f_X(x) = \begin{cases} 0.5, & 0 < x < 2, \\ 0, & 其他, \end{cases} \qquad f_Y(y) = \begin{cases} 0.5 e^{-0.5y}, & y > 0, \\ 0, & 其他, \end{cases}$$

又 X 与 Y 独立, 所以 (X,Y) 的联合概率密度函数为

$$f(x,y) = f_X(x) f_Y(y) = \begin{cases} 0.25 e^{-0.5y}, & 0 < x < 2, y > 0, \\ 0, & 其他. \end{cases}$$

(2) $P\{Y \leqslant X^2\} = \int_0^2 dx \int_0^{x^2} 0.25 e^{-0.5y} dy = \int_0^2 \left[-0.5 e^{-0.5y}\right]_0^{x^2} dx$

$\qquad = -0.5 \int_0^2 (e^{-0.5x^2} - 1) dx = -0.5 \left(\sqrt{2\pi} \int_0^2 \frac{1}{\sqrt{2\pi}} e^{-0.5x^2} dx - 2\right)$

$\qquad = -0.5 \cdot \sqrt{2\pi} \left[\Phi(2) - \Phi(0)\right] + 1 \approx -0.5 \cdot \sqrt{2\pi}(0.98 - 0.5) + 1$

$\qquad = -0.24\sqrt{2\pi} + 1.$

7. 设 (X,Y) 的联合分布列为

X \ Y	0	1	2
1	0.15	0.25	0.35
3	0.05	0.18	0.02

求在 $X = 3$ 的条件下, 随机变量 Y 的条件分布列.

解 $P\{Y = 0 \mid X = 3\} = \dfrac{P\{Y = 0, X = 3\}}{P\{X = 3\}} = \dfrac{0.05}{0.05 + 0.18 + 0.02} = 0.2$,

$\qquad P\{Y = 1 \mid X = 3\} = \dfrac{P\{Y = 1, X = 3\}}{P\{X = 3\}} = \dfrac{0.18}{0.05 + 0.18 + 0.02} = 0.72$,

$\qquad P\{Y = 2 \mid X = 3\} = \dfrac{P\{Y = 2, X = 3\}}{P\{X = 3\}} = \dfrac{0.02}{0.05 + 0.18 + 0.02} = 0.08$.

故随机变量Y在$X=3$时的条件分布列为

Y	0	1	2
P	0.2	0.72	0.08

8. 设二维随机变量(X,Y)的联合概率密度函数为

$$f(x,y)=\begin{cases} c(x+y), & 0\leqslant y\leqslant x\leqslant 1, \\ 0, & 其他. \end{cases}$$

(1) 求常数c； (2) 判断X与Y的独立性；

(3) 求$f_{X|Y}(x|y),f_{Y|X}(y|x)$，$f\left(y\,\middle|\,x=\dfrac{1}{3}\right)$； (4) 求$P\{X+Y\leqslant 1\}$.

解 (1) $\displaystyle\int_{-\infty}^{+\infty}\int_{-\infty}^{+\infty}f(x,y)\mathrm{d}x\mathrm{d}y=1$，$\displaystyle\int_{-\infty}^{+\infty}\int_{-\infty}^{+\infty}f(x,y)\mathrm{d}x\mathrm{d}y=\int_{0}^{1}\int_{0}^{x}c(x+y)\mathrm{d}x\mathrm{d}y=\dfrac{c}{2}$，所以

$c=2$.

(2) $f_X(x)=\displaystyle\int_{-\infty}^{+\infty}f(x,y)\mathrm{d}y$.

当$x<0,x>1$时，$f_X(x)=0$.

当$0\leqslant x\leqslant 1$时，$f_X(x)=\displaystyle\int_{0}^{x}c(x+y)\mathrm{d}y=3x^2$. 所以$f_X(x)=\begin{cases} 3x^2, & 0\leqslant x\leqslant 1, \\ 0, & 其他. \end{cases}$

同样可得$f_Y(y)=\begin{cases} 1+2y-3y^2, & 0\leqslant y\leqslant 1, \\ 0, & 其他. \end{cases}$

很显然，$f(x,y)\neq f_X(x)f_Y(y)$，故X,Y不相互独立.

(3) 在$Y=y\,(0\leqslant y<1)$条件下，X的条件概率密度函数

$$f_{X|Y}(x|y)=\frac{f(x,y)}{f_Y(y)}=\begin{cases} \dfrac{2(x+y)}{1+2y-3y^2}, & y\leqslant x\leqslant 1, \\ 0, & 其他. \end{cases}$$

在$X=x\,(0<x\leqslant 1)$的条件下，Y的条件概率密度函数

$$f_{Y|X}(y|x)=\frac{f(x,y)}{f_X(x)}=\begin{cases} \dfrac{2(x+y)}{3x^2}, & 0\leqslant y\leqslant x, \\ 0, & 其他. \end{cases}$$

故当$X=\dfrac{1}{3}$时，$f\left(y\,\middle|\,x=\dfrac{1}{3}\right)=\begin{cases} 2+6y, & 0\leqslant y\leqslant\dfrac{1}{3}, \\ 0, & 其他. \end{cases}$

(4) $P\{X+Y\leqslant 1\}=\displaystyle\int_{0}^{\frac{1}{2}}\mathrm{d}y\int_{y}^{1-y}2(x+y)\mathrm{d}x=\int_{0}^{\frac{1}{2}}(1-4y^2)\mathrm{d}y=\dfrac{1}{3}$.

9. 设二维随机变量(X,Y)的联合分布列如下

Y \ X	0	1	2
0	0.10	0.25	0.15
1	0.15	0.20	0.15

求: (1) $Z = XY$ 的分布列; (2) $Z = \max(X, Y)$ 的分布列; (3) $Z = \min(X, Y)$ 的分布列.

　　解　(1) $Z = XY$ 的分布列为

Z	0	1	2
P	0.65	0.2	0.15

(2) $Z = \max(X, Y)$ 的分布列为

Z	0	1	2
P	0.1	0.6	0.3

(3) $Z = \min(X, Y)$ 的分布列为

Z	0	1
P	0.65	0.35

第四章 随机变量的数字特征

一、基 本 内 容

1. 数学期望

(1) 随机变量的数学期望.

设离散型随机变量 X 的分布列为 $P\{X=x_i\}=p_i$，$i=1,2,\cdots$，如果级数 $\sum\limits_{i=1}^{+\infty}x_i\cdot p_i$ 绝对收敛，则称级数 $\sum\limits_{i=1}^{+\infty}x_i\cdot p_i$ 为随机变量 X 的数学期望, 简称期望、期望值、均值, 记为 $E(X)$，即

$$E(X)=\sum_{i=1}^{+\infty}x_i\cdot p_i=x_1p_1+x_2p_2+\cdots+x_ip_i+\cdots.$$

否则, 称随机变量 X 的数学期望不存在.

设连续型随机变量 X 的概率密度函数为 $f(x)$，如果积分 $\int_{-\infty}^{+\infty}x\cdot f(x)\mathrm{d}x$ 绝对收敛,

则称该积分 $\int_{-\infty}^{+\infty}x\cdot f(x)\mathrm{d}x$ 为随机变量 X 的数学期望, 记为 $E(X)$，即

$$E(X)=\int_{-\infty}^{+\infty}x\cdot f(x)\mathrm{d}x.$$

否则, 称随机变量 X 的数学期望不存在.

(2) 随机变量函数的数学期望.

设 X 是随机变量, $Y=g(X)$ 是 X 的连续函数, 则有:

(i) 若 X 为离散型随机变量, 其分布列为 $P\{X=x_i\}=p_i$，$i=1,2,\cdots$，如果级数 $\sum\limits_{k=1}^{+\infty}g(x_i)p_i$ 绝对收敛, 则函数 $Y=g(X)$ 的数学期望为

$$E(Y)=E[g(X)]=\sum_{i=1}^{+\infty}g(x_i)p_i.$$

(ii) 若 X 为连续型随机变量, 其概率密度函数为 $f(x)$，如果积分 $\int_{-\infty}^{+\infty}g(x)f(x)\mathrm{d}x$ 绝对收敛, 则函数 $Y=g(Y)$ 的数学期望为

$$E(Y)=E[g(X)]=\int_{-\infty}^{+\infty}g(x)f(x)\mathrm{d}x.$$

(3) 二维随机变量函数的数学期望.

设 (X, Y) 是二维随机变量, $Z = g(X, Y)$ 是 X 和 Y 的连续函数, 则有

(i) 若 (X, Y) 为离散型随机变量, 其联合分布列为

$$P\{X = x_i, Y = y_j\} = p_{ij}, \quad i, j = 1, 2, \cdots,$$

如果级数 $\sum_{i=1}^{+\infty} \sum_{j=1}^{+\infty} g(x_i, y_j) \cdot p_{ij}$ 绝对收敛, 则有

$$E(Z) = E[g(X, Y)] = \sum_{i=1}^{+\infty} \sum_{j=1}^{+\infty} g(x_i, y_j) \cdot p_{ij}.$$

(ii) 若 (X, Y) 为连续型随机变量, 其概率密度函数为 $f(x, y)$, 如果积分 $\int_{-\infty}^{+\infty} \int_{-\infty}^{+\infty} g(x, y) f(x, y) \mathrm{d}x\mathrm{d}y$ 绝对收敛, 则有

$$E(Z) = E[g(X, Y)] = \int_{-\infty}^{+\infty} \int_{-\infty}^{+\infty} g(x, y) f(x, y) \mathrm{d}x\mathrm{d}y.$$

(4) 数学期望的性质.

性质 1　设 C 为任意常数, 则 $E(C) = C$.

性质 2　设 X 为随机变量, C 为任意常数, 则 $E(CX) = CE(X)$.

性质 3　设 X, Y 为任意两个随机变量, 则有 $E(X + Y) = E(X) + E(Y)$.

推广: 对常数 $C_1, C_2, \cdots, C_n$ 有

$$E(C_1 X_1 + C_2 X_2 + \cdots + C_n X_n) = C_1 E(X_1) + C_2 E(X_2) + \cdots + C_n E(X_n).$$

性质 4　设随机变量 X, Y 相互独立, 则有 $E(XY) = E(X)E(Y)$.

推广: 若 $X_1, X_2, \cdots, X_n$ 为相互独立的随机变量, 则有

$$E(X_1 X_2 \cdots X_n) = E(X_1) E(X_2) \cdots E(X_n).$$

2. 方差

(1) 方差的概念.

设 X 是一随机变量, 如果 $E[X - E(X)]^2$ 存在, 则称 $E[X - E(X)]^2$ 为随机变量 X 的方差, 记为 $D(X)$ 或 $\mathrm{var}(X)$, 即

$$D(X) = E[X - E(X)]^2.$$

称 $\sqrt{D(X)}$ 为随机变量 X 的标准差或均方差, 记为 $\sigma(X)$.

(2) 方差的计算.

若 X 为离散型随机变量, 其分布列为 $P\{X = x_i\} = p_i$, $i = 1, 2, \cdots$, 则

$$D(X) = \sum_{i=1}^{+\infty} [x_i - E(X)]^2 p_i.$$

若 X 为连续型随机变量, 其概率密度函数为 $f(x)$, 则

$$D(X) = \int_{-\infty}^{+\infty} [x - E(X)]^2 \cdot f(x) \mathrm{d}x .$$

另外, 还有一个常用的计算方差的重要公式:

$$D(X) = E(X^2) - [E(X)]^2 .$$

(3) 方差的性质.

性质 1 设 C 为任意常数, 则 $D(C) = 0$.

性质 2 设 X 为随机变量, C 为任意常数, 则 $D(CX) = C^2 D(X)$.

性质 3 设随机变量 X, Y 相互独立, 则有 $D(X \pm Y) = D(X) + D(Y)$.

注 若随机变量 $X_1, X_2, \cdots, X_n$ 相互独立, $C_1, C_2, \cdots, C_n$ 为常数, 则有

$$D\left(\sum_{i=1}^{n} X_i\right) = \sum_{i=1}^{n} D(X_i), \quad D\left(\sum_{i=1}^{n} C_i X_i\right) = \sum_{i=1}^{n} C_i^2 D(X_i) .$$

3. 协方差

(1) 协方差的概念.

设 (X, Y) 是二维随机变量, 若 $E\{[X - E(X)][Y - E(Y)]\}$ 存在, 则称 $E\{[X - E(X)] \cdot [Y - E(Y)]\}$ 为随机变量 X 与 Y 的协方差, 记为 $\mathrm{cov}(X, Y)$, 即

$$\mathrm{cov}(X, Y) = E\{[X - E(X)][Y - E(Y)]\} .$$

特别地, $\mathrm{cov}(X, X) = E\{[X - E(X)][X - E(X)]\} = D(X)$.

(2) 协方差的计算.

若 (X, Y) 为离散型随机变量, 联合分布列为 $P\{X = x_i, Y = y_j\} = p_{ij}, i, j = 1, 2, \cdots$, 则有

$$\mathrm{cov}(X, Y) = \sum_{i=1}^{+\infty} \sum_{j=1}^{+\infty} [x_i - E(X)][y_j - E(Y)] \cdot p_{ij} .$$

若 (X, Y) 为连续型随机变量, 概率密度函数为 $f(x, y)$, 则有

$$\mathrm{cov}(X, Y) = \int_{-\infty}^{+\infty} \int_{-\infty}^{+\infty} [x - E(X)][y - E(Y)] f(x, y) \mathrm{d}x \mathrm{d}y .$$

常用计算公式: $\mathrm{cov}(X, Y) = E(XY) - E(X)E(Y)$.

(3) 协方差的性质.

设 X, Y, Z 为随机变量, a, b 为任意实数, 则有

性质 1 $\mathrm{cov}(X, Y) = \mathrm{cov}(Y, X)$.

性质 2 $\mathrm{cov}(aX, bY) = ab\,\mathrm{cov}(X, Y)$.

性质 3 $\mathrm{cov}(X + Y, Z) = \mathrm{cov}(X, Z) + \mathrm{cov}(Y, Z)$.

性质 4 若 X 与 Y 相互独立, 则 $\mathrm{cov}(X, Y) = 0$.

性质 5 对于任意两个随机变量 X 与 Y,

$$D(X \pm Y) = D(X) + D(Y) \pm 2\,\mathrm{cov}(X, Y) .$$

推广：$D(aX \pm bY) = a^2 D(X) + b^2 D(Y) \pm 2ab\operatorname{cov}(X,Y)$.

4. 相关系数

(1) 相关系数的概念.

设二维随机变量 (X,Y) 的协方差 $\operatorname{cov}(X,Y)$ 存在，且有 $D(X) > 0, D(Y) > 0$，则称

$\dfrac{\operatorname{cov}(X,Y)}{\sqrt{D(X)}\sqrt{D(Y)}}$ 为 X 与 Y 的相关系数，或称为 X 与 Y 的标准协方差，记为 ρ_{XY} 或

$\rho(X,Y)$，即

$$\rho_{XY} = \rho(X,Y) = \frac{\operatorname{cov}(X,Y)}{\sqrt{D(X)}\sqrt{D(Y)}} .$$

(2) 相关系数的性质.

设 (X,Y) 为二维随机变量，ρ_{XY} 为 X 与 Y 的相关系数，则有

性质 1　$\rho_{XY} = \rho_{YX}$.

性质 2　$|\rho_{XY}| \leqslant 1$.

性质 3　$|\rho_{XY}| = 1$ 的充要条件为存在不全为零的常数 a 和 b，使得

$$P\{Y = aX + b\} = 1 .$$

且当 $a > 0$ 时，$\rho_{XY} = 1$；当 $a < 0$ 时，$\rho_{XY} = -1$.

注　(1) 相关系数 ρ_{XY} 反映了 X 与 Y 之间的线性相关程度，当 $|\rho_{XY}| = 1$ 时，X 与 Y 之间以概率 1 存在线性关系 $Y = aX + b$. 反之，$|\rho_{XY}|$ 越小，X 与 Y 的线性关系就越差，若 $\rho_{XY} = 0$，则称 X 与 Y 是不相关的.

(2) 若 X 与 Y 相互独立，则有 $\operatorname{cov}(X,Y) = 0$，从而 $\rho_{XY} = 0$，即若 X 与 Y 相互独立，则 X 与 Y 不相关. 反之，若 $\rho_{XY} = 0$，即 X 与 Y 不相关，只能说明 X 与 Y 不存在线性关系，并不能说明它们之间没有其他函数关系，也不能说明 X 与 Y 相互独立. 这说明"不相关"与"相互独立"是两个不同的概念，其含义是不同的，不相关只是就线性关系而言的.

(3) ρ_{XY} 是 X 与 Y 线性关系强弱的数字特征. 当 $\rho_{XY} > 0$ 时，称 X 与 Y 是正相关的，此时表明 X 的取值越大，Y 的取值也越大；X 的取值越小，Y 的取值也越小. 当 $\rho_{XY} < 0$ 时，称 X 与 Y 是负相关的，此时表明 X 的取值越大，Y 的取值越小；X 的取值越小，Y 的取值越大.

5. 矩

设 X 和 Y 为随机变量，若 $E(X^k)\,(k = 1,2,\cdots)$ 存在，则称其为随机变量 X 的 k 阶原点矩.

若 $E[X - E(X)]^k\,(k = 1,2,\cdots)$ 存在，则称它为随机变量 X 的 k 阶中心矩.

若 $E(X^k Y^l), k,l = 1,2,\cdots$ 存在，则称它为随机变量 X 和 Y 的 $k+l$ 阶混合原点矩.

若 $E\{[X-E(X)]^k[Y-E(Y)]^l\}(k,l=1,2,\cdots)$ 存在, 则称它为随机变量 X 和 Y 的 $k+l$ 阶混合中心矩.

注　一阶原点矩是 $E(X)$, 一阶中心矩是 0, 二阶中心矩是 $D(X)$, 二阶混合中心矩是 $\mathrm{cov}(X,Y)$.

6. 协方差矩阵

设二维随机变量 (X_1,X_2) 的四个二阶中心矩都存在, 分别记为

$$c_{11}=E[X_1-E(X_1)]^2=D(X_1), \quad c_{12}=E\{[X_1-E(X_1)][X_2-E(X_2)]\}=\mathrm{cov}(X_1,X_2),$$

$$c_{21}=E\{[X_2-E(X_2)][X_1-E(X_1)]\}=\mathrm{cov}(X_2,X_1), \quad c_{22}=E[X_2-E(X_2)]^2=D(X_2),$$

则称矩阵 $\boldsymbol{C}=\begin{pmatrix} c_{11} & c_{12} \\ c_{21} & c_{22} \end{pmatrix}$ 为二维随机变量 (X_1,X_2) 的协方差矩阵.

如果 n 维随机变量 $(X_1,X_2,\cdots,X_n)$ 的二阶中心矩

$$c_{ij}=\mathrm{cov}(X_i,X_j)=E\{[X_i-E(X_i)][X_j-E(X_j)]\} \quad (i,j=1,2,\cdots,n)$$

都存在, 则称矩阵

$$\boldsymbol{C}=\begin{pmatrix} c_{11} & c_{12} & \cdots & c_{1n} \\ c_{21} & c_{22} & \cdots & c_{2n} \\ \vdots & \vdots & & \vdots \\ c_{n1} & c_{n2} & \cdots & c_{nn} \end{pmatrix}$$

为 n 维随机变量 $(X_1,X_2,\cdots,X_n)$ 的协方差矩阵.

注　(1) 协方差矩阵是一个对称矩阵.

(2) $c_{ii}=D(X_i) \ (i=1,2,\cdots,n)$.

(3) $c_{ij}=\mathrm{cov}(X_i,X_j) \ (i\neq j,i,j=1,2,\cdots,n)$.

7. 常见分布列及其数学期望与方差(表 4-1)

表 4-1　常见分布列及其数学期望与方差

概率分布	分布列或概率密度	数学期望	方差
0-1 分布 $X\sim B(1,p)$	$P\{X=k\}=p^kq^{1-k}$, $k=0,1, \ 0<p<1, \ q=1-p$	p	pq
二项分布 $X\sim B(n,p)$	$P\{X=k\}=C_n^k p^k q^{n-k}$, $k=0,1,2,\cdots,n, \ 0<p<1, \ q=1-p$	np	npq
泊松分布 $X\sim P(\lambda)$	$P\{X=k\}=\dfrac{\lambda^k\mathrm{e}^{-\lambda}}{k!}, \ k=0,1,2,\cdots, \ \lambda>0$	λ	λ
均匀分布 $X\sim U(a,b)$	$f(x)=\begin{cases} \dfrac{1}{b-a}, & a<x<b, \\ 0, & \text{其他} \end{cases}$	$\dfrac{a+b}{2}$	$\dfrac{(b-a)^2}{12}$

续表

概率分布	分布列或概率密度	数学期望	方差
指数分布 $X \sim E(\lambda)$	$f(x) = \begin{cases} \lambda e^{-\lambda x}, & x > 0, \\ 0, & x \leqslant 0, \end{cases} \lambda > 0$	$\dfrac{1}{\lambda}$	$\dfrac{1}{\lambda^2}$
正态分布 $X \sim N(\mu, \sigma^2)$	$f(x) = \dfrac{1}{\sqrt{2\pi}\sigma} e^{-\frac{(x-\mu)^2}{2\sigma^2}}, \; -\infty < x < +\infty$	μ	σ^2

二、基 本 要 求

(1) 熟练掌握随机变量的期望、方差、协方差、相关系数、矩及协方差矩阵的概念及意义.

(2) 能熟练利用有关公式计算随机变量的期望、方差、协方差、相关系数、矩及协方差矩阵.

(3) 熟练掌握 0-1 分布、二项分布、泊松分布、均匀分布、指数分布及正态分布等常见分布的期望和方差的计算.

(4) 掌握并能够熟练运用期望和方差的性质解决实际问题.

三、扩 展 例 题

例 1　设随机变量 $X \sim N(-3, 1), Y \sim N(2, 1)$，且 X 与 Y 相互独立. 若 $Z = X - 2Y + 7$，则随机变量 $Z \sim$ _____.

解　由已知条件知, 随机变量 Z 服从正态分布, 且
$$E(Z) = E(X - 2Y + 7) = E(X) - 2E(Y) + 7 = 0,$$
$$D(Z) = D(X - 2Y + 7) = D(X) + 4D(Y) = 5.$$
则 $Z \sim N(0, 5)$. 故答案为 $N(0, 5)$.

例 2　设随机变量 X, Y 相互独立, 且同服从正态分布 $N\left(0, \dfrac{1}{2}\right)$. 令 $Z = |X - Y|$，则随机变量 Z 的方差 $D(Z) =$ _____.

解　令 $U = X - Y$，则 $Z = |X - Y| = |U|$，且
$$U \sim N(0, 1), \quad E(U^2) = D(U) = 1,$$
则
$$E(Z) = E(|U|) = \int_{-\infty}^{+\infty} |x| \frac{1}{\sqrt{2\pi}} e^{-\frac{x^2}{2}} \, dx = \frac{2}{\sqrt{2\pi}} \int_{0}^{+\infty} x e^{-\frac{x^2}{2}} \, dx = \sqrt{\frac{2}{\pi}},$$

$$D(Z) = E(Z^2) - [E(Z)]^2 = E(U^2) - \left(\sqrt{\frac{2}{\pi}}\right)^2 = 1 - \frac{2}{\pi}.$$

故答案应为 $1 - \dfrac{2}{\pi}$.

例 3　设一次试验成功的概率为 p，进行 100 次独立重复试验，当 $p = \underline{\qquad}$ 时，成功次数的标准差的值最大，其最大值为 $\underline{\qquad}$.

解　以 X 表示成功次数，则 $X \sim B(100, p)$，X 的标准差 $\sqrt{D(X)} = \sqrt{100p(1-p)}$，函数 $f(p) = 100p(1-p)$ 的最大值点在 $p = \dfrac{1}{2}$. 则当 $p = \dfrac{1}{2}$ 时，标准差 $\sqrt{D(X)}$ 的值最大，且最大值为

$$\sqrt{D(X)} = \sqrt{100 \times \frac{1}{2} \times \left(1 - \frac{1}{2}\right)} = 5.$$

故答案应分别为 $\dfrac{1}{2}, 5$.

例 4　设随机变量 X 服从参数为 λ 的指数分布，则 $P\{X > \sqrt{D(X)}\} = \underline{\qquad}$.

解　X 的密度函数为 $f(x) = \begin{cases} \lambda e^{-\lambda x}, & x > 0, \\ 0, & x \leqslant 0, \end{cases}$ 且 $D(X) = \dfrac{1}{\lambda^2}$，则

$$P\{X > \sqrt{D(X)}\} = P\left\{X > \frac{1}{\lambda}\right\} = \int_{\frac{1}{\lambda}}^{+\infty} \lambda e^{-\lambda x} \mathrm{d}x = -e^{-\lambda x}\Big|_{\frac{1}{\lambda}}^{+\infty} = e^{-1}.$$

故答案应为 e^{-1}.

例 5　设 X 是一个随机变量，记 $E(X) = \mu, D(X) = \sigma^2, \mu, \sigma > 0$ 为常数，则对任意常数 C，必有(　　).

A. $E(X - C)^2 = E(X^2) - C^2$;　　　B. $E(X - C)^2 = E(X - \mu)^2$;

C. $E(X - C)^2 < E(X - \mu)^2$;　　　D. $E(X - C)^2 \geqslant E(X - \mu)^2$.

解　$E(X - C)^2 = E[(X - \mu) + (\mu - C)]^2$

$\qquad\qquad = E[(X - \mu)^2 + 2(X - \mu)(\mu - C) + (\mu - C)]$

$\qquad\qquad = E(X - \mu)^2 + (\mu - C)^2 + 2E[(X - \mu) \cdot (\mu - C)]$,

$\quad E[(X - \mu) \cdot (\mu - C)] = (\mu - C)E(X - \mu) = (\mu - C)[E(X) - \mu] = 0$,

则 $E(X - C)^2 = E(X - \mu)^2 + (\mu - C)^2 \geqslant E(X - \mu)^2$. 故答案应为 D.

例 6　设随机变量 X 和 Y 的方差都存在且不等于 0，则 $D(X + Y) = D(X) + D(Y)$ 是 X 和 Y(　　).

A. 不相关的充分条件，但不是必要条件;　B. 独立的充分条件，但不是必要条件;

C. 不相关的充分必要条件;　　　　　　　D. 独立的充分必要条件.

解　$D(X+Y) = D(X) + D(Y) \Leftrightarrow X$ 和 Y 不相关. 故答案应为 C.

例 7　设随机变量 (X,Y) 服从二维正态分布, 则随机变量 $\xi = X+Y$ 和 $\eta = X-Y$ 不相关的充分必要条件为(　　).

A. $E(X) = E(Y)$;

B. $E(X^2) - [E(X)]^2 = E(Y^2) - [E(Y)]^2$;

C. $E(X^2) = E(Y^2)$;

D. $E(X^2) + [E(X)]^2 = E(Y^2) + [E(Y)]^2$.

解　$\mathrm{cov}(\xi,\eta) = \mathrm{cov}(X+Y, X-Y) = D(X) - D(Y)$, $\xi = X+Y$ 和 $\eta = X-Y$ 不相关 $\Leftrightarrow \mathrm{cov}(\xi,\eta) = 0 \Leftrightarrow D(X) = D(Y)$, 即

$$E(X^2) - [E(X)]^2 = E(Y^2) - [E(Y)]^2.$$

故答案应为 B.

例 8　将一枚硬币重复掷 n 次, 以 X 和 Y 分别表示正面向上和反面向上的次数, 则 X 和 Y 的相关系数等于(　　).

A. -1;　　　　　　B. 0;　　　　　　C. 0.5;　　　　　　D. 1.

解　由于 $Y = n - X$, $\mathrm{cov}(X,X) = D(X)$, 则

$$\rho_{XY} = \frac{\mathrm{cov}(X,Y)}{\sqrt{D(X)}\sqrt{D(Y)}} = \frac{\mathrm{cov}(X,n-X)}{\sqrt{D(X)}\sqrt{D(n-X)}} = \frac{-\mathrm{cov}(X,X)}{\sqrt{D(X)}\sqrt{D(X)}} = -1.$$

故答案应为 A.

例 9　设随机变量 X 的密度函数为 $f(x) = \dfrac{1}{2} \cdot \mathrm{e}^{-|x|}, -\infty < x < +\infty$.

(1) 求 $E(X), D(X)$;

(2) 求 X 与 $|X|$ 的协方差, 并问 X 与 $|X|$ 是否不相关;

(3) 问 X 与 $|X|$ 是否相互独立? 为什么?

解　(1) $E(X) = \displaystyle\int_{-\infty}^{+\infty} xf(x)\mathrm{d}x = \int_{-\infty}^{+\infty} x\frac{1}{2} \cdot \mathrm{e}^{-|x|}\mathrm{d}x = 0$,

$$E(X^2) = \int_{-\infty}^{+\infty} x^2 f(x)\mathrm{d}x = \int_{-\infty}^{+\infty} x^2 \frac{1}{2} \cdot \mathrm{e}^{-|x|}\mathrm{d}x = \int_{0}^{+\infty} x^2 \cdot \mathrm{e}^{-x}\mathrm{d}x = 2,$$

则 $D(X) = E(X^2) - [E(X)]^2 = 2$.

(2) $\mathrm{cov}(X,|X|) = E(X \cdot |X|) - E(X) \cdot E(|X|) = E(X \cdot |X|)$

$$= \int_{-\infty}^{+\infty} x \cdot |x| \cdot f(x)\mathrm{d}x = \int_{-\infty}^{+\infty} x \cdot |x| \cdot \frac{1}{2}\mathrm{e}^{-|x|}\mathrm{d}x = 0,$$

则 X 与 $|X|$ 不相关.

(3)
$$P\{|X| \leqslant 1\} = \int_{-1}^{1} f(x)\mathrm{d}x = \int_{-1}^{1} \frac{1}{2} \cdot \mathrm{e}^{-|x|}\mathrm{d}x > 0,$$

$$P\{X \leqslant 1\} = \int_{-\infty}^{1} f(x)\mathrm{d}x = \int_{-\infty}^{1} \frac{1}{2} \cdot \mathrm{e}^{-|x|}\mathrm{d}x = 1 - \int_{1}^{+\infty} \frac{1}{2} \cdot \mathrm{e}^{-x}\mathrm{d}x < 1,$$

则 $P\{X \leqslant 1, |X| \leqslant 1\} = P\{|X| \leqslant 1\} \neq P\{X \leqslant 1\} \cdot P\{|X| \leqslant 1\}$，则 X 与 $|X|$ 不相互独立.

例 10　设某种商品每周的需求量 X 是服从区间 $(10, 30)$ 上均匀分布的随机变量，而经销商店进货数量为区间 $(10, 30)$ 中的某一整数，商店每销售一单位商品可获利 500 元；若供大于求，则削价处理，每处理一单位商品亏损 100 元；若供不应求，则可从外部调剂供应，此时每一单位商品仅获利 300 元. 为使商店所获利润期望值不少于 9280 元，试确定最少进货量.

解　设进货量为 y，利润为 Y，则

$$Y = g(X) = \begin{cases} 500y + 300(X - y), & y < X \leqslant 30, \\ 500X - 100(y - X), & 10 \leqslant X < y \end{cases}$$

$$= \begin{cases} 200y + 300X, & y < X \leqslant 30, \\ 600X - 100y, & 10 \leqslant X < y. \end{cases}$$

已知 $X \sim U(10, 30)$，则 X 的密度函数为

$$f(x) = \begin{cases} \dfrac{1}{20}, & 10 < x < 30, \\ 0, & \text{其他,} \end{cases}$$

则利润期望 $E(Y) = E[g(X)] = \displaystyle\int_{-\infty}^{+\infty} g(x) f(x) \mathrm{d}x = \int_{10}^{30} g(x) \frac{1}{20} \mathrm{d}x$

$$= \int_{10}^{y} (600x - 100y) \frac{1}{20} \mathrm{d}x + \int_{y}^{30} (200y + 300x) \frac{1}{20} \mathrm{d}x$$

$$= -\frac{15}{2} y^2 + 350y + 5250 \geqslant 9280,$$

则 $\dfrac{62}{3} \leqslant y \leqslant 26$，又由于进货数量为整数，最少进货量为 21.

例 11　设 A, B 为两个随机事件，随机变量

$$X = \begin{cases} 1, & \text{若} A \text{出现,} \\ -1, & \text{若} A \text{不出现,} \end{cases} \qquad Y = \begin{cases} 1, & \text{若} B \text{出现,} \\ -1, & \text{若} B \text{不出现.} \end{cases}$$

试证明随机变量 X 和 Y 不相关的充分必要条件是事件 A 与 B 相互独立.

证明　$E(X) = 1 \cdot P\{X = 1\} + (-1) \cdot P\{X = -1\} = P(A) - P(\bar{A}) = 2P(A) - 1$，

$\qquad E(Y) = 1 \cdot P\{Y = 1\} + (-1) \cdot P\{Y = -1\} = P(B) - P(\bar{B}) = 2P(B) - 1$，

$\qquad E(X) \cdot E(Y) = 4P(A)P(B) - 2P(A) - 2P(B) + 1$，

$\qquad E(XY) = 1 \times 1 \cdot P\{X = 1, Y = 1\} + 1 \times (-1) \cdot P\{X = 1, Y = -1\}$

$\qquad\qquad\quad + (-1) \times 1 \cdot P\{X = -1, Y = 1\} + (-1) \times (-1) \cdot P\{X = -1, Y = -1\}$

$\qquad\qquad = P(AB) - P(A\bar{B}) - P(\bar{A}B) + P(\bar{A}\bar{B})$

$\qquad\qquad = 4P(AB) - 2P(A) - 2P(B) + 1$，

则 $\mathrm{cov}(X,Y)=4P(AB)-4P(A)(B)$，故 X 和 Y 不相关 $\Leftrightarrow \mathrm{cov}(X,Y)=0 \Leftrightarrow 4P(AB)-$
$4P(A)(B)=0 \Leftrightarrow P(AB)=P(A)(B) \Leftrightarrow$ 事件 A 与 B 相互独立.

例 12　设随机变量 X 的密度函数为 $f(x)=\begin{cases} \dfrac{1}{2}\cdot\cos\dfrac{x}{2}, & 0\leqslant x\leqslant\pi, \\ 0, & \text{其他}, \end{cases}$ 对 X 独立地重复

观测 4 次，用 Y 表示观测值大于 $\dfrac{\pi}{3}$ 的次数，求 Y^2 的数学期望.

解　$P\left\{X>\dfrac{\pi}{3}\right\}=\displaystyle\int_{\frac{\pi}{3}}^{\pi}\dfrac{1}{2}\cdot\cos\dfrac{x}{2}\mathrm{d}x=\dfrac{1}{2}$，则 $Y\sim B\left(4,\dfrac{1}{2}\right)$，则

$$E(Y)=4\times\dfrac{1}{2}=2,\quad D(Y)=4\times\dfrac{1}{2}\times\left(1-\dfrac{1}{2}\right)=1,$$

所以 $E(Y^2)=D(Y)+[E(Y)]^2=5$.

例 13　设随机变量 U 在区间 $(-2,2)$ 上服从均匀分布，随机变量

$$X=\begin{cases} -1, & U\leqslant-1, \\ 1, & U>-1, \end{cases} \qquad Y=\begin{cases} -1, & U\leqslant1, \\ 1, & U>1. \end{cases}$$

试求：(1) X 和 Y 的联合分布列；(2) $D(X+Y)$.

解　(1)　$P\{X=-1,Y=-1\}=P\{U\leqslant-1,U\leqslant1\}=P\{U\leqslant-1\}=\dfrac{1}{4}$，

$$P\{X=-1,Y=1\}=P\{U\leqslant-1,U>1\}=0,$$

$$P\{X=1,Y=-1\}=P\{U>-1,U\leqslant1\}=P\{-1<U\leqslant1\}=\dfrac{1}{2},$$

$$P\{X=1,Y=1\}=P\{U>-1,U>1\}=P\{U>1\}=\dfrac{1}{4}.$$

则 (X,Y) 的联合分布列为

X \\ Y	-1	1
-1	$\dfrac{1}{4}$	0
1	$\dfrac{1}{2}$	$\dfrac{1}{4}$

(2) $X+Y$ 的分布列为

$X+Y$	-2	0	2
P	$\dfrac{1}{4}$	$\dfrac{1}{2}$	$\dfrac{1}{4}$

则
$$E(X+Y) = (-2) \times \frac{1}{4} + 0 \times \frac{1}{2} + 2 \times \frac{1}{4} = 0,$$

$$E[(X+Y)^2] = (-2)^2 \times \frac{1}{4} + 0^2 \times \frac{1}{2} + 2^2 \times \frac{1}{4} = 2,$$

所以 $D(X+Y) = E[(X+Y)^2] - [E(X+Y)]^2 = 2$.

例 14 (2024 年考研真题) 设随机变量 X 的概率密度为 $f(x) = \begin{cases} 2(1-x), & 0 < x < 1, \\ 0, & \text{其他}, \end{cases}$ 在 $X = x\,(0 < x < 1)$ 的条件下, 随机变量 Y 服从区间 $(x, 1)$ 上的均匀分布, 则 $\mathrm{cov}(X, Y) =$ ( ).

    A. $-\dfrac{1}{36}$;   B. $-\dfrac{1}{72}$;   C. $\dfrac{1}{72}$;   D. $\dfrac{1}{36}$.

解 由题设可知, 在 $X = x\,(0 < x < 1)$ 的条件下, Y 的条件概率密度为

$$f_{Y|X}(y|x) = \begin{cases} \dfrac{1}{1-x}, & x < y < 1, \\ 0, & \text{其他}, \end{cases}$$

所以 X 与 Y 的联合概率密度为

$$f(x, y) = f(x) \cdot f_{Y|X}(y|x) = \begin{cases} 2, & 0 < x < y < 1, \\ 0, & \text{其他}, \end{cases}$$

于是可得

$$\mathrm{cov}(X, Y) = E(XY) - E(X)E(Y) = \int_0^1 \mathrm{d}y \int_0^y 2xy\,\mathrm{d}x - \int_0^1 x \cdot 2(1-x)\,\mathrm{d}x \cdot \int_0^1 \mathrm{d}y \int_0^y 2y\,\mathrm{d}x$$

$$= \frac{1}{4} - \frac{1}{3} \times \frac{2}{3} = \frac{1}{36},$$

故答案应为 D.

例 15 (2023 年考研真题) 设随机变量 X 服从参数为 1 的泊松分布, 则 $E(|X - E(X)|) =$ ( ).

    A. $\dfrac{1}{\mathrm{e}}$;   B. $\dfrac{1}{2}$;   C. $\dfrac{2}{\mathrm{e}}$;   D. 1.

解 由于 $X \sim P(1)$, 故 $E(X) = 1$, 且

$$P\{X = k\} = \frac{1}{k!}\mathrm{e}^{-1}, \quad k = 0, 1, 2, \cdots,$$

由 $\displaystyle\sum_{k=0}^{\infty} \frac{1}{k!} = \mathrm{e}$, 得

$$E(|X - E(X)|) = E(|X-1|) = \sum_{k=0}^{\infty} |k-1| \cdot \frac{1}{k!} \mathrm{e}^{-1} = \mathrm{e}^{-1} + \mathrm{e}^{-1} \sum_{k=2}^{\infty} \frac{k-1}{k!} = \mathrm{e}^{-1} + \mathrm{e}^{-1} \sum_{k=0}^{\infty} \frac{k+1}{(k+2)!}$$

$$= \mathrm{e}^{-1} + \mathrm{e}^{-1} \sum_{k=0}^{\infty} \frac{1}{(k+1)!} - \mathrm{e}^{-1} \sum_{k=0}^{\infty} \frac{1}{(k+2)!}$$

$$= \mathrm{e}^{-1} + \mathrm{e}^{-1}(\mathrm{e}-1) - \mathrm{e}^{-1}(\mathrm{e}-1-1) = 2\mathrm{e}^{-1},$$

故答案应为 C.

例 16 (2023 年考研真题) 设二维随机变量 (X,Y) 的概率密度为

$$f(x,y) = \begin{cases} \dfrac{2}{\pi}(x^2+y^2), & x^2+y^2 \leqslant 1, \\ 0, & \text{其他,} \end{cases}$$

求: (1) X 与 Y 的方差与协方差;

(2) X 与 Y 是否相互独立;

(3) $Z = X^2 + Y^2$ 的概率密度.

解　(1) 由积分区域 $x^2+y^2 \leqslant 1$ 的对称性, 可得

$$E(XY) = \int_{-\infty}^{+\infty} \int_{-\infty}^{+\infty} xy f(x,y) \mathrm{d}x\mathrm{d}y = \frac{2}{\pi} \iint_{x^2+y^2 \leqslant 1} xy(x^2+y^2) \mathrm{d}x\mathrm{d}y = 0,$$

$$E(X) = \int_{-\infty}^{+\infty} \int_{-\infty}^{+\infty} x f(x,y) \mathrm{d}x\mathrm{d}y = \frac{2}{\pi} \iint_{x^2+y^2 \leqslant 1} x(x^2+y^2) \mathrm{d}x\mathrm{d}y = 0,$$

$$E(Y) = \int_{-\infty}^{+\infty} \int_{-\infty}^{+\infty} y f(x,y) \mathrm{d}x\mathrm{d}y = \frac{2}{\pi} \iint_{x^2+y^2 \leqslant 1} y(x^2+y^2) \mathrm{d}x\mathrm{d}y = 0,$$

$$E(X^2) = \int_{-\infty}^{+\infty} \int_{-\infty}^{+\infty} x^2 f(x,y) \mathrm{d}x\mathrm{d}y = \frac{2}{\pi} \iint_{x^2+y^2 \leqslant 1} x^2(x^2+y^2) \mathrm{d}x\mathrm{d}y$$

$$= \frac{2}{\pi} \int_0^{2\pi} \cos^2\theta \mathrm{d}\theta \int_0^1 r^5 \mathrm{d}r = \frac{1}{3},$$

$$D(X) = E(X^2) - \left[E(X)\right]^2 = \frac{1}{3}, \text{ 同理得 } D(Y) = E(Y^2) - \left[E(Y)\right]^2 = \frac{1}{3},$$

$$\mathrm{cov}(X,Y) = E(XY) - E(X)E(Y) = 0.$$

(2) 随机变量 X 的边缘概率密度为

$$f_X(x) = \int_{-\infty}^{+\infty} f(x,y)\mathrm{d}y = \begin{cases} \displaystyle\int_{-\sqrt{1-x^2}}^{\sqrt{1-x^2}} \frac{2}{\pi}(x^2+y^2)\mathrm{d}y, & -1 \leqslant x \leqslant 1, \\ 0, & \text{其他} \end{cases}$$

$$= \begin{cases} \dfrac{4}{3\pi}(1+2x^2)\sqrt{1-x^2}, & -1 \leqslant x \leqslant 1, \\ 0, & \text{其他,} \end{cases}$$

随机变量 Y 的边缘概率密度为

$$f_Y(y) = \int_{-\infty}^{+\infty} f(x,y)\mathrm{d}x = \begin{cases} \int_{-\sqrt{1-y^2}}^{\sqrt{1-y^2}} \dfrac{2}{\pi}(x^2+y^2)\mathrm{d}x, & -1 \leqslant y \leqslant 1, \\ 0, & \text{其他.} \end{cases}$$

$$= \begin{cases} \dfrac{4}{3\pi}(1+2y^2)\sqrt{1-y^2}, & -1 \leqslant y \leqslant 1, \\ 0, & \text{其他,} \end{cases}$$

所以 $f_X(x) \cdot f_Y(y) \neq f(x,y)$，故随机变量 X 与 Y 不独立.

(3)随机变量 Z 的分布函数为

$$F_Z(z) = P\{Z \leqslant z\} = P\{X^2 + Y^2 \leqslant z\}.$$

若 $z \leqslant 0$，则 $F_Z(z) = 0$.

若 $0 < z < 1$，则 $F_Z(z) = \dfrac{2}{\pi} \iint\limits_{x^2+y^2 \leqslant z} (x^2+y^2)\mathrm{d}x\mathrm{d}y = \dfrac{2}{\pi}\int_0^{2\pi}\mathrm{d}\theta\int_0^{\sqrt{z}} r^3\mathrm{d}r = z^2$.

若 $z \geqslant 1$，则 $F_Z(z) = 1$.

综上可得 $f_Z(z) = F_Z{}'(z) = = \begin{cases} 2z, & 0 < z < 1, \\ 0, & \text{其他.} \end{cases}$

例 17 (2023 年考研真题)　设随机变量 X 与 Y 相互独立，且

$$X \sim B(1,p), \quad Y \sim B(2,p), \quad p \in (0,1),$$

则 $X+Y$ 与 $X-Y$ 的相关系数为_____.

解　由 $X \sim B(1,p), Y \sim B(2,p)$ 知，

$$E(X) = p, \quad D(X) = p(1-p), \quad E(Y) = 2p, \quad D(Y) = 2p(1-p).$$

由方差与协方差的运算性质，因为 X 与 Y 相互独立，故有

$$D(X+Y) = D(X-Y) = D(X) + D(Y) = p(1-p) + 2p(1-p) = 3p(1-p),$$

$$\mathrm{cov}(X+Y, X-Y) = \mathrm{cov}(X,X) - \mathrm{cov}(X,Y) + \mathrm{cov}(Y,X) - \mathrm{cov}(Y,Y)$$

$$= D(X) - D(Y) = p(1-p) - 2p(1-p) = -p(1-p),$$

所以 $\rho_{X+Y,X-Y} = \dfrac{\mathrm{cov}(X+Y,X-Y)}{\sqrt{D(X+Y)D(X-Y)}} = \dfrac{-p(1-p)}{3p(1-p)} = -\dfrac{1}{3}$. 故答案应为 $-\dfrac{1}{3}$.

例 18 (2023 年考研真题)　设随机变量 X 的概率密度为

$$f(x) = \frac{\mathrm{e}^x}{(1+\mathrm{e}^x)^2}, \quad -\infty < x < +\infty.$$

令 $Y = \mathrm{e}^X$. (1)求 X 的分布函数; (2)求 Y 的概率密度; (3)Y 的期望是否存在?

解　(1) 随机变量 X 的分布函数为

$$F(x) = P\{X \leqslant x\} = \int_{-\infty}^{x} \frac{e^t}{(1+e^t)^2} dt = -\frac{1}{1+e^t}\Big|_{-\infty}^{x} = 1 - \frac{1}{1+e^x} = \frac{e^x}{1+e^x}.$$

(2) 随机变量 Y 的分布函数为

$$F_Y(y) = P\{Y \leqslant y\} = P\{e^X \leqslant y\}.$$

若 $y \leqslant 0$，则 $F_Y(y) = 0$．

若 $y > 0$，则 $F_Y(y) = P\{X \leqslant \ln y\} = \int_{-\infty}^{\ln y} f(x) dx = \int_{-\infty}^{\ln y} \frac{e^x}{(1+e^x)^2} dx = \frac{y}{1+y}$．

综上可得 $f_Y(y) = F_Y'(y) = = \begin{cases} \dfrac{1}{(1+y)^2}, & y > 0, \\ 0, & y \leqslant 0. \end{cases}$

(3) $E(Y) = \int_0^{+\infty} y f_Y(y) dx = \int_0^{+\infty} \frac{y}{(1+y)^2} dx$

$$= \int_0^{+\infty} \left[\frac{1}{1+y} - \frac{1}{(1+y)^2}\right] dx = \left[\ln(1+y) + \frac{1}{1+y}\right]\Big|_0^{+\infty} = +\infty,$$

所以 Y 的期望不存在.

例 19 (2022 年考研真题)　设随机变量 $X \sim U(0,3)$，随机变量 Y 服从参数为 2 的泊松分布，且 X 与 Y 的协方差为 -1，则 $D(2X - Y + 1) = ($ 　　 $)$.

A. 1;　　　　　　B. 5;　　　　　　C. 9;　　　　　　D. 12.

解　$X \sim U(0,3)$，$D(X) = \dfrac{(3-0)^2}{12} = \dfrac{3}{4}$；$Y \sim P(2)$，$D(Y) = 2$，

$$D(2X - Y + 1) = 4D(X) + D(Y) - 2\mathrm{cov}(2X, Y) = 4 \times \frac{3}{4} + 2 - 4(-1) = 9.$$

故答案应为 C.

例 20 (2022 年考研真题)　设随机变量 $X \sim N(0,1)$，在 $X = x$ 条件下，随机变量 $Y \sim N(x,1)$，则 X 与 Y 的相关系数为($ 　　 $)$.

A. $\dfrac{1}{4}$;　　　　　　B. $\dfrac{1}{2}$;　　　　　　C. $\dfrac{\sqrt{3}}{3}$;　　　　　　D. $\dfrac{\sqrt{2}}{2}$.

解　$E(Y) = \int_{-\infty}^{+\infty} \int_{-\infty}^{+\infty} y f(x,y) dx dy = \int_{-\infty}^{+\infty} f_X(x) dx \int_{-\infty}^{+\infty} y f_{Y|x}(y|x) dy$

$$= \int_{-\infty}^{+\infty} \frac{1}{\sqrt{2\pi}} e^{-\frac{x^2}{2}} E(Y|X = x) dx = \int_{-\infty}^{+\infty} \frac{x}{\sqrt{2\pi}} e^{-\frac{x^2}{2}} dx = 0,$$

$$E(XY) = \int_{-\infty}^{+\infty}\int_{-\infty}^{+\infty} xyf(x,y)\mathrm{d}x\mathrm{d}y = \int_{-\infty}^{+\infty} xf_X(x)\mathrm{d}x \int_{-\infty}^{+\infty} yf_{Y|x}(y|x)\mathrm{d}y$$

$$= \int_{-\infty}^{+\infty} \frac{1}{\sqrt{2\pi}} x\mathrm{e}^{-\frac{x^2}{2}} E(Y|X=x)\mathrm{d}x = \int_{-\infty}^{+\infty} \frac{x^2}{\sqrt{2\pi}} \mathrm{e}^{-\frac{x^2}{2}}\mathrm{d}x = E(X^2) = 1,$$

$$E(Y^2) = \int_{-\infty}^{+\infty}\int_{-\infty}^{+\infty} y^2 f(x,y)\mathrm{d}x\mathrm{d}y = \int_{-\infty}^{+\infty} f_X(x)\mathrm{d}x \int_{-\infty}^{+\infty} y^2 f_{Y|x}(y|x)\mathrm{d}y$$

$$= \int_{-\infty}^{+\infty} \frac{1}{\sqrt{2\pi}} \mathrm{e}^{-\frac{x^2}{2}} E(Y^2|X=x)\mathrm{d}x = \int_{-\infty}^{+\infty} \frac{x^2+1}{\sqrt{2\pi}} \mathrm{e}^{-\frac{x^2}{2}}\mathrm{d}x = E(X^2+1) = 2,$$

故 $\mathrm{cov}(X,Y)=1, D(Y)=2$. 所以 $\rho = \dfrac{\mathrm{cov}(X,Y)}{\sqrt{D(X)}\sqrt{D(Y)}} = \dfrac{1}{\sqrt{2}}$. 故答案应为 D.

例 21 (2022 年考研真题)　设随机变量 $X \sim N(0,4)$, 随机变量 $Y \sim B\left(3,\dfrac{1}{3}\right)$, 且 X 与 Y 不相关, 则 $D(X-3Y+1)=(\quad)$.

A. 2;　　　　　B. 4;　　　　　C. 6;　　　　　D. 10.

解　$X \sim N(0,4)$, 则 $D(X)=4$; $Y \sim B\left(3,\dfrac{1}{3}\right)$, 则 $D(Y)=3\times\dfrac{1}{3}\times\left(1-\dfrac{1}{3}\right)=\dfrac{2}{3}$, 因为 X 与 Y 不相关, 所以 $D(X-3Y+1)=D(X)+9D(Y)=4+9\times\dfrac{2}{3}=10$, 故答案应为 D.

例 22 (2022 年考研真题)　设二维随机变量 (X,Y) 的概率分布为

X \ Y	0	1	2
−1	0.1	0.1	b
1	a	0.1	0.1

若事件 $\{\max\{X,Y\}=2\}$ 与事件 $\{\min\{X,Y\}=1\}$ 相互独立, 则 $\mathrm{cov}(X,Y)=(\quad)$.

A. −0.6;　　　　B. −0.36;　　　　C. 0;　　　　D. 0.48.

解　设事件 $A=\{\max\{X,Y\}=2\}$, 事件 $B=\{\min\{X,Y\}=1\}$, 则

$$P(A)=P\{Y=2\}=b+0.1, \quad P(B)=P\{X=1,Y=2\}+P\{X=1,Y=1\}=0.2,$$

$$P(AB)=P\{X=1,Y=2\}=0.1.$$

A 与 B 相互独立, 所以 $P(AB)=P(A)P(B)$, 即 $(b+0.1)\times0.2=0.1$, 可得 $b=0.4$. 根据概率分布的规范性, 可得 $a+b=0.6$, 所以 $a=0.2$.

XY 的概率分布为

XY	−2	−1	0	1	2
P	0.4	0.1	0.3	0.1	0.1

则 $E(XY)=-0.6, E(X)=-0.2, E(XY)=1.2$. 于是

$$\text{cov}(X,Y)=E(XY)-E(X)E(Y)=-0.6+0.2\times1.2=-0.36.$$

故答案应为 B.

例 23 (2021 年考研真题)　甲、乙两个盒子中各装有 2 个红球和 2 个白球, 先从甲盒中任取一球, 观察颜色后放入乙盒中, 再从乙盒中任取一球, 令 X,Y 分别表示从甲盒和乙盒中取到的红球个数, 则 X 与 Y 的相关系数为＿＿＿＿＿＿.

解　X,Y 的取值均为 0,1,

$$P\{X=0,Y=0\}=\frac{2}{4}\times\frac{3}{5}=\frac{3}{10}, \quad P\{X=0,Y=1\}=\frac{2}{4}\times\frac{2}{5}=\frac{1}{5},$$

$$P\{X=1,Y=0\}=\frac{2}{4}\times\frac{2}{5}=\frac{1}{5}, \quad P\{X=1,Y=1\}=\frac{2}{4}\times\frac{3}{5}=\frac{3}{10}.$$

(X,Y) 的联合分布列为

X \ Y	0	1
0	$\frac{3}{10}$	$\frac{1}{5}$
1	$\frac{1}{5}$	$\frac{3}{10}$

X,Y 的边缘概率分布为

X	0	1
P	$\frac{1}{2}$	$\frac{1}{2}$

Y	0	1
P	$\frac{1}{2}$	$\frac{1}{2}$

$$\text{cov}(X,Y)=\frac{1}{20}, \quad D(X)=D(Y)=\frac{1}{4}, \quad \rho(X,Y)=\frac{1}{5}.$$

故答案应为 $\frac{1}{5}$.

例 24 (2021 年考研真题)　在区间 $(0,2)$ 上随机取一点, 将该区间分成两段, 较短一

段的长度记为 X，较长一段的长度记为 Y，令 $Z = \dfrac{Y}{X}$，求:

(1) X 的概率密度;

(2) Z 的概率密度;

(3) $E\left(\dfrac{X}{Y}\right)$.

解　(1) X 的概率密度为 $f(x) = \begin{cases} 1, & 0 < x < 1, \\ 0, & \text{其他.} \end{cases}$

(2) $Y = 2 - X$，则 $Z = \dfrac{2 - X}{X}$，

$$F_Z(z) = P\{Z \leqslant z\} = P\left\{\dfrac{2 - X}{X} \leqslant z\right\} = P\left\{\dfrac{2}{X} - 1 \leqslant z\right\}.$$

当 $z < 1$ 时，$F_Z(z) = 0$.

当 $z \geqslant 1$ 时，$F_Z(z) = P\left\{\dfrac{2}{X} - 1 \leqslant z\right\} = 1 - P\left\{X \leqslant \dfrac{2}{z+1}\right\} = 1 - \int_0^{\frac{2}{z+1}} 1 \mathrm{d}x = 1 - \dfrac{2}{z+1}$;

$$f_Z(z) = F_Z'(z) = \begin{cases} \dfrac{2}{(z+1)^2}, & z \geqslant 1, \\ 0, & \text{其他.} \end{cases}$$

(3) $E\left(\dfrac{X}{Y}\right) = E\left(\dfrac{X}{2 - X}\right) = \int_0^1 \dfrac{x}{2 - x} \cdot 1 \mathrm{d}x = -1 + 2\ln 2$.

例 25 (2020 年考研真题)　设 X 服从区间 $\left(-\dfrac{\pi}{2}, \dfrac{\pi}{2}\right)$ 上的均匀分布，$Y = \sin X$，则 $\mathrm{cov}(X, Y) = \underline{\hspace{2cm}}$.

解　X 的概率密度为 $f(x) = \begin{cases} \dfrac{1}{\pi}, & -\dfrac{\pi}{2} < x < \dfrac{\pi}{2}, \\ 0, & \text{其他,} \end{cases}$

$$\mathrm{cov}(X, Y) = E(XY) - E(X)E(Y) = E(X\sin X) - E(X)E(\sin X)$$

$$= \int_{-\frac{\pi}{2}}^{\frac{\pi}{2}} x\sin x \cdot \dfrac{1}{\pi} \mathrm{d}x - \int_{-\frac{\pi}{2}}^{\frac{\pi}{2}} \dfrac{1}{\pi} x \mathrm{d}x \int_{-\frac{\pi}{2}}^{\frac{\pi}{2}} \dfrac{1}{\pi} \sin x \mathrm{d}x$$

$$= \dfrac{2}{\pi} \int_0^{\frac{\pi}{2}} x\sin x \mathrm{d}x - 0 = -\dfrac{2}{\pi} \int_0^{\frac{\pi}{2}} x \mathrm{d}\cos x = \dfrac{2}{\pi},$$

故答案应为 $\dfrac{2}{\pi}$.

例 26 (2020 年考研真题)　设随机变量 (X, Y) 服从二维正态分布 $N\left(0, 0; 1, 4; -\dfrac{1}{2}\right)$，随机变量中服从标准正态分布且与 X 独立的是(　　).

A. $\dfrac{\sqrt{5}}{5}(X+Y)$； B. $\dfrac{\sqrt{5}}{5}(X-Y)$； C. $\dfrac{\sqrt{3}}{3}(X+Y)$； D. $\dfrac{\sqrt{3}}{3}(X-Y)$.

解 $D\left[\dfrac{\sqrt{3}}{3}(X+Y)\right]=\dfrac{1}{3}\left[D(X)+D(Y)\right]+\dfrac{2}{3}\mathrm{cov}(X,Y)$

$$=\dfrac{1}{3}\left[D(X)+D(Y)\right]+\dfrac{2}{3}\rho\sqrt{D(X)}\cdot\sqrt{D(Y)}=\dfrac{5}{3}-\dfrac{2}{3}=1,$$

$$E\left[\dfrac{\sqrt{3}}{3}(X+Y)\right]=0,$$

所以 $\dfrac{\sqrt{3}}{3}(X+Y)\sim N(0,1)$. 故答案应为 C.

例 27 (2020 年考研真题) 随机变量 X 的概率分布 $P\{X=k\}=\dfrac{1}{2^k}$，$k=1,2,3,\cdots$，Y 表示 X 被 3 除的余数，则 $E(Y)=$ _____.

解 $P\{Y=0\}=P\{X=3k,k=1,2,\cdots\}$；

$$P\{Y=1\}=P\{X=3k+1,k=0,1,2,\cdots\}=\sum_{k=0}^{\infty}\dfrac{1}{2^{3k+1}}；$$

$$P\{Y=2\}=P\{X=3k+2,k=0,1,2,\cdots\}=\sum_{k=0}^{\infty}\dfrac{1}{2^{3k+2}}；$$

$$E(Y)=1\cdot\sum_{k=0}^{\infty}\dfrac{1}{2^{3k+1}}+2\cdot\sum_{k=0}^{\infty}\dfrac{1}{2^{3k+2}}=\dfrac{1}{2}\cdot\dfrac{1}{1-\dfrac{1}{8}}+\dfrac{1}{2}\cdot\dfrac{1}{1-\dfrac{1}{8}}=\dfrac{8}{7}.$$

故答案应为 $\dfrac{8}{7}$.

例 28 (2020 年考研真题) 二维随机变量 (X,Y) 在 $D=\left\{(x,y)\big|0<y<\sqrt{1-x^2}\right\}$ 上服从均匀分布，

$$Z_1=\begin{cases}1, & X-Y>0,\\ 0, & X-Y\leqslant 0,\end{cases}\qquad Z_2=\begin{cases}1, & X+Y>0,\\ 0, & X+Y\leqslant 0,\end{cases}$$

求: (1) (Z_1,Z_2) 的联合分布； (2) $\rho_{Z_1Z_2}$.

解 (1) (X,Y) 服从均匀分布, 则

$$f(x,y)=\begin{cases}\dfrac{2}{\pi}, & 0<y<\sqrt{1-x^2},\\[2mm] 0, & \text{其他},\end{cases}$$

那么

$$P\{Z_1 = 0, Z_2 = 0\} = P\{X \leqslant Y, X \leqslant -Y\} = \frac{1}{4};$$

$$P\{Z_1 = 0, Z_2 = 1\} = P\{X \leqslant Y, X > -Y\} = \frac{1}{2};$$

$$P\{Z_1 = 1, Z_2 = 0\} = P\{X > Y, X \leqslant -Y\} = 0;$$

$$P\{Z_1 = 1, Z_2 = 1\} = P\{X > Y, X > -Y\} = \frac{1}{4}.$$

(2) Z_1, Z_2 的相关系数

$$\rho_{Z_1 Z_2} = \frac{\mathrm{cov}(Z_1, Z_2)}{\sqrt{D(Z_1)}\sqrt{D(Z_2)}} = \frac{E(Z_1 Z_2) - E(Z_1)E(Z_2)}{\sqrt{E(Z_1^2) - E^2(Z_1)}\sqrt{E(Z_2^2) - E^2(Z_2)}}$$

$$= \frac{\dfrac{1}{4} - \dfrac{1}{4} \times \dfrac{3}{4}}{\sqrt{\dfrac{1}{4} - \left(\dfrac{1}{4}\right)^2}\sqrt{\dfrac{3}{4} - \left(\dfrac{3}{4}\right)^2}} = \frac{1}{3}.$$

四、习 题 详 解

习题 4-1

(A) 基础题

1. 设随机变量 X 的分布列为

X	-1	0	1	2
P	$\dfrac{1}{3}$	$\dfrac{1}{3}$	$\dfrac{1}{4}$	$\dfrac{1}{12}$

求 $E(X)$.

解　$E(X) = (-1) \times \dfrac{1}{3} + 0 \times \dfrac{1}{3} + 1 \times \dfrac{1}{4} + 2 \times \dfrac{1}{12} = \dfrac{1}{12}$.

2. 某汽车修理厂给一台汽车更换一个零件, 修理员从装有 4 个该零件的盒子中逐一取出零件进行测试. 已知盒子中只有 2 个正品, X 记为该修理员首次取到正品零件所需的次数. 求 $E(X)$.

解　X 可能的取值为 1, 2, 3,

$$P\{X = 1\} = \frac{C_2^1}{C_4^1} = \frac{1}{2}, \quad P\{X = 2\} = \frac{C_2^1 C_2^1}{C_4^1 C_3^1} = \frac{1}{3}, \quad P\{X = 3\} = \frac{C_2^1 C_1^1 C_2^1}{C_4^1 C_3^1 C_2^1} = \frac{1}{6},$$

则 $E(X) = 1 \times \dfrac{1}{2} + 2 \times \dfrac{1}{3} + 3 \times \dfrac{1}{6} = \dfrac{5}{3}$.

3. 设随机变量 X 的分布函数为 $F(x) = \begin{cases} 0, & x \leqslant 0, \\ \dfrac{x}{4}, & 0 < x \leqslant 4, \\ 1, & x > 4, \end{cases}$ 求 $E(X)$.

解　X 的密度函数为 $f(x) = F'(x) = \begin{cases} \dfrac{1}{4}, & 0 < x \leqslant 4, \\ 0, & \text{其他}, \end{cases}$ 则

$$E(X) = \int_{-\infty}^{+\infty} x \cdot f(x)\mathrm{d}x = \int_0^4 x \cdot \dfrac{1}{4}\mathrm{d}x = 2.$$

4. 设随机变量 X 的密度函数为 $f(x) = \begin{cases} \dfrac{3}{8}x^2, & 0 < x < 2, \\ 0, & \text{其他}, \end{cases}$ 求 $E(X), E\left(\dfrac{1}{X^2}\right)$.

解　$E(X) = \int_{-\infty}^{+\infty} x \cdot f(x)\mathrm{d}x = \int_0^2 x \cdot \dfrac{3}{8}x^2\mathrm{d}x = \dfrac{3}{2}$,

$$E\left(\dfrac{1}{X^2}\right) = \int_{-\infty}^{+\infty} \dfrac{1}{x^2} \cdot f(x)\mathrm{d}x = \int_0^2 \dfrac{1}{x^2} \cdot \dfrac{3}{8}x^2\mathrm{d}x = \dfrac{3}{4}.$$

5. 已知随机变量 X 的密度函数为 $f(x) = \begin{cases} Ax^2 + Bx, & 0 < x < 1, \\ 0, & \text{其他}, \end{cases}$ 且 $E(X) = \dfrac{1}{2}$. 求:

(1) A, B 的值; (2) $E(X^2)$.

解　(1) 由密度函数的性质有

$$1 = \int_{-\infty}^{+\infty} f(x)\mathrm{d}x = \int_0^1 (Ax^2 + Bx)\mathrm{d}x = \dfrac{A}{3} + \dfrac{B}{2}, \qquad \text{①}$$

又

$$E(X) = \int_{-\infty}^{+\infty} x \cdot f(x)\mathrm{d}x = \int_0^1 x \cdot (Ax^2 + Bx)\mathrm{d}x = \dfrac{A}{4} + \dfrac{B}{3} = \dfrac{1}{2}. \qquad \text{②}$$

由①②可得 $A = -6, B = 6$. 于是 X 的密度函数为 $f(x) = \begin{cases} -6x^2 + 6x, & 0 < x < 1, \\ 0, & \text{其他}. \end{cases}$

(2) $E(X^2) = \int_{-\infty}^{+\infty} x^2 \cdot f(x)\mathrm{d}x = \int_0^1 x^2 \cdot (-6x^2 + 6x)\mathrm{d}x = \dfrac{3}{10}$.

6. 设随机变量 X 的分布列为

X	-2	0	5	10
P	0.1	0.2	0.4	0.3

求 $E(X), E(X^2), E(2X+1)$.

解　$E(X) = (-2) \times 0.1 + 0 \times 0.2 + 5 \times 0.4 + 10 \times 0.3 = 4.8$,

$E(X^2) = (-2)^2 \times 0.1 + 0^2 \times 0.2 + 5^2 \times 0.4 + 10^2 \times 0.3 = 40.4$,

$E(2X+1) = [2 \times (-2) + 1] \times 0.1 + (2 \times 0 + 1) \times 0.2 + (2 \times 5 + 1) \times 0.4 + (2 \times 10 + 1) \times 0.3 = 10.6$,

或 $E(2X+1) = 2E(X) + 1 = 10.6$.

7. 设二维离散型随机变量 (X,Y) 的联合分布列为

X \ Y	1	2	3
-1	0	$\dfrac{1}{6}$	$\dfrac{1}{6}$
2	$\dfrac{1}{6}$	$\dfrac{1}{4}$	$\dfrac{1}{4}$

求 $E(X+3Y), E(XY^2)$.

解　$E(X+3Y) = (-1+3\times1) \times 0 + (-1+3\times2) \times \dfrac{1}{6} + (-1+3\times3) \times \dfrac{1}{6}$

$$+ (2+3\times1) \times \dfrac{1}{6} + (2+3\times2) \times \dfrac{1}{4} + (2+3\times3) \times \dfrac{1}{4} = \dfrac{31}{4},$$

$E(XY^2) = (-1) \times 1^2 \times 0 + (-1) \times 2^2 \times \dfrac{1}{6} + (-1) \times 3^2 \times \dfrac{1}{6}$

$$+ 2 \times 1^2 \times \dfrac{1}{6} + 2 \times 2^2 \times \dfrac{1}{4} + 2 \times 3^2 \times \dfrac{1}{4} = \dfrac{14}{3}.$$

8. 设二维随机变量 (X,Y) 的联合密度函数为

$$f(x,y) = \begin{cases} 12y^2, & 0 \leqslant y \leqslant x \leqslant 1, \\ 0, & \text{其他}, \end{cases}$$

求 $E(X), E(Y), E(XY), E(X+Y)$.

解　$E(X) = \displaystyle\int_{-\infty}^{+\infty} \int_{-\infty}^{+\infty} xf(x,y)\mathrm{d}x\mathrm{d}y = \int_0^1 \mathrm{d}x \int_0^x 12xy^2 \mathrm{d}y = \int_0^1 4x^4 \mathrm{d}x = \dfrac{4}{5}$,

$E(Y) = \displaystyle\int_{-\infty}^{+\infty} \int_{-\infty}^{+\infty} yf(x,y)\mathrm{d}x\mathrm{d}y = \int_0^1 \mathrm{d}x \int_0^x 12y^3 \mathrm{d}y = \int_0^1 3x^4 \mathrm{d}x = \dfrac{3}{5}$,

$E(XY) = \displaystyle\int_{-\infty}^{+\infty} \int_{-\infty}^{+\infty} xyf(x,y)\mathrm{d}x\mathrm{d}y = \int_0^1 \mathrm{d}x \int_0^x 12xy^3 \mathrm{d}y = \int_0^1 3x^5 \mathrm{d}x = \dfrac{1}{2}$,

$$E(X+Y) = E(X) + E(Y) = \dfrac{7}{5}.$$

(B) 提高题

1. 设甲、乙两名射手对同一目标各射击一枪，且两人击中目标的概率分别为 0.8, 0.7. 假设两人射击是相互独立的，X 表示目标被击中的次数. 求 $E(X)$.

解　X 可能的取值为 $0, 1, 2$,
$$P\{X=0\}=(1-0.8)\times(1-0.7)=0.06,$$
$$P\{X=1\}=(1-0.8)\times0.7+(1-0.7)\times0.8=0.38,$$
$$P\{X=2\}=0.8\times0.7=0.56,$$

则 $E(X)=0\times0.06+1\times0.38+2\times0.56=1.5$.

2. 设某企业生产线上产品的合格率为 0.96，不合格产品中只有 3/4 的产品可进行再加工，且再加工的合格率为 0.8，其余均为废品. 已知每件合格产品可获利 80 元，每件废品亏损 20 元. 为保证该企业每天平均利润不低于 20000 元，问该企业每天至少应生产多少件产品？

解　进行再加工后，一件产品合格的概率为
$$p=0.96+0.04\times\frac{3}{4}\times0.8=0.984.$$

设一天中共生产 n 件产品，X 表示 n 件产品中合格品的数量，Y 表示 n 件产品的利润，则
$$X\sim B(n,p),\quad E(X)=np=0.984n,$$
$$Y=80X-20(n-X)=100X-20n.$$

则生产 n 件产品的平均利润为
$$E(Y)=E(100X-20n)=100E(X)-20n=100\times0.984n-20n=78.4n.$$

由题意 $E(Y)=78.4n\geqslant20000$，可得 $n\geqslant255.1$. 所以，该企业每天至少应生产 256 件产品.

3. 设离散型随机变量 X 的概率分布为
$$P\{X=n\}=3a^n,\quad n=1,2,\cdots.$$

求：(1) a；(2) $E(X)$.

解　(1) $1=\sum_{n=1}^{\infty}3a^n=3\cdot\frac{a}{1-a}(|a|<1)$，所以 $a=\frac{1}{4}$.

(2) $E(X)=\sum_{n=1}^{\infty}n\cdot3\left(\frac{1}{4}\right)^n$.

利用级数 $\sum_{n=1}^{\infty}n\cdot x^{n-1}=\sum_{n=1}^{\infty}(x^n)'=\left(\sum_{n=1}^{\infty}x^n\right)'=\left(\frac{x}{1-x}\right)'=\frac{1}{(1-x)^2}$　$(|x|<1)$，于是有

$$E(X) = \sum_{n=1}^{\infty} n \cdot 3\left(\frac{1}{4}\right)^n = \frac{3}{4}\sum_{n=1}^{\infty} n \cdot \left(\frac{1}{4}\right)^{n-1} = \frac{3}{4} \cdot \frac{1}{\left(1-\frac{1}{4}\right)^2} = \frac{4}{3}.$$

4. 一辆校车共设有 5 个站点, 某天放学后, 校车上共有 10 名学生. 设每名学生都可能在任一站点下车, 并且下车与否相互独立. 已知校车在有人下车时停车, 求校车停车次数的数学期望.

解 设 $X_i = \begin{cases} 1, & \text{校车在第} i \text{个站点停车,} \\ 0, & \text{校车在第} i \text{个站点不停车} \end{cases} (i=1,2,\cdots,5)$, 于是校车停车的总次数为

$X = \sum_{i=1}^{5} X_i$. 设 $A_k =$ "第 k 个学生在第 i 个站点下车" $(k=1,2,\cdots,10)$, 于是有 $P(A_k) = \frac{1}{5}$,

$P(\overline{A}_k) = \frac{4}{5}$, 校车在第 i 个站点不停车的概率为 $P(\overline{A}_1\overline{A}_2\cdots\overline{A}_{10}) = \left(\frac{4}{5}\right)^{10}$, 所以 $X_i(i=1,2,\cdots,5)$

的分布列为

X_i	0	1
P	$\left(\frac{4}{5}\right)^{10}$	$1-\left(\frac{4}{5}\right)^{10}$

所以 $E(X_i) = 1 - \left(\frac{4}{5}\right)^{10}$. 因此校车停车次数的数学期望

$$E(X) = \sum_{i=1}^{5} E(X_i) = 5\left[1-\left(\frac{4}{5}\right)^{10}\right] = 4.4631.$$

5. 设随机变量 X 服从标准正态分布 $N(0,1)$, 求 $E(X \cdot e^{2X})$.

解 由于 $X \sim N(0,1)$, 则

$$E(X \cdot e^{2X}) = \int_{-\infty}^{+\infty} xe^{2x} \frac{1}{\sqrt{2\pi}} e^{\frac{x^2}{2}} dx = \int_{-\infty}^{+\infty} x \frac{1}{\sqrt{2\pi}} e^{-\frac{1}{2}[(x^2-4x+4)-4]} dx$$

$$= e^2 \int_{-\infty}^{+\infty} x \frac{1}{\sqrt{2\pi}} e^{-\frac{1}{2}(x-2)^2} dx \xlongequal{x-2=t} e^2 \int_{-\infty}^{+\infty} (t+2) \frac{1}{\sqrt{2\pi}} e^{-\frac{1}{2}t^2} dt$$

$$= e^2 \left(\int_{-\infty}^{+\infty} t \frac{1}{\sqrt{2\pi}} e^{-\frac{1}{2}t^2} dt + 2\int_{-\infty}^{+\infty} \frac{1}{\sqrt{2\pi}} e^{-\frac{1}{2}t^2} dt \right) = e^2(0+2) = 2e^2.$$

6. 设随机变量 X 的分布函数 $F(x) = 0.3 \cdot \Phi(x) + 0.7 \cdot \Phi\left(\frac{x-1}{2}\right)$, 其中 $\Phi(x)$ 是标准正态分布函数, 求 $E(X)$.

解 由于 X 的分布函数 $F(x) = 0.3 \cdot \Phi(x) + 0.7 \cdot \Phi\left(\frac{x-1}{2}\right)$, 所以 X 的密度函数

$$f(x) = F'(x) = 0.3 \cdot \Phi'(x) + 0.35 \cdot \Phi'\left(\frac{x-1}{2}\right), \text{ 且}$$

$$E(X) = \int_{-\infty}^{+\infty} x f(x) \mathrm{d}x = \int_{-\infty}^{+\infty} x F'(x) \mathrm{d}x = \int_{-\infty}^{+\infty} x \left[0.3 \cdot \Phi'(x) + 0.35 \cdot \Phi'\left(\frac{x-1}{2}\right) \right] \mathrm{d}x$$

$$= 0.3 \int_{-\infty}^{+\infty} x \cdot \Phi'(x) \mathrm{d}x + 0.35 \int_{-\infty}^{+\infty} x \cdot \Phi'\left(\frac{x-1}{2}\right) \mathrm{d}x,$$

又

$$\int_{-\infty}^{+\infty} \Phi'(x) \mathrm{d}x = 1, \quad \int_{-\infty}^{+\infty} x \cdot \Phi'(x) \mathrm{d}x = 0,$$

$$\int_{-\infty}^{+\infty} x \cdot \Phi'\left(\frac{x-1}{2}\right) \mathrm{d}x \xlongequal{t=\frac{x-1}{2}} 2 \int_{-\infty}^{+\infty} (2t+1) \cdot \Phi'(t) \mathrm{d}t = 4 \int_{-\infty}^{+\infty} t \cdot \Phi'(t) \mathrm{d}t + 2 \int_{-\infty}^{+\infty} \Phi'(t) \mathrm{d}t = 2,$$

则 $E(X) = 2 \times 0.35 = 0.7$.

习题 4-2

(A) 基础题

1. 设离散型随机变量 X 的可能的取值为 $x_1 = -1, x_2 = 0, x_3 = 2$，且 $E(X) = 0.5$，$D(X) = 1.65$，试求 X 的分布列.

解　设 X 的分布列为 $P\{X = x_i\} = p_i, i = 1, 2, 3$，则

$$p_1 + p_2 + p_3 = 1, \qquad\qquad ①$$

$$E(X) = (-1) \times p_1 + 0 \times p_2 + 2 \times p_3 = -p_1 + 2p_3 = 0.5, \qquad ②$$

$$E(X^2) = (-1)^2 \times p_1 + 0^2 \times p_2 + 2^2 \times p_3 = p_1 + 4p_3 = D(X) + \left[E(X)\right]^2 = 1.65 + 0.5^2. \quad ③$$

由①②③可得 $p_1 = 0.3, p_2 = 0.3, p_3 = 0.4$，于是 X 的分布列为

X	−1	0	2
P	0.3	0.3	0.4

2. 设两个相互独立的随机变量 X 与 Y 的分布列分别为

X	0	1	2
P	0.3	0.5	0.2

Y	1	3
P	0.6	0.4

求 $D(Y - 2X)$.

解　　　　　　　　$E(X) = 0 \times 0.3 + 1 \times 0.5 + 2 \times 0.2 = 0.9$，

$$E(X^2) = 0^2 \times 0.3 + 1^2 \times 0.5 + 2^2 \times 0.2 = 1.3,$$

则

$$D(X) = E(X^2) - [E(X)]^2 = 0.49 .$$

$$E(Y) = 1 \times 0.6 + 3 \times 0.4 = 1.8 ,$$

$$E(Y^2) = 1^2 \times 0.6 + 3^2 \times 0.4 = 4.2 ,$$

则 $D(Y) = E(Y^2) - [E(Y)]^2 = 0.96$，所以

$$D(Y - 2X) = D(Y) + (-2)^2 D(X) = 0.96 + 4 \times 0.49 = 2.92 .$$

3. 设随机变量 X_1, X_2, X_3 相互独立，且 $X_1 \sim U(0,6), X_2 \sim N(0,4), X_3 \sim P(3)$，令 $Y = X_1 - 2X_2 + 3X_3$，求 $D(Y)$．

解　由已知 $D(X_1) = \dfrac{(6-0)^2}{12} = 3, D(X_2) = 4, D(X_3) = 3$，则

$$D(Y) = D(X_1 - 2X_2 + 3X_3) = D(X_1) + (-2)^2 D(X_2) + 3^2 D(X_3) = 46 .$$

4. 设随机变量 X 的密度函数为 $f(x) = \begin{cases} a + bx, & 0 < x < 1, \\ 0, & \text{其他,} \end{cases}$ 且 $E(X) = \dfrac{3}{5}$．求：

(1) a, b 的值；(2) $D(X)$．

解　(1) 由密度函数的性质有

$$1 = \int_{-\infty}^{+\infty} f(x)\mathrm{d}x = \int_0^1 (a + bx)\mathrm{d}x = a + \frac{b}{2} , \qquad ①$$

又

$$E(X) = \int_{-\infty}^{+\infty} x \cdot f(x)\mathrm{d}x = \int_0^1 x \cdot (a + bx)\mathrm{d}x = \frac{a}{2} + \frac{b}{3} = \frac{3}{5} , \qquad ②$$

由①②可得 $a = \dfrac{2}{5}, b = \dfrac{6}{5}$．于是 X 的密度函数为

$$f(x) = \begin{cases} \dfrac{2}{5} + \dfrac{6}{5}x, & 0 < x < 1, \\ 0, & \text{其他.} \end{cases}$$

(2) $E(X^2) = \displaystyle\int_{-\infty}^{+\infty} x^2 \cdot f(x)\mathrm{d}x = \int_0^1 x^2 \cdot \left(\frac{2}{5} + \frac{6}{5}x \right)\mathrm{d}x = \frac{13}{30} ,$

$$D(X) = E(X^2) - [E(X)]^2 = \frac{13}{30} - \left(\frac{3}{5} \right)^2 = \frac{11}{150} .$$

5. 设随机变量 $X \sim U(1,3)$，随机变量 $Y = g(X) = \dfrac{\pi X^2}{4}$，求 $D(Y)$．

解　X 的密度函数为 $f(x) = \begin{cases} \dfrac{1}{2}, & 1 < x < 3, \\ 0, & \text{其他,} \end{cases}$

$$E(Y) = \int_{-\infty}^{+\infty} g(x) \cdot f(x) dx = \int_1^3 \frac{\pi x^2}{4} \cdot \frac{1}{2} dx = \frac{13\pi}{12},$$

$$E(Y^2) = \int_{-\infty}^{+\infty} \left[g(x) \right]^2 \cdot f(x) dx = \int_1^3 \left(\frac{\pi x^2}{4} \right)^2 \cdot \frac{1}{2} dx = \frac{121\pi^2}{80},$$

所以 $D(X) = E(X^2) - \left[E(X) \right]^2 = \frac{121\pi^2}{80} - \left(\frac{13\pi}{12} \right)^2 = \frac{61\pi^2}{180}$.

6. 设二维随机变量 (X, Y) 的联合密度函数为

$$f(x, y) = \begin{cases} \dfrac{1}{2}, & 0 < x < 1, 1 < y < 3, \\ 0, & \text{其他.} \end{cases}$$

求 $D(X)$, $D(Y)$, $D(XY)$.

解　$E(X) = \int_{-\infty}^{+\infty} \int_{-\infty}^{+\infty} x f(x, y) dx dy = \int_0^1 x dx \int_1^3 \frac{1}{2} dy = \int_0^1 x dx = \frac{1}{2}$,

$$E(X^2) = \int_{-\infty}^{+\infty} \int_{-\infty}^{+\infty} x^2 f(x, y) dx dy = \int_0^1 x^2 dx \int_1^3 \frac{1}{2} dy = \int_0^1 x^2 dx = \frac{1}{3},$$

$$D(X) = E(X^2) - \left[E(X) \right]^2 = \frac{1}{3} - \left(\frac{1}{2} \right)^2 = \frac{1}{12}.$$

$$E(Y) = \int_{-\infty}^{+\infty} \int_{-\infty}^{+\infty} y f(x, y) dx dy = \int_0^1 dx \int_1^3 \frac{1}{2} y dy = \frac{1}{4} y^2 \Big|_1^3 = 2,$$

$$E(Y^2) = \int_{-\infty}^{+\infty} \int_{-\infty}^{+\infty} y^2 f(x, y) dx dy = \int_0^1 dx \int_1^3 \frac{1}{2} y^2 dy = \frac{1}{6} y^3 \Big|_1^3 = \frac{13}{3},$$

$$D(Y) = E(Y^2) - \left[E(Y) \right]^2 = \frac{13}{3} - 2^2 = \frac{1}{3}.$$

$$E(XY) = \int_{-\infty}^{+\infty} \int_{-\infty}^{+\infty} xy f(x, y) dx dy = \int_0^1 x dx \int_1^3 \frac{1}{2} y dy = \frac{1}{2} \times \frac{1}{4} \times 8 = 1,$$

$$E(X^2 Y^2) = \int_{-\infty}^{+\infty} \int_{-\infty}^{+\infty} x^2 y^2 f(x, y) dx dy = \int_0^1 x^2 dx \int_1^3 \frac{1}{2} y^2 dy = \frac{1}{3} \times \frac{1}{6} \times 26 = \frac{13}{9},$$

$$D(XY) = E(X^2 Y^2) - \left[E(XY) \right]^2 = \frac{13}{9} - 1^2 = \frac{4}{9}.$$

(B) 提高题

1. 已知长方形的周长为 20, 假设长方形的宽 $X \sim U(0, 2)$, 试求长方形面积 S 的方差.

解　设长方形的长为 Y, 可知 $2X + 2Y = 20$, 即 $Y = 10 - X$, 则长方形面积 $S = (10 - X)X$. 由题设可知 X 的概率密度为 $f(x) = \begin{cases} \dfrac{1}{2}, & 0 < x < 2, \\ 0, & \text{其他,} \end{cases}$ 所以

$$E(S) = \int_{-\infty}^{+\infty} x(10-x) f(x) \mathrm{d}x = \int_0^2 \frac{1}{2} x(10-x) \mathrm{d}x = \frac{26}{3},$$

$$E(S^2) = \int_{-\infty}^{+\infty} x^2 (10-x)^2 f(x) \mathrm{d}x = \int_0^2 \frac{1}{2} x^2 (10-x)^2 \mathrm{d}x = \frac{1448}{15},$$

$$D(S) = E(S^2) - [E(S)]^2 = \frac{964}{45}.$$

2. 设随机变量 $X \sim U(-2,3)$，随机变量 $Y = \begin{cases} 1, & X > 0, \\ 0, & X = 0, \\ -1, & X < 0, \end{cases}$ 求方差 $D(Y)$.

解 X 的密度函数为 $f(x) = \begin{cases} \dfrac{1}{5}, & -2 < x < 3, \\ 0, & \text{其他,} \end{cases}$

$$E(Y) = 1 \cdot P\{Y=1\} + (-1) \cdot P\{Y=-1\} = P\{X>0\} - P\{X<0\} = \frac{3}{5} - \frac{2}{5} = \frac{1}{5},$$

$$E(Y^2) = 1^2 \cdot P\{Y=1\} + (-1)^2 \cdot P\{Y=-1\} = P\{X>0\} + P\{X<0\} = 1,$$

$$D(Y) = E(Y^2) - [E(Y)]^2 = 1 - \left(\frac{1}{5}\right)^2 = \frac{24}{25}.$$

3. 设随机变量 X 的概率密度为 $f(x) = \begin{cases} 0, & x \leqslant 0, \\ \dfrac{1}{3}, & 0 < x < 1, \\ \dfrac{2}{3x^2}, & x \geqslant 1, \end{cases}$ 随机变量

$$Y = \begin{cases} 0, & X < \dfrac{1}{2}, \\ 1, & \dfrac{1}{2} \leqslant X < 2, \\ 2, & X \geqslant 2, \end{cases}$$

求 $E(Y), D(Y)$.

解 Y 可能的取值为 $0,1,2$，

$$P\{Y=0\} = P\left\{X < \frac{1}{2}\right\} = \int_0^{\frac{1}{2}} \frac{1}{3} \mathrm{d}x = \frac{1}{6};$$

$$P\{Y=1\} = P\left\{\frac{1}{2} \leqslant X < 2\right\} = \int_{\frac{1}{2}}^1 \frac{1}{3} \mathrm{d}x + \int_1^2 \frac{2}{3x^2} \mathrm{d}x = \frac{1}{2};$$

$$P\{Y=2\} = 1 - \frac{1}{6} - \frac{1}{2} = \frac{1}{3}.$$

所以 Y 的概率分布为

Y	0	1	2
P	$\frac{1}{6}$	$\frac{1}{2}$	$\frac{1}{3}$

因此

$$E(Y) = 0 \times \frac{1}{6} + 1 \times \frac{1}{2} + 2 \times \frac{1}{3} = \frac{7}{6} ;$$

$$E(Y^2) = 0^2 \times \frac{1}{6} + 1^2 \times \frac{1}{2} + 2^2 \times \frac{1}{3} = \frac{11}{6} ;$$

$$D(Y) = E(Y^2) - E^2(Y) = \frac{11}{6} - \left(\frac{7}{6}\right)^2 = \frac{17}{36} .$$

4. 某设备由三大部件构成, 在设备运转中各部件需要调整的概率分别为 0.1, 0.2, 0.3. 设各部件的状态相互独立, X 表示同时需要调整的部件数, 试求 $E(X), D(X)$.

解　记随机变量

$$X_i = \begin{cases} 1, & \text{第} i \text{个部件需要调整,} \\ 0, & \text{其他,} \end{cases} \quad i = 1, 2, 3,$$

则 $X = X_1 + X_2 + X_3$, 且 X_1, X_2, X_3 相互独立, 分别服从两点分布

$$X_1 \sim B(1, 0.1), \quad X_2 \sim B(1, 0.2), \quad X_3 \sim B(1, 0.3).$$

那么 $E(X_i) = \dfrac{i}{10}, D(X_i) = \dfrac{i}{10}\left(1 - \dfrac{i}{10}\right) = \dfrac{i(10-i)}{100}$, $i = 1, 2, 3$. 所以

$$E(X) = E(X_1) + E(X_2) + E(X_3) = \frac{1}{10} + \frac{2}{10} + \frac{3}{10} = 0.6 ,$$

$$D(X) = D(X_1) + D(X_2) + D(X_3) = \frac{1 \times (10-1)}{100} + \frac{2 \times (10-2)}{100} + \frac{3 \times (10-3)}{100} = 0.46 .$$

5. 设连续型随机变量 X_1 和 X_2 相互独立, 且方差都存在. X_1 和 X_2 的概率密度分别为 $f_1(x), f_2(x)$, 随机变量 $Y_2 = \dfrac{1}{2}(X_1 + X_2)$, 且随机变量 Y_1 的概率密度为 $f_{Y_1}(y) = \dfrac{1}{2}[f_1(y) + f_2(y)]$, 试判断 (1) $E(Y_1)$ 与 $E(Y_2)$ 的大小关系; (2) $D(Y_1)$ 与 $D(Y_2)$ 的大小关系.

解　(1) 由于 Y_1 的概率密度为 $f_{Y_1}(y) = \dfrac{1}{2}[f_1(y) + f_2(y)]$, 则

$$E(Y_1) = \int_{-\infty}^{+\infty} y \cdot f_{Y_1}(y) \mathrm{d}y = \int_{-\infty}^{+\infty} y \cdot \frac{1}{2} [f_1(y) + f_2(y)] \mathrm{d}y = \frac{1}{2} \left[\int_{-\infty}^{+\infty} y \cdot f_1(y) \mathrm{d}y + \int_{-\infty}^{+\infty} y \cdot f_2(y) \mathrm{d}y \right]$$

$$= \frac{1}{2} [E(X_1) + E(X_2)] = E\left[\frac{1}{2}(X_1 + X_2) \right] = E(Y_2),$$

故 $E(Y_1) = E(Y_2)$.

(2) $D(Y_1) = E(Y_1^2) - [E(Y_1)]^2, \quad D(Y_2) = E(Y_2^2) - [E(Y_2)]^2,$

$$E(Y_1^2) = \int_{-\infty}^{+\infty} y^2 \cdot f_{Y_1}(y) \mathrm{d}y = \int_{-\infty}^{+\infty} y^2 \cdot \frac{1}{2} [f_1(y) + f_2(y)] \mathrm{d}y$$

$$= \frac{1}{2} \left[\int_{-\infty}^{+\infty} y^2 \cdot f_1(y) \mathrm{d}y + \int_{-\infty}^{+\infty} y^2 \cdot f_2(y) \mathrm{d}y \right] = \frac{1}{2} [E(X_1^2) + E(X_2^2)],$$

$$E(Y_2^2) = \frac{1}{4} E(X_1 + X_2)^2 = \frac{1}{4} [E(X_1^2) + E(X_2^2) + 2E(X_1 X_2)],$$

则

$$E(Y_1^2) - E(Y_2^2) = \frac{1}{4} [E(X_1^2) + E(X_2^2) - 2E(X_1 X_2)] = \frac{1}{4} E(X_1 - X_2)^2,$$

$$E(X_1 - X_2)^2 = D(X_1 - X_2) + [E(X_1 - X_2)]^2 > 0,$$

于是 $E(Y_1^2) > E(Y_2^2)$, 则 $D(Y_1) > D(Y_2)$.

习题 4-3

(A) 基础题

1. 设 X, Y 为随机变量, 且 $E(X) = E(Y) = 0, E(X^2) = E(Y^2) = 2$, 以及 $\rho_{XY} = \frac{1}{2}$, 求 $E[(X+Y)^2]$.

解 由已知得

$$E(X+Y) = E(X) + E(Y) = 0,$$

$$D(X) = E(X^2) - [E(X)]^2 = 2, \quad D(Y) = E(Y^2) - [E(Y)]^2 = 2,$$

$$E[(X+Y)^2] = D(X+Y) + [E(X+Y)]^2 = D(X+Y) = D(X) + D(Y) + 2\mathrm{cov}(X,Y)$$

$$= 2 + 2 + 2\rho_{XY} \sqrt{D(X) \cdot D(Y)} = 4 + 2 \times \frac{1}{2} \times \sqrt{2 \times 2} = 6.$$

2. 已知随机变量 X 的分布列为

X	-1	0	1
P	0.25	0.5	0.25

(1) 求 $Y = X^2$ 的分布列; (2) 求 (X,Y) 的联合分布列; (3) 求 X,Y 的相关系数 ρ_{XY};
(4) 讨论 X,Y 的相关性及独立性.

解 (1) Y 的分布列为

Y	0	1
P	0.5	0.5

(2) (X,Y) 的联合分布列

X \ Y	0	1
-1	0	0.25
0	0.5	0
1	0	0.25

(3) $$E(X) = (-1) \times 0.25 + 0 \times 0.5 + 1 \times 0.25 = 0, \quad E(Y) = 0.5,$$

$$E(XY) = E(X^3) = (-1)^3 \times 0.25 + 0^3 \times 0.5 + 1^3 \times 0.25 = 0,$$

所以

$$\mathrm{cov}(X,Y) = 0,$$

$$D(X) = E(X^2) - [E(X)]^2 = E(X^2) = E(Y) = 0.5,$$

$$D(Y) = E(Y^2) - [E(Y)]^2 = E(X^4) - 0.25 = 0.25,$$

所以 $\rho_{XY} = 0$.

(4) 因为 $\rho_{XY} = 0$, 所以 X,Y 不相关. 从联合分布列可以看出 $p_{1.} \times p_{.1} = 0.25 \times 0.5 = 0.125$, 而 $p_{11} = 0.25$, 所以 X,Y 不独立.

3. 设二维离散型随机变量 (X,Y) 的联合分布列为

X \ Y	-1	0	1
0	$\dfrac{1}{6}$	0	$\dfrac{1}{6}$
1	0	$\dfrac{1}{3}$	$\dfrac{1}{3}$

求 $\rho_{XY}, \mathrm{cov}(X^2, Y^2)$.

解 $E(X) = 0 \times \left(\dfrac{1}{6} + 0 + \dfrac{1}{6} \right) + 1 \times \left(0 + \dfrac{1}{3} + \dfrac{1}{3} \right) = \dfrac{2}{3}$,

$E(X^2) = 0^2 \times \left(\dfrac{1}{6} + 0 + \dfrac{1}{6} \right) + 1^2 \times \left(0 + \dfrac{1}{3} + \dfrac{1}{3} \right) = \dfrac{2}{3}$,

$D(X) = E(X^2) - [E(X)]^2 = \dfrac{2}{9}$,

$E(Y) = (-1) \times \left(\dfrac{1}{6} + 0 \right) + 0 \times \left(0 + \dfrac{1}{3} \right) + 1 \times \left(\dfrac{1}{6} + \dfrac{1}{3} \right) = \dfrac{1}{3}$,

$E(Y^2) = (-1)^2 \times \left(\dfrac{1}{6} + 0 \right) + 0^2 \times \left(0 + \dfrac{1}{3} \right) + 1^2 \times \left(\dfrac{1}{6} + \dfrac{1}{3} \right) = \dfrac{2}{3}$,

$D(Y) = E(Y^2) - [E(Y)]^2 = \dfrac{5}{9}$,

$E(XY) = 0 \times (-1) \times \dfrac{1}{6} + 0 \times 1 \times \dfrac{1}{6} + 1 \times (-1) \times 0 + 1 \times 0 \times \dfrac{1}{3} + 1 \times 1 \times \dfrac{1}{3} = \dfrac{1}{3}$,

$\mathrm{cov}(X,Y) = E(XY) - E(X)E(Y) = \dfrac{1}{3} - \dfrac{2}{3} \times \dfrac{1}{3} = \dfrac{1}{9}$,

因此 $\rho_{XY} = \dfrac{\mathrm{cov}(X,Y)}{\sqrt{D(X)D(Y)}} = \dfrac{\dfrac{1}{9}}{\sqrt{\dfrac{2}{9} \times \dfrac{5}{9}}} = \dfrac{1}{\sqrt{10}}$.

$E(X^2Y^2) = 0^2 \times (-1)^2 \times \dfrac{1}{6} + 0^2 \times 1^2 \times \dfrac{1}{6} + 1^2 \times (-1)^2 \times 0 + 1^2 \times 0^2 \times \dfrac{1}{3} + 1^2 \times 1^2 \times \dfrac{1}{3} = \dfrac{1}{3}$,

则 $\mathrm{cov}(X^2,Y^2) = E(X^2Y^2) - E(X^2)E(Y^2) = \dfrac{1}{3} - \dfrac{2}{3} \times \dfrac{2}{3} = -\dfrac{1}{9}$.

4. 设随机变量 X 的密度函数为 $f(x) = \begin{cases} \dfrac{1}{2}, & -1 < x < 0, \\ \dfrac{1}{4}, & 0 \leqslant x < 2, \\ 0, & \text{其他}, \end{cases}$ 令 $Y = X^2$. 求 $\mathrm{cov}(X,Y)$.

解 $E(X) = \int_{-\infty}^{+\infty} xf(x)\mathrm{d}x = \int_{-1}^{0} \dfrac{1}{2}x\mathrm{d}x + \int_{0}^{2} \dfrac{1}{4}x\mathrm{d}x = \dfrac{1}{4}$,

$E(X^2) = \int_{-\infty}^{+\infty} x^2 f(x)\mathrm{d}x = \int_{-1}^{0} \dfrac{1}{2}x^2\mathrm{d}x + \int_{0}^{2} \dfrac{1}{4}x^2\mathrm{d}x = \dfrac{5}{6}$,

$E(X^3) = \int_{-\infty}^{+\infty} x^3 f(x)\mathrm{d}x = \int_{-1}^{0} \dfrac{1}{2}x^3\mathrm{d}x + \int_{0}^{2} \dfrac{1}{4}x^3\mathrm{d}x = \dfrac{7}{8}$,

则 $\text{cov}(X,Y) = E(XY) - E(X)E(Y) = E(X^3) - E(X)E(X^2) = \dfrac{7}{8} - \dfrac{1}{4} \times \dfrac{5}{6} = \dfrac{2}{3}$.

5. 设二维随机变量 (X,Y) 的联合密度函数为

$$f(x,y) = \begin{cases} 2, & 0 \leqslant x \leqslant 1, 1-x \leqslant y \leqslant 1, \\ 0, & \text{其他,} \end{cases}$$

试求 $\text{cov}(X,Y), \rho_{XY}, D(3X+2Y)$.

解 $E(X) = \displaystyle\int_{-\infty}^{+\infty} \int_{-\infty}^{+\infty} xf(x,y)\mathrm{d}x\mathrm{d}y = \int_0^1 x\mathrm{d}x \int_{1-x}^1 2\mathrm{d}y = \int_0^1 2x^2\mathrm{d}x = \dfrac{2}{3}$,

$E(X^2) = \displaystyle\int_{-\infty}^{+\infty} \int_{-\infty}^{+\infty} x^2 f(x,y)\mathrm{d}x\mathrm{d}y = \int_0^1 x^2\mathrm{d}x \int_{1-x}^1 2\mathrm{d}y = \int_0^1 2x^3\mathrm{d}x = \dfrac{1}{2}$,

$D(X) = E(X^2) - \left[E(X)\right]^2 = \dfrac{1}{2} - \left(\dfrac{2}{3}\right)^2 = \dfrac{1}{18}$.

$E(Y) = \displaystyle\int_{-\infty}^{+\infty} \int_{-\infty}^{+\infty} yf(x,y)\mathrm{d}x\mathrm{d}y = \int_0^1 \mathrm{d}x \int_{1-x}^1 2y\mathrm{d}y = \int_0^1 (2x - x^2)\mathrm{d}x = \dfrac{2}{3}$,

$E(Y^2) = \displaystyle\int_{-\infty}^{+\infty} \int_{-\infty}^{+\infty} y^2 f(x,y)\mathrm{d}x\mathrm{d}y = \int_0^1 \mathrm{d}x \int_{1-x}^1 2y^2\mathrm{d}y = \dfrac{2}{3}\int_0^1 (3x - 3x^2 + x^3)\mathrm{d}x = \dfrac{1}{2}$,

$D(Y) = E(Y^2) - \left[E(Y)\right]^2 = \dfrac{1}{2} - \left(\dfrac{2}{3}\right)^2 = \dfrac{1}{18}$.

$E(XY) = \displaystyle\int_{-\infty}^{+\infty} \int_{-\infty}^{+\infty} xyf(x,y)\mathrm{d}x\mathrm{d}y = \int_0^1 x\mathrm{d}x \int_{1-x}^1 2y\mathrm{d}y = \int_0^1 (2x^2 - x^3)\mathrm{d}x = \dfrac{5}{12}$,

于是

$$\text{cov}(X,Y) = E(XY) - E(X)E(Y) = \dfrac{5}{12} - \dfrac{2}{3} \times \dfrac{2}{3} = -\dfrac{1}{36},$$

$$\rho_{XY} = \dfrac{\text{cov}(X,Y)}{\sqrt{D(X)D(Y)}} = \dfrac{-\dfrac{1}{36}}{\sqrt{\dfrac{1}{18} \times \dfrac{1}{18}}} = -\dfrac{1}{2},$$

$$D(3X+2Y) = 3^2 D(X) + 2^2 D(Y) + 2\times 3 \times 2\text{cov}(X,Y) = 9 \times \dfrac{1}{18} + 4 \times \dfrac{1}{18} + 12 \times \left(-\dfrac{1}{36}\right) = \dfrac{7}{18}.$$

(B) 提高题

1. 抽奖箱中有 6 张奖券, 其中一等奖 1 张, 二等奖 2 张, 三等奖 3 张. 现从箱中随机地取出 2 张奖券, 记 X 为取出的一等奖奖券张数, Y 为取出的二等奖奖券张数, 求 $\text{cov}(X,Y)$.

解 X 可能的取值为 $0,1$, Y 可能的取值为 $0,1,2$,

$$P\{X=0,Y=0\}=\frac{C_3^2}{C_6^2}=\frac{1}{5};$$

$$P\{X=0,Y=1\}=\frac{C_2^1C_3^1}{C_6^2}=\frac{2}{5};$$

$$P\{X=0,Y=2\}=\frac{C_2^2}{C_6^2}=\frac{1}{15};$$

$$P\{X=1,Y=0\}=\frac{C_1^1C_3^1}{C_6^2}=\frac{1}{5};$$

$$P\{X=1,Y=1\}=\frac{C_1^1C_2^1}{C_6^2}=\frac{2}{15};$$

$$P\{X=1,Y=2\}=0,$$

所以 (X,Y) 的联合概率分布为

X \ Y	0	1	2
0	$\frac{1}{5}$	$\frac{2}{5}$	$\frac{1}{15}$
1	$\frac{1}{5}$	$\frac{2}{15}$	0

于是有，X,Y 的边缘概率分布分别为

X	0	1
P	$\frac{2}{3}$	$\frac{1}{3}$

Y	0	1	2
P	$\frac{2}{5}$	$\frac{8}{15}$	$\frac{1}{15}$

则

$$E(X)=0\times\frac{2}{3}+1\times\frac{1}{3}=\frac{1}{3};$$

$$E(Y)=0\times\frac{2}{5}+1\times\frac{8}{15}+2\times\frac{1}{15}=\frac{2}{3}.$$

XY 的概率分布为

XY	0	1	2
P	$\frac{13}{15}$	$\frac{2}{15}$	0

则
$$E(XY) = 0 \times \frac{13}{15} + 1 \times \frac{2}{15} + 2 \times 0 = \frac{2}{15},$$

那么
$$\mathrm{cov}(X,Y) = E(XY) - E(X)E(Y) = \frac{2}{15} - \frac{1}{3} \times \frac{2}{3} = -\frac{4}{45}.$$

2. 设随机变量 $X_1, X_2, \cdots, X_n (n>1)$ 独立同分布，且方差 $D(X_i) = \sigma^2 > 0, i = 1, 2, \cdots, n$，令 $Y = \frac{1}{n}\sum_{i=1}^{n} X_i$，求 $\mathrm{cov}(X_1, Y), D(X_1 - Y)$.

解　由已知 $X_1, X_2, \cdots, X_n (n>1)$ 独立同分布，则当 $i \neq j$ 时有 $\mathrm{cov}(X_i, X_j) = 0$. 所以有

$$\mathrm{cov}(X_1, Y) = \mathrm{cov}\left(X_1, \frac{1}{n}\sum_{i=1}^{n} X_i\right) = \frac{1}{n}\sum_{i=1}^{n} \mathrm{cov}(X_1, X_i)$$

$$= \frac{1}{n}\mathrm{cov}(X_1, X_1) = \frac{1}{n}D(X_1) = \frac{\sigma^2}{n},$$

$$D(Y) = D\left(\frac{1}{n}\sum_{i=1}^{n} X_i\right) = \frac{1}{n^2}\sum_{i=1}^{n} D(X_i) = \frac{1}{n^2} \cdot n \cdot \sigma^2 = \frac{\sigma^2}{n},$$

则 $D(X_1 - Y) = D(X_1) + D(Y) - 2\mathrm{cov}(X_1, Y) = \sigma^2 + \frac{\sigma^2}{n} - 2\frac{\sigma^2}{n} = \frac{(n-1)\sigma^2}{n}$.

3. 已知随机变量 X, Y 分别服从 $N(1, 3^2), N(0, 4^2)$，且 $\rho_{XY} = -\frac{1}{2}$，设 $Z = \frac{X}{3} + \frac{Y}{2}$.

(1) 求 $E(Z), D(Z)$；(2) 求 X, Z 的相关系数 ρ_{XZ}，并判断 X 与 Z 是否不相关.

解　(1) 由已知 $E(X) = 1, D(X) = 9; E(Y) = 0, D(Y) = 16$，则

$$E(Z) = E\left(\frac{X}{3} + \frac{Y}{2}\right) = \frac{1}{3}E(X) + \frac{1}{2}E(Y) = \frac{1}{3},$$

$$\mathrm{cov}(X,Y) = \rho_{XY}\sqrt{D(X)D(Y)} = \left(-\frac{1}{2}\right) \times \sqrt{9 \times 16} = -6,$$

$$D(Z) = D\left(\frac{X}{3} + \frac{Y}{2}\right) = \frac{1}{9}D(X) + \frac{1}{4}D(Y) + 2 \times \frac{1}{3} \times \frac{1}{2}\mathrm{cov}(X,Y) = \frac{1}{9} \times 9 + \frac{1}{4} \times 16 - 2 = 3.$$

(2) $\mathrm{cov}(X,Z) = \mathrm{cov}\left(X, \frac{X}{3} + \frac{Y}{2}\right) = \frac{1}{3}\mathrm{cov}(X,X) + \frac{1}{2}\mathrm{cov}(X,Y) = \frac{1}{3}D(X) + \frac{1}{2} \times (-6) = 0,$

所以 $\rho_{XZ} = \dfrac{\mathrm{cov}(X,Z)}{\sqrt{D(X)D(Z)}} = 0$，因此 X 与 Z 不相关.

4. 设随机变量 $X \sim U(0,1), Y = |X - a| (0 < a < 1)$，问 a 取何值时 X 与 Y 不相关.

解　由已知 X 的密度函数为 $f(x) = \begin{cases} 1, & 0 < x < 1, \\ 0, & \text{其他}, \end{cases}$ 且 $E(X) = \frac{1}{2}$，

$$E(Y) = \int_{-\infty}^{+\infty} |x-a| f(x)\mathrm{d}x = \int_0^a (a-x)\mathrm{d}x + \int_a^1 (x-a)\mathrm{d}x = a^2 - a + \frac{1}{2},$$

$$E(XY) = \int_{-\infty}^{+\infty} x|x-a| f(x)\mathrm{d}x = \int_0^a x(a-x)\mathrm{d}x + \int_a^1 x(x-a)\mathrm{d}x = \frac{a^3}{3} - \frac{a}{2} + \frac{1}{3},$$

所以 $\mathrm{cov}(X,Y) = E(XY) - E(X)E(Y) = \dfrac{a^3}{3} - \dfrac{a^2}{2} + \dfrac{1}{12} = 0$，即 $4a^3 - 6a^2 + 1 = 0$，于是有

$$(2a-1)(2a^2 - 2a - 1) = 0,$$

则可求得 $a = 0.5$.

5. 将长度为 1m 的木棒随机地截成两段，求两段长度的相关系数.

解 记两段木棒长度分别为 X 和 Y，则 $Y = 1 - X$，且

$$X \sim U(0,1), \quad D(X) > 0, \quad D(Y) = D(1-X) = D(X),$$

$$\mathrm{cov}(X,Y) = \mathrm{cov}(X, 1-X) = -\mathrm{cov}(X,X) = -D(X),$$

则 $\rho_{XY} = \dfrac{\mathrm{cov}(X,Y)}{\sqrt{D(X)}\sqrt{D(Y)}} = \dfrac{-D(X)}{\sqrt{D(X)}\sqrt{D(X)}} = -1$.

习题 4-4

(A) 基础题

1. 设随机变量 X 的分布列为

X	-1	1	3
P	$\dfrac{1}{3}$	$\dfrac{1}{3}$	$\dfrac{1}{3}$

求 X 的二阶原点矩及三阶中心矩.

解 X 的二阶原点矩 $E(X^2) = (-1)^2 \times \dfrac{1}{3} + 1^2 \times \dfrac{1}{3} + 3^2 \times \dfrac{1}{3} = \dfrac{11}{3}$，

$$E(X) = (-1) \times \frac{1}{3} + 1 \times \frac{1}{3} + 3 \times \frac{1}{3} = 1,$$

则三阶中心矩

$$E[X - E(X)]^3 = E(X-1)^3 = (-1-1)^3 \times \frac{1}{3} + (1-1)^3 \times \frac{1}{3} + (3-1)^3 \times \frac{1}{3} = 0.$$

2. 设随机变量 X 的密度函数为 $f(x) = \begin{cases} 2x, & 0 < x < 1, \\ 0, & \text{其他}. \end{cases}$ 求 X 的三阶原点矩及二阶中心矩.

解 三阶原点矩 $E(X^3) = \int_{-\infty}^{+\infty} x^3 f(x)\mathrm{d}x = \int_0^1 x^3 \cdot 2x\mathrm{d}x = \dfrac{2}{5}$,

$$E(X) = \int_{-\infty}^{+\infty} xf(x)\mathrm{d}x = \int_0^1 x \cdot 2x\mathrm{d}x = \dfrac{2}{3}.$$

二阶中心矩解法 I:

$$E[X - E(X)]^2 = E\left(X - \dfrac{2}{3}\right)^2 = \int_{-\infty}^{+\infty} \left(x - \dfrac{2}{3}\right)^2 f(x)\mathrm{d}x = \int_0^1 \left(2x^3 - \dfrac{8}{3}x^2 + \dfrac{8}{9}x\right)\mathrm{d}x = \dfrac{1}{18}.$$

二阶中心矩解法 II:

$$E(X^2) = \int_{-\infty}^{+\infty} x^2 f(x)\mathrm{d}x = \int_0^1 x^2 \cdot 2x\mathrm{d}x = \dfrac{1}{2},$$

$$E[X - E(X)]^2 = D(X) = E(X^2) - [E(X)]^2 = \dfrac{1}{2} - \left(\dfrac{2}{3}\right)^2 = \dfrac{1}{18}.$$

3. 已知随机变量 $X \sim U(0,1)$, 设 $Y_1 = X^2, Y_2 = 2X + 1$. 求 (Y_1, Y_2) 的协方差矩阵 $\boldsymbol{C}$.

解 X 的密度函数为 $f(x) = \begin{cases} 1, & 0 \leqslant x \leqslant 1, \\ 0, & \text{其他}, \end{cases}$ 且 $E(X) = \dfrac{1}{2}$,

$$E(Y_1) = E(X^2) = \int_{-\infty}^{+\infty} x^2 f(x)\mathrm{d}x = \int_0^1 x^2\mathrm{d}x = \dfrac{1}{3},$$

$$E(Y_1^2) = E(X^4) = \int_{-\infty}^{+\infty} x^4 f(x)\mathrm{d}x = \int_0^1 x^4\mathrm{d}x = \dfrac{1}{5},$$

$$D(Y_1) = E(Y_1^2) - [E(Y_1)]^2 = \dfrac{1}{5} - \left(\dfrac{1}{3}\right)^2 = \dfrac{4}{45}.$$

$$E(Y_2) = E(2X + 1) = 2E(X) + 1 = 2,$$

$$E(Y_2^2) = E\left[(2X + 1)^2\right] = 4E(X^2) + 4E(X) + 1 = \dfrac{13}{3},$$

$$D(Y_2) = E(Y_2^2) - [E(Y_2)]^2 = \dfrac{13}{3} - 2^2 = \dfrac{1}{3}.$$

$$E(Y_1 Y_2) = E\left[X^2(2X + 1)\right] = E(2X^3 + X^2) = \int_0^1 (2x^3 + x^2)\mathrm{d}x = \dfrac{5}{6},$$

$$\mathrm{cov}(Y_1, Y_2) = E(Y_1 Y_2) - E(Y_1)E(Y_2) = \dfrac{5}{6} - \dfrac{1}{3} \times 2 = \dfrac{1}{6},$$

则 (Y_1, Y_2) 的协方差矩阵 $\boldsymbol{C} = \begin{pmatrix} \dfrac{4}{45} & \dfrac{1}{6} \\[2mm] \dfrac{1}{6} & \dfrac{1}{3} \end{pmatrix}$.

(B) 提高题

1. 设随机变量 X 的概率密度为 $f(x) = \begin{cases} 6x(1-x), & 0 < x < 1, \\ 0, & \text{其他}, \end{cases}$ 求 X 的三阶中心矩 $E[X - E(X)]^3$.

解 $E(X) = \int_0^1 x6x(1-x)\mathrm{d}x = \frac{1}{2}$,

$$E[X - E(X)]^3 = \int_0^1 [x - E(X)]^3 \cdot 6x(1-x)\mathrm{d}x = \int_0^1 \left(x - \frac{1}{2}\right)^3 \cdot 6x(1-x)\mathrm{d}x = 0.$$

2. 设随机变量 $X \sim P(\lambda)$，求 X 的三阶原点矩.

解 X 的分布列为 $P\{X = k\} = \frac{\lambda^k}{k!}\mathrm{e}^{-\lambda} \ (k = 0,1,2,\cdots)$ 所以

$$
\begin{aligned}
E(X^3) &= \sum_{k=0}^{+\infty} k^3 \cdot \frac{\lambda^k}{k!}\mathrm{e}^{-\lambda} = \sum_{k=1}^{+\infty} k^2 \cdot \frac{\lambda^k}{(k-1)!}\mathrm{e}^{-\lambda} = \sum_{k=1}^{+\infty} \frac{k^2 - 1 + 1}{(k-1)!}\lambda^k\mathrm{e}^{-\lambda} \\
&= \sum_{k=1}^{+\infty} \frac{k^2 - 1}{(k-1)!}\lambda^k\mathrm{e}^{-\lambda} + \sum_{k=1}^{+\infty} \frac{1}{(k-1)!}\lambda^k\mathrm{e}^{-\lambda} = \sum_{k=2}^{+\infty} \frac{k+1}{(k-2)!}\lambda^k\mathrm{e}^{-\lambda} + \lambda\mathrm{e}^{-\lambda} \cdot \sum_{k=1}^{+\infty} \frac{\lambda^{k-1}}{(k-1)!} \\
&= \sum_{k=2}^{+\infty} \frac{k-2+3}{(k-2)!}\lambda^k\mathrm{e}^{-\lambda} + \lambda\mathrm{e}^{-\lambda} \cdot \mathrm{e}^{\lambda} = \sum_{k=3}^{+\infty} \frac{\lambda^k}{(k-3)!}\mathrm{e}^{-\lambda} + \sum_{k=2}^{+\infty} \frac{3}{(k-2)!}\lambda^k\mathrm{e}^{-\lambda} + \lambda \\
&= \lambda^3\mathrm{e}^{-\lambda} \cdot \sum_{k=3}^{+\infty} \frac{\lambda^{k-3}}{(k-3)!} + 3\lambda^2\mathrm{e}^{-\lambda} \cdot \sum_{k=2}^{+\infty} \frac{\lambda^{k-2}}{(k-2)!} + \lambda \\
&= \lambda^3\mathrm{e}^{-\lambda} \cdot \mathrm{e}^{\lambda} + 3\lambda^2\mathrm{e}^{-\lambda} \cdot \mathrm{e}^{\lambda} + \lambda = \lambda^3 + 3\lambda^2 + \lambda.
\end{aligned}
$$

因此 X 的三阶原点矩为 $\lambda^3 + 3\lambda^2 + \lambda$.

3. 设随机变量 X 的概率密度为 $f(x) = \frac{1}{2\lambda}\mathrm{e}^{-\frac{|x|}{\lambda}}$，$-\infty < x < +\infty$，其中 $\lambda > 0$ 为常数，求 X 的 k 阶中心矩.

解 $E(X) = \int_{-\infty}^{+\infty} xf(x)\mathrm{d}x = \frac{1}{2\lambda}\int_{-\infty}^{+\infty} x\mathrm{e}^{-\frac{|x|}{\lambda}}\mathrm{d}x = 0.$

所以 X 的 k 阶中心矩 $E[X - E(X)]^k = E(X^k) = \frac{1}{2\lambda}\int_{-\infty}^{+\infty} x^k\mathrm{e}^{-\frac{|x|}{\lambda}}\mathrm{d}x.$

当 k 为奇数时，X 的 k 阶中心矩 $E[X - E(X)]^k = 0$.

当 k 为偶数时，

$$
\begin{aligned}
E[X - E(X)]^k &= \frac{1}{2\lambda}\int_0^{+\infty} x^k\mathrm{e}^{-\frac{x}{\lambda}}\mathrm{d}x + \frac{1}{2\lambda}\int_{-\infty}^0 x^k\mathrm{e}^{\frac{x}{\lambda}}\mathrm{d}x \\
&= \frac{1}{\lambda}\int_0^{+\infty} x^k\mathrm{e}^{-\frac{x}{\lambda}}\mathrm{d}x = \lambda^k\int_0^{+\infty} t^k\mathrm{e}^{-t}\mathrm{d}t = \lambda^k\Gamma(k+1) = \lambda^k \cdot k!.
\end{aligned}
$$

综上，$E[X-E(X)]^k = \begin{cases} 0, & k\text{为奇数时,} \\ \lambda^k \cdot k!, & k\text{为偶数时.} \end{cases}$

自 测 题 四

1. 设随机变量 $X \sim B(n,p)$，且 $E(X)=2, D(X)=1$，则参数 n,p 的值为(　　).

A. $n=2, p=0.2$；　　　　　　　　B. $n=4, p=0.5$；

C. $n=6, p=0.3$；　　　　　　　　D. $n=8, p=0.1$.

解　$E(X)=np=2, D(X)=np(1-p)=1$，则 $n=4, p=0.5$. 故答案为 B.

2. 设随机变量 X,Y 相互独立，且 $D(X)=2, D(Y)=4$，则 $D(2X-3Y)=(\quad)$.

A. 8；　　　　　　B. 16；　　　　　　C. 28；　　　　　　D. 44.

解　$D(2X-3Y)=4D(X)+9D(Y)=4\times2+9\times4=44$. 故答案为 D.

3. 设随机变量 X,Y 的协方差 $\mathrm{cov}(X,Y)=0$，则下列说法错误的是(　　).

A. X 与 Y 相互独立；　　　　　B. $D(X+Y)=D(X)+D(Y)$；

C. $E(XY)=E(X)E(Y)$；　　　　　D. X 与 Y 不相关.

解　　　$D(X+Y)=D(X)+D(Y)+2\mathrm{cov}(X,Y)=D(X)+D(Y)$，

$$\mathrm{cov}(X,Y)=E(XY)-E(X)E(Y)=0 \Rightarrow E(XY)=E(X)E(Y),$$

$\rho_{XY}=\dfrac{\mathrm{cov}(X,Y)}{\sqrt{D(X)D(Y)}}=0$，则 X 与 Y 不相关. 故答案为 A.

4. 设 X 的密度函数为 $f(x)=\begin{cases} \mathrm{e}^{-x}, & x>0, \\ 0, & x\leqslant0, \end{cases}$ 则 $E(\mathrm{e}^{-X})=(\quad)$.

A. -1；　　　　　B. 1；　　　　　C. $\dfrac{1}{2}$；　　　　　D. 2.

解　$E(\mathrm{e}^{-X})=\displaystyle\int_{-\infty}^{+\infty}\mathrm{e}^{-x}f(x)\mathrm{d}x=\int_{0}^{+\infty}\mathrm{e}^{-x}\cdot\mathrm{e}^{-x}\mathrm{d}x=-\frac{1}{2}\mathrm{e}^{-2x}\Big|_{0}^{+\infty}=\frac{1}{2}$. 故答案为 C.

5. 设随机变量 $X \sim N(1,2), Y \sim P(3)$，则下列等式不成立的是(　　).

A. $E(X+Y)=4$；　　　　　　　B. $E(XY)=3$；

C. $E(X^2)=3$；　　　　　　　　D. $E(Y^2)=12$.

解　由已知 $E(X)=1, D(X)=2; E(Y)=3, D(Y)=3$，则

$$E(X+Y)=E(X)+E(Y)=4,$$

$$E(X^2)=D(X)+[E(X)]^2=3,$$

$$E(Y^2)=D(Y)+[E(Y)]^2=12.$$

而 X 与 Y 不一定相互独立，则 $E(XY)=E(X)E(Y)=3$ 不一定成立. 故答案为 B.

6. 设随机变量 $X \sim U(a,b)$，且 $E(X)=2, D(X)=\dfrac{1}{3}$，则 $a=$＿＿＿＿＿，$b=$＿＿＿＿＿.

解　$E(X) = \dfrac{a+b}{2} = 2, D(X) = \dfrac{(b-a)^2}{12} = \dfrac{1}{3}$，则 $a = 1, b = 3$．

7. 设 X, Y, Z 为随机变量，且已知 $E(X) = 6, E(Y) = 13, E(Z) = 8$，设 $U = X + 2Y - 3Z$，则 $E(U) = $ _____．

解　$E(U) = E(X + 2Y - 3Z) = E(X) + 2E(Y) - 3E(Z) = 8$．

8. 设 X, Y, Z 为随机变量，且 $\mathrm{cov}(X, Z) = 6, \mathrm{cov}(Y, Z) = 2$，则 $\mathrm{cov}(5X + 3Y, Z) = $ _____．

解　$\mathrm{cov}(5X + 3Y, Z) = 5\mathrm{cov}(X, Z) + 3\mathrm{cov}(Y, Z) = 5 \times 6 + 3 \times 2 = 36$．

9. 设 X 表示 10 次独立重复射击赛中命中目标的次数，每次射中目标的概率是 0.4，则 $E(X^2) = $ _____．

解　由题意知 $X \sim B(10, 0.4)$，则 $E(X) = 10 \times 0.4 = 4, D(X) = 10 \times 0.4 \times 0.6 = 2.4$，$E(X^2) = D(X) + [E(X)]^2 = 2.4 + 4^2 = 18.4$．

10. 已知随机变量 $X \sim N(0, 1)$，则 $Y = 3X + 2 \sim$ _____．

解　由 $X \sim N(0, 1)$ 可得 $E(X) = 0, D(X) = 1$，

$$E(Y) = E(3X + 2) = 3E(X) + 2 = 2, \quad D(Y) = D(3X + 2) = 3^2 D(X) = 9,$$

则 $Y = 3X + 2 \sim N(2, 9)$．

11. 设随机变量 $X \sim P(\lambda)$，且已知 $E\big[(X-1)(X-2)\big] = 1$，则 $\lambda = $ _____．

解　由 $X \sim P(\lambda)$ 可得 $E(X) = \lambda, D(X) = \lambda$，且

$$E(X^2) = D(X) + [E(X)]^2 = \lambda + \lambda^2,$$

$$E\big[(X-1)(X-2)\big] = E(X^2 - 3X + 2) = E(X^2) - 3E(X) + 2 = \lambda + \lambda^2 - 3\lambda + 2 = 1,$$

即 $\lambda^2 - 2\lambda + 1 = (\lambda - 1)^2 = 0$．于是得 $\lambda = 1$．

12. 设随机变量 $X \sim N(\mu, \sigma^2)$，则 X 的二阶原点矩为_____．

解　$X \sim N(\mu, \sigma^2)$，则 $E(X) = \mu, D(X) = \sigma^2$，$X$ 的二阶原点矩 $E(X^2) = [E(X)]^2 + D(X) = \mu^2 + \sigma^2$．

13. 已知甲、乙两箱中装有同种产品，其中甲箱中装有 3 件合格品和 3 件次品，乙箱中仅装有 3 件合格品．从甲箱中任取 3 件产品放入乙箱后，X 记为乙箱中次品件数．求 $E(X), D(X)$．

解　X 可能的取值为 0, 1, 2, 3，则

$$P\{X = 0\} = \frac{\mathrm{C}_3^3}{\mathrm{C}_6^3} = \frac{1}{20}, \qquad P\{X = 1\} = \frac{\mathrm{C}_3^2 \mathrm{C}_3^1}{\mathrm{C}_6^3} = \frac{9}{20},$$

$$P\{X = 2\} = \frac{\mathrm{C}_3^1 \mathrm{C}_3^2}{\mathrm{C}_6^3} = \frac{9}{20}, \qquad P\{X = 3\} = \frac{\mathrm{C}_3^3}{\mathrm{C}_6^3} = \frac{1}{20},$$

则

$$E(X) = 0 \times \frac{1}{20} + 1 \times \frac{9}{20} + 2 \times \frac{9}{20} + 3 \times \frac{1}{20} = \frac{3}{2},$$

$$E(X^2) = 0^2 \times \frac{1}{20} + 1^2 \times \frac{9}{20} + 2^2 \times \frac{9}{20} + 3^2 \times \frac{1}{20} = \frac{27}{10},$$

$$D(X) = E(X^2) - [E(X)]^2 = \frac{27}{10} - \left(\frac{3}{2}\right)^2 = \frac{9}{20}.$$

14. 设随机变量 X 的密度函数为 $f(x) = \begin{cases} ax, & 0 < x < 2, \\ bx+1, & 2 \leqslant x \leqslant 4, \\ 0, & \text{其他}, \end{cases}$ 已知 $P\{1 < X < 3\} = \frac{3}{4}$. 求:

(1) a,b 的值;　　　(2) $E(X), D(X)$;　　　(3) $E(\mathrm{e}^X)$.

解　(1) 由密度函数的性质有

$$1 = \int_{-\infty}^{+\infty} f(x)\mathrm{d}x = \int_0^2 ax\,\mathrm{d}x + \int_2^4 (bx+1)\mathrm{d}x = 2a + 6b + 2, \qquad ①$$

又

$$P\{1 < X < 3\} = \int_1^2 ax\,\mathrm{d}x + \int_2^3 (bx+1)\mathrm{d}x = \frac{3a}{2} + \frac{5b}{2} + 1 = \frac{3}{4}, \qquad ②$$

由①②可得 $a = \frac{1}{4}, b = -\frac{1}{4}$.

于是 X 的密度函数为

$$f(x) = \begin{cases} \dfrac{1}{4}x, & 0 < x < 2, \\ -\dfrac{1}{4}x + 1, & 2 \leqslant x \leqslant 4, \\ 0, & \text{其他}. \end{cases}$$

(2)　　　$$E(X) = \int_{-\infty}^{+\infty} x \cdot f(x)\mathrm{d}x = \int_0^2 \frac{1}{4}x^2\,\mathrm{d}x + \int_2^4 \left(-\frac{1}{4}x^2 + x\right)\mathrm{d}x = 2,$$

$$E(X^2) = \int_{-\infty}^{+\infty} x^2 \cdot f(x)\mathrm{d}x = \int_0^2 \frac{1}{4}x^3\,\mathrm{d}x + \int_2^4 \left(-\frac{1}{4}x^3 + x^2\right)\mathrm{d}x = \frac{14}{3},$$

$$D(X) = E(X^2) - \left[E(X)\right]^2 = \frac{14}{3} - 2^2 = \frac{2}{3}.$$

(3)　　　$$E(\mathrm{e}^X) = \int_{-\infty}^{+\infty} \mathrm{e}^x \cdot f(x)\mathrm{d}x = \frac{1}{4}\int_0^2 \mathrm{e}^x \cdot x\,\mathrm{d}x + \int_2^4 \mathrm{e}^x \cdot \left(-\frac{1}{4}x + 1\right)\mathrm{d}x$$

$$= \frac{1}{4}\int_0^2 \mathrm{e}^x \cdot x\,\mathrm{d}x - \frac{1}{4}\int_2^4 \mathrm{e}^x \cdot x\,\mathrm{d}x + \int_2^4 \mathrm{e}^x\,\mathrm{d}x$$

$$= \frac{1}{4}(x\mathrm{e}^x - \mathrm{e}^x)\Big|_0^2 - \frac{1}{4}(x\mathrm{e}^x - \mathrm{e}^x)\Big|_2^4 + \mathrm{e}^x\Big|_2^4$$

$$= \frac{1}{4}(\mathrm{e}^2 - 1)^2.$$

15. 设二维离散型随机变量 (X,Y) 的联合分布列为

X \ Y	−1	0	1
1	0.2	0.1	0.1
2	0.1	0	0.1
3	0	0.3	0.1

设 $Z = 3X - Y$，求:

(1) $E(XY),E(Z)$; 　　　　(2) $D(X),D(Y),D(Z)$; 　　　　(3) (X,Y) 的协方差矩阵;

(4) Y 与 Z 的相关系数 ρ_{YZ}，并判断 Y 与 Z 是否不相关.

解　(1) $E(X) = 1 \times (0.2 + 0.1 + 0.1) + 2 \times (0.1 + 0 + 0.1) + 3 \times (0 + 0.3 + 0.1) = 2$，

$E(Y) = (-1) \times (0.2 + 0.1 + 0) + 0 \times (0.1 + 0 + 0.3) + 1 \times (0.1 + 0.1 + 0.1) = 0$，

$E(XY) = 1 \times (-1) \times 0.2 + 1 \times 0 \times 0.1 + 1 \times 1 \times 0.1 + 2 \times (-1) \times 0.1$

$\qquad\quad + 2 \times 0 \times 0 + 2 \times 1 \times 0.1 + 3 \times (-1) \times 0 + 3 \times 0 \times 0.3 + 3 \times 1 \times 0.1 = 0.2$,

$E(Z) = E(3X - Y) = 3E(X) - E(Y) = 6$.

(2) $E(X^2) = 1^2 \times (0.2 + 0.1 + 0.1) + 2^2 \times (0.1 + 0 + 0.1) + 3^2 \times (0 + 0.3 + 0.1) = 4.8$，

$E(Y^2) = (-1)^2 \times (0.2 + 0.1 + 0) + 0^2 \times (0.1 + 0 + 0.3) + 1^2 \times (0.1 + 0.1 + 0.1) = 0.6$，

$D(X) = E(X^2) - [E(X)]^2 = 4.8 - 2^2 = 0.8$，

$D(Y) = E(Y^2) - [E(Y)]^2 = 0.6$，

$\mathrm{cov}(X,Y) = E(XY) - E(X)E(Y) = 0.2$，

$D(Z) = D(3X - Y) = 3^2 D(X) + D(Y) - 2 \times 3\mathrm{cov}(X,Y) = 6.6$.

(3) (X,Y) 的协方差矩阵为 $\boldsymbol{C} = \begin{pmatrix} 0.8 & 0.2 \\ 0.2 & 0.6 \end{pmatrix}$.

(4) 　　　$\mathrm{cov}(Y,Z) = \mathrm{cov}(Y,3X - Y) = 3\mathrm{cov}(X,Y) - D(Y) = 3 \times 0.2 - 0.6 = 0$，

则 $\rho_{YZ} = \dfrac{\mathrm{cov}(Y,Z)}{\sqrt{D(Y)D(Z)}} = 0$，所以 Y 与 Z 不相关.

16. 设二维随机变量 (X,Y) 的联合密度函数为

$$f(x,y) = \begin{cases} 4xy, & 0 \leqslant x \leqslant 1, 0 \leqslant y \leqslant 1, \\ 0, & 其他, \end{cases}$$

试求: $E(X),E(Y),D(X),D(Y),\mathrm{cov}(X,Y),\rho_{XY}$.

解　　　　　$E(X) = \int_{-\infty}^{+\infty}\int_{-\infty}^{+\infty} xf(x,y)\mathrm{d}x\mathrm{d}y = \int_0^1 4x^2\mathrm{d}x\int_0^1 y\mathrm{d}y = \frac{4}{3}\times\frac{1}{2} = \frac{2}{3}$,

$$E(X^2) = \int_{-\infty}^{+\infty}\int_{-\infty}^{+\infty} x^2 f(x,y)\mathrm{d}x\mathrm{d}y = \int_0^1 4x^3\mathrm{d}x\int_0^1 y\mathrm{d}y = 1\times\frac{1}{2} = \frac{1}{2},$$

$$D(X) = E(X^2) - [E(X)]^2 = \frac{1}{2} - \left(\frac{2}{3}\right)^2 = \frac{1}{18}.$$

同理 $E(Y) = \frac{2}{3}, D(Y) = \frac{1}{18}$.

$$E(XY) = \int_{-\infty}^{+\infty}\int_{-\infty}^{+\infty} xyf(x,y)\mathrm{d}x\mathrm{d}y = \int_0^1 4x^2\mathrm{d}x\int_0^1 y^2\mathrm{d}y = \frac{4}{3}\times\frac{1}{3} = \frac{4}{9},$$

于是 $\mathrm{cov}(X,Y) = E(XY) - E(X)E(Y) = \frac{4}{9} - \frac{2}{3}\times\frac{2}{3} = 0$,

$$\rho_{XY} = \frac{\mathrm{cov}(X,Y)}{\sqrt{D(X)D(Y)}} = 0.$$

17. 已知二维随机变量 (X,Y) 服从区域 $D = \{(x,y)\mid 0 < x < 1, |y| < x\}$ 上的均匀分布.
(1) 判断 X, Y 是否独立; (2) 判断 X, Y 是否不相关.

解　(1) 由题可知 (X,Y) 的联合密度函数为 $f(x,y) = \begin{cases} 1, & 0 < x < 1, |y| < x, \\ 0, & 其他, \end{cases}$ 所以

$$f_X(x) = \int_{-\infty}^{+\infty} f(x,y)\mathrm{d}y = \begin{cases} \int_{-x}^{x} 1\mathrm{d}y, & 0 < x < 1, \\ 0, & 其他 \end{cases} = \begin{cases} 2x, & 0 < x < 1, \\ 0, & 其他, \end{cases}$$

$$f_Y(y) = \int_{-\infty}^{+\infty} f(x,y)\mathrm{d}x = \begin{cases} \int_y^1 1\mathrm{d}x, & 0 < y < 1, \\ \int_{-y}^1 1\mathrm{d}x, & -1 < y < 0, \\ 0, & 其他 \end{cases} = \begin{cases} 1-y, & 0 < y < 1, \\ 1+y, & -1 < y < 0, \\ 0, & 其他. \end{cases}$$

因为 $f(x,y) \neq f_X(x)f_Y(y)$, 所以 X, Y 不独立.

(2)　　　　　　$E(X) = \int_{-\infty}^{+\infty} xf_X(x)\mathrm{d}x = \int_0^1 x\cdot 2x\mathrm{d}x = \frac{2}{3}$,

$$E(X^2) = \int_{-\infty}^{+\infty} x^2 f_X(x)\mathrm{d}x = \int_0^1 x^2\cdot 2x\mathrm{d}x = \frac{1}{2},$$

$$D(X) = E(X^2) - [E(X)]^2 = \frac{1}{18}.$$

$$E(Y) = \int_{-\infty}^{+\infty} yf_Y(y)\mathrm{d}y = \int_0^1 y\cdot(1-y)\mathrm{d}y + \int_{-1}^0 y\cdot(1+y)\mathrm{d}y = 0,$$

$$E(Y^2) = \int_{-\infty}^{+\infty} y^2 f_Y(y)\mathrm{d}y = \int_0^1 y^2\cdot(1-y)\mathrm{d}y + \int_{-1}^0 y^2\cdot(1+y)\mathrm{d}y = \frac{1}{6},$$

$$D(Y) = E(Y^2) - [E(Y)]^2 = \frac{1}{6}.$$

$$E(XY) = \int_{-\infty}^{+\infty} \int_{-\infty}^{+\infty} xyf(x,y)\mathrm{d}x\mathrm{d}y = \int_0^1 x\mathrm{d}x \int_{-x}^x y\mathrm{d}y = 0,$$

$$\mathrm{cov}(X,Y) = E(XY) - E(X)E(Y) = 0,$$

则 $\rho_{XY} = \dfrac{\mathrm{cov}(X,Y)}{\sqrt{D(X)D(Y)}} = 0$，所以 X,Y 不相关.

第五章 大数定律与中心极限定理

一、基本内容

1. 切比雪夫不等式

设随机变量 X 的数学期望 $E(X)$ 和方差 $D(X)$ 都存在，则对于任意 $\varepsilon > 0$，有

$$P\left\{\left|X - E(X)\right| \geqslant \varepsilon\right\} \leqslant \frac{D(X)}{\varepsilon^2}.$$

2. 大数定律

定理 1 (切比雪夫(Chebyshev)大数定律)　设 $X_1, X_2, \cdots, X_n, \cdots$ 是相互独立的随机变量序列，$E(X_i)$，$D(X_i)$ 都存在，且 $D(X_i) \leqslant C$，$i = 1, 2, \cdots$，C 为常数(即有界)．则对任意 $\varepsilon > 0$，有

$$\lim_{n \to +\infty} P\left\{\left|\frac{1}{n}\sum_{i=1}^{n} X_i - \frac{1}{n}\sum_{i=1}^{n} E(X_i)\right| < \varepsilon\right\} = 1 \quad \text{或} \quad \lim_{n \to +\infty} P\left\{\left|\frac{1}{n}\sum_{i=1}^{n} X_i - \frac{1}{n}\sum_{i=1}^{n} E(X_i)\right| \geqslant \varepsilon\right\} = 0.$$

定理 2 (辛钦(Khinchin)大数定律)　设 $X_1, X_2, \cdots, X_n, \cdots$ 为独立同分布的随机变量序列，且 $E(X_i) = \mu$，$i = 1, 2, \cdots$，则对 $\forall \varepsilon > 0$，有

$$\lim_{n \to +\infty} P\left\{\left|\frac{1}{n}\sum_{i=1}^{n} X_i - \mu\right| < \varepsilon\right\} = 1 \quad \text{或} \quad \lim_{n \to +\infty} P\left\{\left|\frac{1}{n}\sum_{i=1}^{n} X_i - \mu\right| \geqslant \varepsilon\right\} = 0.$$

定理 3 (伯努利(Bernoulli)大数定律)　设在 n 次伯努利试验中事件 A 出现的次数为 n_A，而在每次试验中事件 A 出现的概率为 p，则对任意 $\varepsilon > 0$，有

$$\lim_{n \to +\infty} P\left\{\left|\frac{n_A}{n} - p\right| < \varepsilon\right\} = 1.$$

3. 中心极限定理

定理 4 (独立同分布条件下的中心极限定理，又称林德伯格-莱维(Lindeberg-Levy)中心极限定理)　设随机变量序列 $X_1, X_2, \cdots, X_n, \cdots$ 相互独立，服从同一分布，且具有有限的数学期望和方差 $E(X_i) = \mu$，$D(X_i) = \sigma^2 \neq 0$，$i = 1, 2, \cdots$，则对任意的 x，有

$$\lim_{n \to +\infty} P\left\{\frac{\sum_{i=1}^{n} X_i - n\mu}{\sqrt{n}\sigma} \leqslant x\right\} = \int_{-\infty}^{x} \frac{1}{\sqrt{2\pi}} \mathrm{e}^{-\frac{t^2}{2}} \mathrm{d}t = \Phi(x),$$

其中$\Phi(x)$为标准正态分布的分布函数.

定理 5 (棣莫弗-拉普拉斯(De Moivre-Laplace)中心极限定理) 设随机变量η_n服从参数为n, p的二项分布, 则对于任意实数x, 有

$$\lim_{n\to+\infty} P\left\{\frac{\eta_n - np}{\sqrt{np(1-p)}} \leqslant x\right\} = \int_{-\infty}^{x} \frac{1}{\sqrt{2\pi}} e^{-\frac{t^2}{2}} dt = \Phi(x).$$

二、基 本 要 求

(1) 熟练掌握切比雪夫不等式、中心极限定理.

(2) 理解大数定律的条件、结论.

(3) 了解棣莫弗-拉普拉斯中心极限定理的应用条件和结论.

三、扩 展 例 题

例 1 随机变量X,Y的期望分别为-2和2, 方差分别为1和4, 相关系数为-0.5, 试根据切比雪夫不等式估计$P\{|X+Y| \geqslant 6\}$之值.

解 设$Z = X+Y, E(Z) = E(X+Y) = E(X) + E(Y) = 0$,

$$D(Z) = D(X) + D(Y) + 2\mathrm{cov}(X,Y) = D(X) + D(Y) + 2\rho\sqrt{D(X)}\sqrt{D(Y)} = 3.$$

由切比雪夫不等式

$$P\{|Z - E(Z)| \geqslant \varepsilon\} \leqslant \frac{D(Z)}{\varepsilon^2},$$

令$\varepsilon = 6, D(Z) = 3$, 有$P\{|Z - 0| \geqslant 6\} \leqslant \dfrac{3}{36} = \dfrac{1}{12}$. 则$P\{|X+Y| \geqslant 6\} \leqslant \dfrac{1}{12}$.

例 2 某高校图书馆阅览室共有880个座位, 该校共有12000名学生, 已知每天晚上每个学生到阅览室去自习的概率为8%.

(1) 求阅览室晚上座位不够用的概率;

(2) 若要以80%的概率保证晚上去阅览室自习的学生都有座位, 阅览室还需添加多少个座位.

解 以X表示晚上去阅览室自习的学生数, 则$X \sim B(12000, 0.08)$. 于是由棣莫弗-拉普拉斯中心极限定理得$\dfrac{X - 12000 \times 0.08}{\sqrt{12000 \times 0.08 \times 0.92}}$近似服从$N(0,1)$.

(1) 所求概率为

$$P\{880 < X \leqslant 12000\} = P\left\{\frac{880 - 960}{\sqrt{883.2}} < \frac{X - 960}{\sqrt{883.2}} \leqslant \frac{12000 - 960}{\sqrt{883.2}}\right\}$$

$$\approx \Phi\left(\frac{12000 - 960}{\sqrt{883.2}}\right) - \Phi\left(\frac{880 - 960}{\sqrt{883.2}}\right) = \Phi(371) - \Phi(-2.69)$$

$$= \Phi(2.69) = 0.9964.$$

(2) 设阅览室最少要增加 a 个座位, 依题意 a 满足 $P\{X \leqslant 880 + a\} \geqslant 0.80$,

$$P\{X \leqslant 880 + a\} = P\left\{\frac{X - 960}{\sqrt{883.2}} \leqslant \frac{880 + a - 960}{\sqrt{883.2}}\right\} \approx \Phi\left(\frac{a - 80}{29.72}\right) \geqslant 0.80.$$

查标准正态分布表得 $\dfrac{a - 80}{29.72} \geqslant 0.85$, 化简得 $a = 105.26$, 则阅览室至少要添加 106 个座位, 才能以 80%的概率保证晚上去自习的学生都有座位.

四、习题详解

习题 5-1

(A) 基础题

1. 伯努利试验中, 事件 A 发生的概率为 0.5, 利用切比雪夫不等式估计在 1000 次试验中, 事件 A 发生的次数在 450~550 的概率.

解 设 X 表示事件 A 在 1000 次试验中发生的次数, 则 $X \sim B(1000, 0.5)$. 所以 $E(X) = 500, D(X) = 250$. 由切比雪夫不等式

$$P\{450 < X < 550\} = P\{|X - 500| < 50\} \geqslant 1 - \frac{250}{50^2} = 0.9.$$

2. 设随机变量 X 的方差 $D(X) = 2$, 试用切比雪夫不等式估计 $P\{|X - E(X)| \geqslant 2\}$ 的值.

解 由切比雪夫不等式得 $P\{|X - E(X)| \geqslant 2\} \leqslant \dfrac{D(X)}{4} = \dfrac{1}{2}$.

3. 已知 X 的分布列为

X	-1	2	3
P	0.4	0.3	0.3

利用切比雪夫不等式估计 $P\{|X - E(X)| \geqslant 2\}$.

解 由切比雪夫不等式可知 $P\{|X - E(X)| \geqslant 2\} \leqslant \dfrac{D(X)}{2^2}$.

$$E(X) = (-1) \times 0.4 + 2 \times 0.3 + 3 \times 0.3 = 1.1.$$

$$E(X^2) = (-1)^2 \times 0.4 + 2^2 \times 0.3 + 3^2 \times 0.3 = 4.3.$$

$$D(X) = E(X^2) - [E(X)]^2 = 4.3 - 1.21 = 3.09.$$

所以

$$P\{X - E(X) \geqslant 2\} \leqslant \frac{D(X)}{2^2} = 0.7725.$$

4. 设随机变量 X 的期望 $E(X) = \mu$，方差 $D(X) = \sigma^2$，用切比雪夫不等式估计 $P\{|X - E(X)| < 3\sigma\} \geqslant$ _____.

解 $P\{|X - \mu| < 3\sigma\} \geqslant 1 - \dfrac{\sigma^2}{9\sigma^2} = \dfrac{8}{9}.$

(B) 提高题

1. 若 $D(X) = 0$，试证 $P\{X = E(X)\} = 1$.

证明   由切比雪夫不等式知，对于任意的 $\varepsilon > 0$，均有

$$P\{|X - E(X)| \geqslant \varepsilon\} \leqslant \frac{D(X)}{\varepsilon^2} = 0, \qquad 即\ P\{X - E(X) \geqslant \varepsilon\} = 0.$$

因此 $P\{X \neq E(X)\} = 0$，即 $P\{X = E(X)\} = 1$.

2. 设 $X_1, X_2, \cdots, X_9$ 为独立同分布的随机变量序列，且 $E(X_i) = 1$，$D(X_i) = 1$ $(i = 1, 2, \cdots, 9)$，则对于任意给定的 $\varepsilon > 0$，有 $P\left(\left|\sum\limits_{i=1}^{9} X_i - 9\right| < \varepsilon\right) =$ _____.

解   令 $Z = \sum\limits_{i=1}^{9} X_i$，$E(Z) = E\left(\sum\limits_{i=1}^{9} X_i\right) = \sum\limits_{i=1}^{9} E(X_i) = 9$，$D(Z) = \sum\limits_{i=1}^{9} D(X_i) = 9$，由切比雪夫不等式可得

$$P\{|Z - E(Z)| < \varepsilon\} = P\left\{\left|\sum_{i=1}^{9} X_i - E\left(\sum_{i=1}^{9} X_i\right)\right| < \varepsilon\right\} = P\left\{\left|\sum_{i=1}^{9} X_i - 9\right| < \varepsilon\right\}$$

$$\geqslant 1 - \frac{D\left(\sum\limits_{i=1}^{9} X_i\right)}{\varepsilon^2} = 1 - \frac{9}{\varepsilon^2}.$$

3. 对于随机变量 X, Y，已知 $E(X) = 3, E(Y) = 3, D(X) = 1, D(Y) = 4, \rho_{XY} = 0.5$，则由切比雪夫不等式估计 $P\{|X + Y| \leqslant 5\}$.

解   令 $Z = X + Y$，则 $E(Z) = E(X) + E(Y) = -3 + 3 = 0$，

$$D(Z) = D(X) + D(Y) + 2\rho_{XY}\sqrt{D(X)}\sqrt{D(Y)} = 1 + 4 + 2 \times 0.5 \times 1 \times 2 = 7.$$

由切比雪夫不等式可得

$$P\{|X + Y| \leqslant 5\} = P\{|Z - E(Z)| \leqslant 5\} \geqslant 1 - \frac{D(Z)}{5^2} = 1 - \frac{7}{25} = 0.72.$$

4. 设随机变量 X 的概率密度为 $f(x) = \begin{cases} \dfrac{1}{2} x^2 \mathrm{e}^{-x}, & x > 0, \\ 0, & x \leqslant 0, \end{cases}$ 利用切比雪夫不等式估计概率 $P\{0 < X < 6\} =$ _____.

解　$E(X) = \int_{-\infty}^{+\infty} x f(x) \mathrm{d}x = 3, D(X) = 3$，由切比雪夫不等式得

$$P\{0 < X < 6\} = P\{|X - 3| < 3\} \geqslant 1 - \frac{3}{3^2} = \frac{2}{3}.$$

习题 5-2

(A) 基础题

1. 设 $X_1, X_2, \cdots, X_n, \cdots$ 是独立同分布的随机变量序列，$E(X_i) = \mu, D(X_i) = \sigma^2 (i = 1, 2, \cdots)$ 对于任意的 $\varepsilon > 0$，则 $\lim\limits_{n \to +\infty} P\left\{\left|\dfrac{1}{n}\sum\limits_{i=1}^{n} X_i - \dfrac{1}{n}\sum\limits_{i=1}^{n} E(X_i)\right| \geqslant \varepsilon\right\} = $ _____.

解　由切比雪夫大数定律得，$\lim\limits_{n \to +\infty} P\left\{\left|\dfrac{1}{n}\sum\limits_{i=1}^{n} X_i - \dfrac{1}{n}\sum\limits_{i=1}^{n} E(X_i)\right| \geqslant \varepsilon\right\} = 0.$

2. 设 $X_1, X_2, \cdots, X_n, \cdots$ 是相互独立的随机变量序列，并且 $X_i \sim E(\lambda)\,(\lambda > 0)$ $(i = 1, 2, \cdots)$，对于任意的 $\varepsilon > 0$，则 $\lim\limits_{n \to +\infty} P\left\{\left|\dfrac{1}{n}\sum\limits_{i=1}^{n} X_i - \dfrac{1}{\lambda}\right| < \varepsilon\right\} = $ _____.

解　因为 $E(X_i) = \mu = \dfrac{1}{\lambda}$，由切比雪夫大数定律的推论得

$$\lim_{n \to +\infty} P\left\{\left|\frac{1}{n}\sum_{i=1}^{n} X_i - \frac{1}{\lambda}\right| < \varepsilon\right\} = 1.$$

3. 设在 n 重伯努利试验中事件 A 出现的次数为 n_A，而在每次试验中事件 A 发生的概率为 p，则对任意的 $\varepsilon > 0$，$\lim\limits_{n \to +\infty} P\left\{\left|\dfrac{n_A}{n} - p\right| < \varepsilon\right\} = $ _____.

解　由伯努利大数定律得，$\lim\limits_{n \to +\infty} P\left\{\left|\dfrac{n_A}{n} - p\right| < \varepsilon\right\} = 1.$

(B) 提高题

1. 设 $\{X_n\}$ 为相互独立的随机变量序列，$P\{X_n = \sqrt{n}\} = \dfrac{1}{n}$，$P\{X_n = -\sqrt{n}\} = \dfrac{1}{n}$，$P\{X_n = 0\} = 1 - \dfrac{2}{n}\,(n = 2, 3, \cdots)$，证明 $\{X_n\}$ 服从大数定律.

证明
$$E(X_n) = 0 \cdot \left(1 - \frac{2}{n}\right) + \sqrt{n} \cdot \frac{1}{n} + (-\sqrt{n}) \cdot \frac{1}{n} = 0,$$

$$E(X_n^2) = 0^2 \cdot \left(1 - \frac{2}{n}\right) + (\sqrt{n})^2 \cdot \frac{1}{n} + (-\sqrt{n})^2 \cdot \frac{1}{n} = 2,$$

$$D(X_n) = E(X_n^2) - [E(X_n)]^2 = 2,$$

令 $Y_n = \frac{1}{n} \sum_{i=2}^{n+1} X_i$,则 $E(Y_n) = 0$, $D(Y_n) = \frac{2}{n}$, 由切比雪夫不等式可知, 对于 $\forall \varepsilon > 0$,

$$P\{|Y_n - E(Y_n)| < \varepsilon\} \geqslant 1 - \frac{2}{n\varepsilon^2},$$

所以 $\lim_{n \to \infty} P\{|Y_n - E(Y_n)| < \varepsilon\} = 1$, 因此 $\{X_n\}$ 服从大数定律.

2. 设随机变量 X_i $(i = 1, 2, \cdots)$ 独立同正态分布, $E(X_i) = \mu$, $D(X_i) = \sigma^2 (i = 1, 2, \cdots)$,

则 $\frac{1}{n} \sum_{i=1}^{n} X_i \sim$ _____, $\sum_{i=1}^{n} X_i \sim$ _____, $\lim_{n \to +\infty} P\left\{\left|\frac{1}{n}\sum_{i=1}^{n} X_i - \mu\right| < \varepsilon\right\} =$ _____.

解
$$E\left(\frac{1}{n}\sum_{i=1}^{n} X_i\right) = \frac{1}{n}\sum_{i=1}^{n} E(X_i) = \frac{1}{n} \cdot n \cdot \mu = \mu,$$

$$D\left(\frac{1}{n}\sum_{i=1}^{n} X_i\right) = \frac{1}{n^2}\sum_{i=1}^{n} D(X_i) = \frac{1}{n^2} \cdot n \cdot \sigma^2 = \frac{\sigma^2}{n},$$

所以 $\sum_{i=1}^{n} X_i \sim N(n\mu, n\sigma^2)$, $\frac{1}{n}\sum_{i=1}^{n} X_i \sim N\left(\mu, \frac{\sigma^2}{n}\right)$, $\lim_{n \to \infty} P\left\{\left|\frac{1}{n}\sum_{i=1}^{n} X_i - \mu\right| < \varepsilon\right\} = 1$.

习题 5-3

(A) 基础题

1. 设随机变量序列 $X_1, X_2, \cdots, X_n, \cdots$ 相互独立, 服从同一分布, 且 $X_i \sim E(\lambda)$,

$i = 1, 2, \cdots$, $\Phi(x)$ 为标准正态分布的分布函数, 则 $\lim_{n \to +\infty} P\left\{\dfrac{\lambda\sum_{i=1}^{n} X_i - n}{\sqrt{n}} \leqslant x\right\} =$ _____.

解 由中心极限定理得, $E(X_i) = \frac{1}{\lambda}$, $D(X_i) = \frac{1}{\lambda^2}$, $i = 1, 2, \cdots$,

$$E\left(\sum_{i=1}^{n} X_i\right) = \frac{n}{\lambda}, \quad D\left(\sum_{i=1}^{n} X_i\right) = \frac{n}{\lambda^2}, \quad i = 1, 2, \cdots,$$

$$\lim_{n \to +\infty} P\left\{\frac{\lambda\sum_{i=1}^{n} X_i - n}{\sqrt{n}} \leqslant x\right\} = \lim_{n \to +\infty} P\left\{\frac{\sum_{i=1}^{n} X_i - \frac{n}{\lambda}}{\frac{\sqrt{n}}{\lambda}} \leqslant x\right\} = \Phi(x) = \int_{-\infty}^{x} \frac{1}{\sqrt{2\pi}} e^{\frac{t^2}{2}} dt.$$

2. 设随机变量序列 $X_1, X_2, \cdots, X_n, \cdots$ 相互独立, 且都服从 $X_i \sim P(2)$, 则

$\lim_{n \to +\infty} P\left\{\sum_{i=1}^{n} X_i \leqslant \sqrt{2n} + 2n\right\} =$ _____.

解 $E(X_i) = 2$, $D(X_i) = 2$.

由中心极限定理, 对于任意 $x \in \mathbb{R}$, 有 $E\left(\sum_{i=1}^{n} X_i\right) = 2n$, $D\left(\sum_{i=1}^{n} X_i\right) = 2n$,

$$\lim_{n \to +\infty} P\left\{\sum_{i=1}^{n} X_i \leqslant \sqrt{2n} + 2n\right\} = \lim_{n \to +\infty} P\left\{\frac{\sum_{i=1}^{n} X_i - 2n}{\sqrt{2n}} \leqslant 1\right\} = \Phi(1).$$

3. 设随机变量序列 X_i $(i = 1, 2, \cdots)$ 相互独立都服从 $N(\mu, \sigma^2)$, 则 $\frac{1}{n}\sum_{i=1}^{n} X_i \sim$ _____,

则 $\sum_{i=1}^{n} X_i \sim$ _____.

解

$$E\left(\frac{1}{n}\sum_{i=1}^{n} X_i\right) = \frac{1}{n}\sum_{i=1}^{n} E(X_i) = \frac{1}{n} \cdot n \cdot \mu = \mu,$$

$$D\left(\frac{1}{n}\sum_{i=1}^{n} X_i\right) = \frac{1}{n^2}\sum_{i=1}^{n} D(X_i) = \frac{1}{n^2} \cdot n \cdot \sigma^2 = \frac{\sigma^2}{n}.$$

所以

$$\frac{1}{n}\sum_{i=1}^{n} X_i \sim N\left(\mu, \frac{\sigma^2}{n}\right), \quad \sum_{i=1}^{n} X_i \sim N(n\mu, n\sigma^2).$$

4. 假设有 400 名考生参加考试, 根据以往资料统计显示, 该考试的通过率为 0.8, 试计算 400 名考生中至少有 300 名通过的概率.

解　令 $X_i = \begin{cases} 0, & \text{第}i\text{个人未通过考试,} \\ 1, & \text{第}i\text{个人通过考试,} \end{cases}$ $i = 1, 2, \cdots, 400$, 由题可知 400 名考生通过

考试的人数 $\sum_{i=1}^{400} X_i \sim B(400, 0.8)$, 且有

$$E\left(\sum_{i=1}^{400} X_i\right) = 320, \quad D\left(\sum_{i=1}^{400} X_i\right) = 64,$$

所以

$$P\left\{\sum_{i=1}^{400} X_i \geqslant 300\right\} = P\left\{\frac{\sum_{i=1}^{400} X_i - 320}{8} \geqslant \frac{300 - 320}{8}\right\}$$

$$= 1 - \Phi\left(\frac{300 - 320}{8}\right) = 1 - \Phi(-2.5) = \Phi(2.5) = 0.9938,$$

所以至少有 300 名通过的概率为 0.9938.

(B) 提高题

1. 设 $X_1, X_2, \cdots, X_9$ 为独立同分布的随机变量序列, 且有 $E(X_i) = 1$, $D(X_i) = 1$ $(i = 1, 2, \cdots, 9)$, 求 $P\left\{\left|\dfrac{1}{9}\sum\limits_{i=1}^{9} X_i - 1\right| < \dfrac{\varepsilon}{3}\right\}$ 的值.

解
$$E\left(\sum_{i=1}^{9} X_i\right) = \sum_{i=1}^{9} E(X_i) = 9, \quad D\left(\sum_{i=1}^{9} X_i\right) = \sum_{i=1}^{9} D(X_i) = 9,$$

由中心极限定理

$$P\left\{\left|\frac{1}{9}\sum_{i=1}^{9} X_i - 1\right| < \frac{\varepsilon}{3}\right\} = P\left\{\left|\frac{1}{9}\left(\sum_{i=1}^{9} X_i - 9\right)\right| < \frac{\varepsilon}{3}\right\} = P\left\{\left|\frac{1}{3}\left(\sum_{i=1}^{9} X_i - 9\right)\right| < \varepsilon\right\} \approx 2\Phi(\varepsilon) - 1.$$

2. 设随机变量 X_i $(i = 1, 2, \cdots)$ 相互独立且同服从 $(-1, 1)$ 上的均匀分布, 则 $\lim\limits_{n \to \infty} P\left\{\sum\limits_{i=1}^{n} X_i \leqslant \dfrac{\sqrt{n}}{2}\right\} = $ _____.

解 $E(X_i) = 0$, $D(X_i) = \dfrac{1}{3}$.

由中心极限定理: 对于任意 $x \in \mathbb{R}$, 有

$$\lim_{n \to \infty} P\left\{\frac{\sum\limits_{i=1}^{n} X_i - E\left(\sum\limits_{i=1}^{n} X_i\right)}{\sqrt{D\left(\sum\limits_{i=1}^{n} X_i\right)}} \leqslant x\right\} = \lim_{n \to \infty} P\left\{\frac{\sum\limits_{i=1}^{n} X_i}{\sqrt{\dfrac{n}{3}}} \leqslant x\right\} = \lim_{n \to \infty} P\left\{\sum_{i=1}^{n} X_i \leqslant \sqrt{\frac{n}{3}}x\right\} = \Phi(x),$$

所以当 $x = \dfrac{\sqrt{3}}{2}$ 时, $\lim\limits_{n \to \infty} P\left\{\sum\limits_{i=1}^{n} X_i \leqslant \dfrac{\sqrt{n}}{2}\right\} = \Phi\left(\dfrac{\sqrt{3}}{2}\right)$.

3. 某保险公司经多年的资料统计表明, 在参加保险的人中出事故的人数占 20%, 在随意抽查的 100 个参加保险的人中出事故的人数为随机变量 X, 利用中心极限定理, 求出事故的人数不少于 14 个且不多于 30 个的概率.

解 由题意, 索赔人数 $X \sim B(100, 0.2)$,

$$P\{X = k\} = C_{100}^{k}(0.2)^{k}(0.8)^{100-k}, \quad k = 0, 1, 2, \cdots, 100,$$

$$np = 20, \quad \sqrt{np(1-p)} = 4, \quad X \sim N(np, np(1-p)),$$

$$P\{14 \leqslant X \leqslant 30\} = P\left\{-1.5 \leqslant \frac{X-20}{4} \leqslant 2.5\right\}$$

$$= \Phi(2.5) - \Phi(-1.5) = 0.927.$$

4. 某种器件的寿命(单位: h)服从参数为 λ 的指数分布, 其平均寿命为 20h, 在使用中当一个器件损坏后立即更换另一个新器件, 已知每个器件进价为 a 元, 试求在年计划中对此器件做多少预算才能有 95% 以上的把握保证一年够用(假定一年按 2000 个工

作小时计算).

解 设年计划进 n 件器件, 则预算应为 na 元. 设 X_i 表示第 i 个器件的寿命, 则由题设可得 $X_i \sim E(\lambda)$. 而 $E(X_i) = \dfrac{1}{\lambda} = 20$, 所以 $\lambda = \dfrac{1}{20}, D(X_i) = \dfrac{1}{\lambda^2} = 400$. 因此

$$P\left\{\sum_{i=1}^{n} X_i \geqslant 2000\right\} \geqslant 0.95, \quad P\left\{\sum_{i=1}^{n} X_i < 2000\right\} < 0.05,$$

$$P\left\{\sum_{i=1}^{n} X_i < 2000\right\} = P\left\{\frac{\sum\limits_{i=1}^{n} X_i - 20n}{20\sqrt{n}} < \frac{2000 - 20n}{20\sqrt{n}}\right\} = \Phi\left(\frac{100 - n}{\sqrt{n}}\right) < 0.05.$$

查表可得 $\dfrac{100 - n}{\sqrt{n}} \leqslant -1.65$, $n \geqslant 118$, 所以年预算不少于 $118a$ 元.

自 测 题 五

1. 设 $X_1, X_2, \cdots, X_n, \cdots$ 为相互独立的随机变量序列, $X = X_1 + X_2 + \cdots + X_n$, 根据独立同分布的中心极限定理, 当 n 充分大时, X 近似服从正态分布, 只要随机变量序列满足(   ).

A. 有相同的数学期望;　　　　　　B. 有相同的方差;

C. 服从同一指数分布;　　　　　　D. 服从同一离散型分布.

解 答案为 C.

2. 设 $X_1, X_2, \cdots, X_n, \cdots$ 为相互独立的随机变量序列, 且 X_i $(i = 1, 2, \cdots)$ 均服从参数为 λ 的指数分布, $\Phi(x)$ 为标准正态分布函数, 则(   ).

A. $\lim\limits_{n \to +\infty}\left\{\dfrac{\lambda\sum\limits_{i=1}^{n} X_i - n}{\sqrt{n}} \leqslant x\right\} = \Phi(x)$;　　　B. $\lim\limits_{n \to +\infty}\left\{\dfrac{\sum\limits_{i=1}^{n} X_i - n}{\sqrt{n}} \leqslant x\right\} = \Phi(x)$;

C. $\lim\limits_{n \to +\infty}\left\{\dfrac{\sum\limits_{i=1}^{n} X_i - \lambda}{\sqrt{n}\lambda} \leqslant x\right\} = \Phi(x)$;　　　D. $\lim\limits_{n \to +\infty}\left\{\dfrac{\sum\limits_{i=1}^{n} X_i - \lambda}{\sqrt{n\lambda}} \leqslant x\right\} = \Phi(x)$.

解 答案为 A.

3. 设 $X_1, X_2, \cdots, X_n, \cdots$ 为相互独立的随机变量序列, a 为一常数, 则 $\{X_n\}$ 依概率收敛于 a 是指(   ).

A. 对任意 $\varepsilon > 0$, 有 $\lim\limits_{n \to +\infty} P\{|X_n - a| \geqslant \varepsilon\} = 0$;　　B. $\lim\limits_{n \to +\infty} X_n = a$;

C. 对任意 $\varepsilon > 0$，有 $\lim\limits_{n \to +\infty} P\{|X_n - a| \geqslant \varepsilon\} = 1$；　D. $\lim\limits_{n \to +\infty} P\{X_n = a\} = 1$.

解 答案为 A.

4. 设 $X_1, X_2, \cdots, X_n, \cdots$ 为相互独立服从同一分布的随机变量序列，且 $X_i(i = 1, 2, \cdots)$ 服从参数为 $\lambda > 0$ 的泊松分布，$\Phi(x)$ 为标准正态分布函数，则(　).

A. $\lim\limits_{n \to +\infty} P\left\{ \dfrac{\sum\limits_{i=1}^{n} X_i - \lambda}{\sqrt{n\lambda}} \leqslant x \right\} = \Phi(x)$；

B. 当 n 充分大时，$\sum\limits_{i=1}^{n} X_i$ 近似服从标准正态分布 $N(0,1)$；

C. 当 n 充分大时，$P\left\{ \sum\limits_{i=1}^{n} X_i \leqslant x \right\} \approx \Phi(x)$；

D. 当 n 充分大时，$\sum\limits_{i=1}^{n} X_i$ 近似服从正态分布 $N(n\lambda, n\lambda)$.

解 答案为 D.

5. 设 $X_1, X_2, \cdots, X_n, \cdots$ 为独立同分布的随机变量序列，且 $E(X_i) = \mu$，$D(X_i) = \sigma^2$，$i = 1, 2, \cdots$，设 $Y_n = \dfrac{1}{n} \sum\limits_{i=1}^{n} X_i$，则当 $n \to +\infty$ 时，Y_n 依概率收敛于_____.

解 μ.

6. 设 $X_1, X_2, \cdots, X_n, \cdots$ 为独立同分布随机变量序列，且 $E(X_i) = \mu$，$D(X_i) = \sigma^2$，$i = 1, 2, \cdots$，对任意的 $\varepsilon > 0$，有 $\lim\limits_{n \to +\infty} P\left\{ \left| \dfrac{1}{n} \sum\limits_{i=1}^{n} X_i - \mu \right| \geqslant \varepsilon \right\} = $_____.

解 0.

7. 设 $X_1, X_2, \cdots, X_n, \cdots$ 为独立同分布的随机变量序列，且 $E(X_i) = \mu$，$D(X_i) = \sigma^2$，$i = 1, 2, \cdots$，对任意的 $\varepsilon > 0$，有 $\lim\limits_{n \to +\infty} P\left\{ \dfrac{\sum\limits_{i=1}^{n} X_i - n\mu}{\sqrt{n}\sigma} > 0 \right\} = $_____.

解 $\dfrac{1}{2}$.

8. 某工厂有 400 台同类机器，各台机器发生故障的概率都是 0.02，假设各台机器工作是相互独立的，试求机器出故障的台数不小于 2 的概率.

解 设机器出故障的台数为 X，则 $X \sim B(400, 0.02)$，$E(X) = 8$，$D(X) = 7.84$. 由中心极限定理得

$$P\{X \geqslant 2\} = 1 - P\{X \leqslant 2\} = 1 - P\left\{\frac{X-8}{2.8} \leqslant \frac{2-8}{2.8}\right\} \approx 1 - \Phi(-2.14) = 0.9838.$$

9. 某灯泡厂生产的灯泡的平均寿命原为 2000 小时, 标准差为 250 小时. 经过技术改造使得平均寿命提高到 2250 小时, 标准差不变. 为了检验这一成果, 进行如下试验: 任意挑选若干个灯泡, 如果这些灯泡的平均寿命超过 2200 小时, 就正式承认技术改造有效, 为了使得检验通过的概率超过 0.997, 则至少应检查多少个灯泡?

解 设需要取 n 个灯泡进行检查, X_i 为第 i 个灯泡的寿命, 则 n 个灯泡的平均寿命为 $\frac{1}{n}\sum_{i=1}^{n} X_i$, 于是由题意可知: $P\left\{\frac{1}{n}\sum_{i=1}^{n} X_i \geqslant 2200\right\} \geqslant 0.997$. 因为 $\mu = E(X_i) = 2250$, $\sigma = \sqrt{D(X_i)} = 250, i = 1, 2, \cdots, n$. 由独立同分布中心极限定理, 有

$$P\left\{\frac{1}{n}\sum_{i=1}^{n} X_i \geqslant 2200\right\} = P\left\{\frac{\frac{1}{n}\sum_{i=1}^{n} X_i - \mu}{\sigma / \sqrt{n}} \geqslant \frac{2200 - \mu}{\sigma / \sqrt{n}}\right\}$$

$$= P\left\{\frac{\frac{1}{n}\sum_{i=1}^{n} X_i - \mu}{\sigma / \sqrt{n}} \geqslant \frac{2200 - 2250}{250 / \sqrt{n}}\right\} = P\left\{\frac{\frac{1}{n}\sum_{i=1}^{n} X_i - \mu}{\sigma / \sqrt{n}} \geqslant -\frac{\sqrt{n}}{5}\right\}$$

$$= 1 - \Phi\left\{-\frac{\sqrt{n}}{5}\right\} = \Phi\left\{\frac{\sqrt{n}}{5}\right\} \geqslant 0.997.$$

查表可得 $\frac{\sqrt{n}}{5} \geqslant 2.75$, 所以 $n \geqslant 190$, 则至少应检查 190 个灯泡.

10. 假设某种型号的螺丝钉的重量是随机变量, 期望值为 50 克, 标准差为 5 克, 求每袋 100 个螺丝钉, 重量超过 5.1 千克的概率.

解 设 X_i 表示袋中第 i 颗螺丝钉的重量, $i = 1, 2, \cdots, 100$, 则 $X_1, X_2, \cdots, X_{100}$ 相互独立同分布, $E(X_i) = 50, D(X_i) = 5^2$.

设 S_{100} 表示一袋螺丝钉的重量, 则

$$S_{100} = \sum_{i=1}^{100} X_i, \quad E(S_{100}) = 5000, \quad D(S_{100}) = 2500.$$

由独立同分布的中心极限定理知 S_{100} 近似服从 $N(5000, 50^2)$,

$$P\{S_{100} > 5100\} = 1 - P\{S_{100} \leqslant 5100\} = 1 - P\left\{\frac{S_{100} - 5000}{50} \leqslant 2\right\} \approx 1 - \Phi(2) = 0.0228.$$

第六章　数理统计的基础知识

一、基 本 内 容

1. 总体和样本

(1) 总体: 研究对象的全体组成的集合称为总体, 总体也叫母体, 总体实际上就是一个随机变量.

个体: 组成总体的每一个元素称为个体.

(2) 样本: 从总体中随机抽取一部分个体 $X_1, X_2, \cdots, X_n$ 构成的向量 $(X_1, X_2, \cdots, X_n)$ 称为样本, 样本中所含个体的数量称为样本容量.

(3) 简单随机样本: 从总体中抽取的样本为 $(X_1, X_2, \cdots, X_n)$, 如果随机变量 $X_1, X_2, \cdots, X_n$ 满足相互独立且与总体同分布, 则称 $(X_1, X_2, \cdots, X_n)$ 为简单随机样本. 这样的抽样也称为简单随机抽样.

(4) 样本的联合分布: 若 $F(x)$ 为总体 X 的分布函数, 那么样本 $(X_1, X_2, \cdots, X_n)$ 的联合分布函数为

$$F(x_1, x_2, \cdots, x_n) = \prod_{i=1}^{n} F(x_i).$$

若 $f(x)$ 是连续总体的概率密度函数, 则样本的联合概率密度函数为

$$f(x_1, x_2, \cdots, x_n) = \prod_{i=1}^{n} f(x_i).$$

若 $P\{X = x_i\} = p_i (i = 1, 2, \cdots, n)$ 是离散型总体的分布律, 则样本的联合分布律为

$$P\{X_1 = x_{n1}, X_2 = x_{n2}, \cdots, X_n = x_{nn}\} = \prod_{i=1}^{n} P\{X = x_{ni}\} = \prod_{i=1}^{n} p_{ni},$$

其中 $x_{ni} (i = 1, 2, \cdots, n)$ 为 x_i $(i = 1, 2, \cdots, n)$ 中任意一个.

2. 统计量和样本矩

(1) 统计量: 设 $(X_1, X_2, \cdots, X_n)$ 为总体的一个样本, $g(X_1, X_2, \cdots, X_n)$ 为样本函数, 且该函数是不含有未知参数的函数, 则称 $g(X_1, X_2, \cdots, X_n)$ 是一个统计量.

(2) 常用统计量.

样本均值: $\bar{X} = \dfrac{1}{n} \sum_{i=1}^{n} X_i$;

样本方差：$S^2 = \dfrac{1}{n-1} \sum\limits_{i=1}^{n} (X_i - \overline{X})^2$；

样本标准差(样本均方差)：$S = \sqrt{S^2}$；

样本 k 阶原点矩：$M_k = \dfrac{1}{n} \sum\limits_{i=1}^{n} X_i^k, k = 1, 2, \cdots$；

样本 k 阶中心矩：$M_k' = \dfrac{1}{n} \sum\limits_{i=1}^{n} (X_i - \overline{X})^k, k = 1, 2, \cdots$.

(3) 样本矩和总体矩的关系.

设 $(X_1, X_2, \cdots, X_n)$ 为来自总体 X 的样本，$E(X) = \mu, D(X) = \sigma^2$，则有

$$E(\overline{X}) = \mu, \quad D(\overline{X}) = \frac{\sigma^2}{n}, \quad E(S^2) = \sigma^2, \quad E(S_n^2) = \frac{n-1}{n} \sigma^2.$$

3. 经验分布函数

设 $(x_1, x_2, \cdots, x_n)$ 是来自总体 X 的一个样本观测值，$F(x)$ 是总体的分布函数，将样本观测值按从小到大的顺序排列为 $x_{(1)} \leqslant x_{(2)} \leqslant \cdots \leqslant x_{(n)}$，则称 $x_{(1)} \leqslant x_{(2)} \leqslant \cdots \leqslant x_{(n)}$ 为有序样本，则函数

$$F_n(x) = \begin{cases} 0, & x < x_{(1)}, \\ \dfrac{k}{n}, & x_{(k)} \leqslant x < x_{(k+1)}, \\ 1, & x \geqslant x_{(n)} \end{cases}$$

称为经验分布函数. 显然 $F_n(x)$ 是一个分布函数.

4. 常用分布

(1) 样本均值的分布.

若总体 $X \sim N(\mu, \sigma^2)$，$(X_1, X_2, \cdots, X_n)$ 为总体的样本，则

$$\overline{X} = \frac{1}{n} \sum_{i=1}^{n} X_i \sim N\left(\mu, \frac{\sigma^2}{n} \right).$$

特别地，标准化以后，得 $U = \dfrac{\overline{X} - \mu}{\sigma / \sqrt{n}} \sim N(0,1)$.

(2) χ^2 分布.

设 $X_1, X_2, \cdots, X_n$ 为相互独立的随机变量，$X_i \sim N(0,1), i = 1, 2, \cdots, n$，则随机变量

$$\chi^2 = X_1^2 + X_2^2 + \cdots + X_n^2 = \sum_{i=1}^{n} X_i^2$$

服从自由度为 n 的 χ^2 分布，记作 $\chi^2 \sim \chi^2(n)$.

χ^2 分布的性质:

① 若 $\chi^2 \sim \chi^2(n)$，那么 $E(\chi^2) = n, D(\chi^2) = 2n$.

② 若 $\chi_1^2 \sim \chi^2(n), \chi_2^2 \sim \chi^2(m)$，且 χ_1^2, χ_2^2 相互独立，则有

$$\chi_1^2 + \chi_2^2 \sim \chi^2(n+m).$$

(3) t 分布.

若 $X \sim N(0,1), Y \sim \chi^2(n)$，且 X, Y 相互独立，则随机变量 $T = \dfrac{X}{\sqrt{Y/n}}$ 服从自由度为

n 的 t 分布(学生分布).

t 分布的性质:

① 若随机变量服从自由度为 n 的 t 分布，则它的期望为 0，方差为 $\dfrac{n}{n-2}$ ($n > 2$).

② 当自由度 n 趋向无穷大时，t 分布的概率密度函数以标准正态分布的概率密度函数为极限.

(4) F 分布.

若随机变量 $X \sim \chi^2(n), Y \sim \chi^2(m)$，且 X, Y 相互独立，则随机变量 $F = \dfrac{X/n}{Y/m}$ 服从第一自由度为 n，第二自由度为 m 的 F 分布，记作 $F \sim F(n,m)$.

F 分布的性质:

① 若 $F \sim F(n,m)$，则 $E(F) = \dfrac{m}{m-2}$，$D(F) = \dfrac{2m^2(m+n-2)}{n(m-2)^2(m-4)}$.

② 若 $F \sim F(n,m)$，则 $\dfrac{1}{F} \sim F(m,n)$.

5. 分位数

(1) 标准正态分布.

设 $X \sim N(0,1)$，对给定的 $\alpha(0 < \alpha < 1)$，称满足

$$P\{X > u_\alpha\} = \frac{1}{\sqrt{2\pi}} \int_{u_\alpha}^{+\infty} \mathrm{e}^{-\frac{x^2}{2}} \mathrm{d}x = \alpha$$

的数 u_α 为标准正态分布的上侧 α 分位数.

(2) χ^2 分布.

设 $\chi^2 \sim \chi^2(n)$，它的概率密度函数为 $f(x)$，对于给定的正数 $\alpha(0 < \alpha < 1)$，称满足

$$P\left\{\chi^2 > \chi_\alpha^2(n)\right\} = \int_{\chi_\alpha^2(n)}^{+\infty} f(x)\mathrm{d}x = \alpha$$

的数 $\chi_\alpha^2(n)$ 为 χ^2 分布的上侧 α 分位数.

(3) t 分布.

设 $T \sim t(n)$，它的概率密度函数为 $f(x)$，对于给定的正数 $\alpha(0 < \alpha < 1)$，称满足

$$P\{T > t_\alpha(n)\} = \int_{t_\alpha(n)}^{+\infty} f(x)\mathrm{d}x = \alpha$$

的数 $t_\alpha(n)$ 为 t 分布的上侧 α 分位数.

(4) F 分布.

设 $F \sim F(n,m)$，它的概率密度函数为 $f(x)$，对于给定的正数 $\alpha(0 < \alpha < 1)$，称满足

$$P\{F > F_\alpha(n,m)\} = \int_{F_\alpha(n,m)}^{+\infty} f(x)\mathrm{d}x = \alpha$$

的数 $F_\alpha(n,m)$ 为 F 分布的上侧 α 分位数.

6. 正态总体样本均值和样本方差的分布

(1) 若总体 $X \sim N(\mu, \sigma^2)$，$(X_1, X_2, \cdots, X_n)$ 为来自总体 X 的样本，$\overline{X}$ 为样本均值，S^2 为样本方差，则有 S^2，$\overline{X}$ 相互独立，且有以下分布：

① $\overline{X} = \dfrac{1}{n}\sum_{i=1}^{n} X_i \sim N\left(\mu, \dfrac{\sigma^2}{n}\right)$，特别地，标准化以后，得 $U = \dfrac{\overline{X} - \mu}{\sigma / \sqrt{n}} \sim N(0,1)$；

② $\dfrac{\sum_{i=1}^{n}(X_i - \mu)^2}{\sigma^2} \sim \chi^2(n)$；

③ $\dfrac{(n-1)S^2}{\sigma^2} \sim \chi^2(n-1)$ 或者 $\dfrac{\sum_{i=1}^{n}(X_i - \overline{X})^2}{\sigma^2} \sim \chi^2(n-1)$；

④ $\dfrac{\overline{X} - \mu}{S / \sqrt{n}} \sim t(n-1)$.

(2) 如果 $(X_1, \cdots, X_n)$，$(Y_1, \cdots, Y_m)$ 分别是取自两个总体的独立样本，若两个总体分别是 $X \sim N(\mu_1, \sigma_1^2), Y \sim N(\mu_2, \sigma_2^2)$，$S_1^2, S_2^2$ 分别表示它们的样本方差，则有

① $\dfrac{(\overline{X} - \overline{Y}) - (\mu_1 - \mu_2)}{\sqrt{\dfrac{\sigma_1^2}{n} + \dfrac{\sigma_2^2}{m}}} \sim N(0,1)$；

② $\dfrac{S_1^2 / \sigma_1^2}{S_2^2 / \sigma_2^2} \sim F(n-1, m-1)$；

③ 当 $\sigma_1^2 = \sigma_2^2 = \sigma^2$ 时，

$$\dfrac{(\overline{X} - \overline{Y}) - (\mu_1 - \mu_2)}{S_\omega \sqrt{\dfrac{1}{n} + \dfrac{1}{m}}} \sim t(n+m-2),$$

这里 $S_\omega^2 = \dfrac{(n-1)S_1^2 + (m-1)S_2^2}{n+m-2}$.

二、基 本 要 求

(1) 熟练掌握总体、个体、简单随机样本、样本观测值、样本容量、统计量、χ^2 分布、t 分布、F 分布等概念;

(2) 熟练掌握样本联合分布律或联合概率密度函数、常用统计量(样本均值、样本方差、样本矩)、分位数的求法;

(3) 掌握正态总体常用统计量的分布.

三、扩 展 例 题

例 1 (2021 年考研真题)　设 $(X_1, Y_1), (X_2, Y_2), \cdots, (X_n, Y_n)$ 为来自正态总体 $N(\mu_1, \mu_2, \sigma_1^2, \sigma_2^2, \rho)$ 的简单随机样本. 令 $\theta = \mu_1 - \mu_2$, $\overline{X} = \dfrac{1}{n}\sum\limits_{i=1}^n X_i$, $\overline{Y} = \dfrac{1}{n}\sum\limits_{i=1}^n Y_i$, $\hat{\theta} = \overline{X} - \overline{Y}$, 则下列正确的是(　　　).

A. $E(\hat{\theta}) = \theta,\ D(\hat{\theta}) = \dfrac{\sigma_1^2 + \sigma_2^2}{n}$;　　　　B. $E(\hat{\theta}) = \theta,\ D(\hat{\theta}) = \dfrac{\sigma_1^2 + \sigma_2^2 - 2\rho\sigma_1\sigma_{12}}{n}$;

C. $E(\hat{\theta}) \neq \theta,\ D(\hat{\theta}) = \dfrac{\sigma_1^2 + \sigma_2^2}{n}$;　　　　D. $E(\hat{\theta}) \neq \theta,\ D(\hat{\theta}) = \dfrac{\sigma_1^2 + \sigma_2^2 - 2\rho\sigma_1\sigma_{12}}{n}$.

解　因为 $(X, Y) \sim N(\mu_1, \mu_2, \sigma_1^2, \sigma_2^2, \rho)$, 所以 $\overline{X} \sim N\left(\mu_1, \dfrac{\sigma_1^2}{n}\right)$, $\overline{Y} \sim N\left(\mu_2, \dfrac{\sigma_2^2}{n}\right)$, $E(\hat{\theta}) = E(\overline{X} - \overline{Y}) = E(\overline{X}) - E(\overline{Y}) = \mu_1 - \mu_2 = \theta$.

由 $(X_1, Y_1), (X_2, Y_2), \cdots, (X_n, Y_n)$ 相互独立, 知 $X_1, X_2, \cdots, X_n$ 相互独立, $Y_1, Y_2, \cdots, Y_n$ 相互独立, 且 $X_i, Y_j (i \neq j)$ 也相互独立,

$$\text{cov}(\overline{X},\ \overline{Y}) = \text{cov}\left(\frac{1}{n}\sum_{i=1}^n X_i, \frac{1}{n}\sum_{i=1}^n Y_i\right) = \frac{1}{n^2}\text{cov}\left(\sum_{i=1}^n X_i, \sum_{i=1}^n Y_i\right)$$

$$= \frac{1}{n^2}\sum_{i=1}^n \text{cov}(X_i, Y_i) = \frac{1}{n}\rho\sigma_1\sigma_2,$$

$$D(\hat{\theta}) = D(\overline{X} - \overline{Y}) = D(\overline{X}) + D(\overline{Y}) - 2\text{cov}(\overline{X},\ \overline{Y}) = \frac{\sigma_1^2 + \sigma_2^2 - 2\rho\sigma_1\sigma_{12}}{n},$$

故 B 正确.

例 2 (2020 年考研真题)　设 $(X_1, X_2, \cdots, X_{100})$ 为来自总体 X 的简单随机样本, 其中 $P\{X = 0\} = P\{X = 1\} = \dfrac{1}{2}, \Phi(x)$ 为标准正态分布函数, 则利用中心极限定理可得 $P\left\{\sum\limits_{i=1}^{100} X_i \leqslant 55\right\}$ 的近似值为(　　　).

A. $1 - \Phi(1)$;　　　B. $\Phi(1)$;　　　C. $1 - \Phi(0.2)$;　　　D. $\Phi(0.2)$.

解　由题意 $E(X) = \dfrac{1}{2}, D(X) = \dfrac{1}{4}$，由中心极限定理知 $\displaystyle\sum_{i=1}^{100} X_i$ 近似服从 $N(50, 25)$，

$$P\left\{\sum_{i=1}^{100} X_i \leqslant 55\right\} = P\left\{\dfrac{\displaystyle\sum_{i=1}^{100} X_i - 50}{5} \leqslant \dfrac{55 - 50}{5}\right\} = \Phi(1)，故 \text{B} 正确.$$

例 3 (2018 年考研真题)　设 $(X_1, X_2, \cdots, X_n)(n \geqslant 2)$ 为来自总体 $N(\mu, \sigma^2)$ 的简单随机

样本，令 $\overline{X} = \dfrac{1}{n}\displaystyle\sum_{i=1}^{n} X_i$，$S = \sqrt{\dfrac{1}{n-1}\displaystyle\sum_{i=1}^{n}(X_i - \overline{X})^2}$，$S^* = \sqrt{\dfrac{1}{n-1}\displaystyle\sum_{i=1}^{n}(X_i - \mu)^2}$，则(　　)

A. $\dfrac{\sqrt{n}(\overline{X} - \mu)}{S} \sim t(n)$；

B. $\dfrac{\sqrt{n}(\overline{X} - \mu)}{S} \sim t(n-1)$；

C. $\dfrac{\sqrt{n}(\overline{X} - \mu)}{S^*} \sim t(n)$；

D. $\dfrac{\sqrt{n}(\overline{X} - \mu)}{S^*} \sim t(n-1)$.

解　总体 $X \sim N(\mu, \sigma^2)$，则 $\overline{X} \sim N\left(\mu, \dfrac{\sigma^2}{n}\right)$，标准化得 $\dfrac{\overline{X} - \mu}{\sigma/\sqrt{n}} \sim N(0, 1)$，又 $\dfrac{(n-1)S^2}{\sigma^2} \sim$

$\chi^2(n-1)$，且 $\overline{X}$ 与 S^2 相互独立，故

$$\dfrac{\dfrac{\overline{X} - \mu}{\sigma/\sqrt{n}}}{\sqrt{\dfrac{(n-1)S^2}{\sigma^2}\bigg/(n-1)}} = \dfrac{\overline{X} - \mu}{S/\sqrt{n}} \sim t(n-1)，$$

故 B 正确.

例 4 (2015 年考研真题)　设总体 $X \sim B(m, \theta)$，$(X_1, X_2, \cdots, X_n)$ 为来自该总体的简单

随机样本，$\overline{X}$ 为样本均值，则 $E\left[\displaystyle\sum_{i=1}^{n}(X_i - \overline{X})^2\right] = ($　　$)$.

A. $(m-1)n\theta(1-\theta)$；

B. $m(n-1)\theta(1-\theta)$；

C. $(m-1)(n-1)\theta(1-\theta)$；

D. $mn\theta(1-\theta)$.

解　答案为 B.

例 5 (2014 年考研真题)　设 (X_1, X_2, X_3) 是来自总体 $N(0, \sigma^2)$ 的简单随机样本，则

统计量 $S = \dfrac{X_1 - X_2}{\sqrt{2}|X_3|}$ 服从的分布为(　　).

A. $F(1,1)$；　　　　B. $F(2,1)$；　　　　C. $t(1)$；　　　　D. $t(2)$.

解　$X_1 - X_2 \sim N(0, 2\sigma^2)$，从而 $\dfrac{X_1 - X_2}{\sqrt{2}\sigma} \sim N(0, 1)$，$\dfrac{X_3^2}{\sigma^2} \sim \chi^2(1)$，且两者独立，故

$\dfrac{X_1 - X_2}{\sqrt{2}\sigma}\bigg/\sqrt{\dfrac{X_3^2}{\sigma^2}} \sim t(1)$，即 C 正确.

四、习 题 详 解

习题 6-1

(A) 基础题

1. 某高校为了关注全校大学生的身体健康情况, 现从全校学生中抽取了 200 名学生进行体检. 请问这项调查的总体和样本分别是什么?

解　总体是该学校的所有学生, 样本是 200 名被抽到的该学校的学生.

2. 从某款汽车螺丝钉中随机抽取 5 只, 测得其直径(单位: mm)分别为

$$13.12, \quad 13.08, \quad 13.10, \quad 13.11, \quad 13.09.$$

写出总体、样本、样本值、样本容量.

解　总体是汽车螺丝钉的直径, 样本是随机抽取的 5 只汽车螺丝钉的直径, 样本值是 $x_1 = 13.12, x_2 = 13.08, x_3 = 13.10, x_4 = 13.11, x_5 = 13.09$, 样本容量是 5.

3. 设 $X_i \sim N(\mu_i, \sigma^2)(i = 1, 2, \cdots, 10)$, μ_i 不全等, 试问 $(X_1, X_2, \cdots, X_{10})$ 是简单随机样本吗?

解　因为 $X_i \sim N(\mu_i, \sigma^2)$, 其中 μ_i 不全等, 即 X_i 不是同分布的, 故 $(X_1, X_2, \cdots, X_{10})$ 不是简单随机样本. 即使 $\mu_1 = \mu_2 = \cdots = \mu_{10}$, 也不能判定 $(X_1, X_2, \cdots, X_{10})$ 是简单随机样本, 因为 $(X_1, X_2, \cdots, X_{10})$ 不一定相互独立.

4. 设 $(X_1, X_2, \cdots, X_n)$ 是取自总体 X 的一个样本. 在下列两种情况下分别写出样本 $(X_1, X_2, \cdots, X_n)$ 的分布律或概率密度函数:

(1) 总体 X 服从几何分布, 其分布律为 $P\{X = x\} = p(1-p)^{x-1}, 0 < p < 1, \ x = 1, 2, \cdots$;

(2) $X \sim U(0, \theta), \theta > 0$.

解　(1) $f(x_1, x_2, \cdots, x_n; p) = P\{X_1 = x_1, X_2 = x_2, \cdots, X_n = x_n\}$

$$= P\{X_1 = x_1\} \cdot P\{X_2 = x_2\} \cdot \cdots \cdot P\{X_n = x_n\}$$

$$= \prod_{i=1}^{n} P\{X_i = x_i\} = \prod_{i=1}^{n} p \cdot (1-p)^{x_i-1} = p^n (1-p)^{\sum_{i=1}^{n} x_i - n}.$$

(2) 总体 X 的概率密度函数为 $f(x) = \begin{cases} \dfrac{1}{\theta}, & 0 < x < \theta, \\ 0, & \text{其他}, \end{cases}$ 则样本 $(X_1, X_2, \cdots, X_n)$ 的概率密度函数为

$$f(x_1, x_2, \cdots, x_n) = f(x_1) \cdot f(x_2) \cdot \cdots \cdot f(x_n) = \begin{cases} \dfrac{1}{\theta^n}, & 0 < x_i < \theta, i = 1, 2, \cdots, n, \\ 0, & \text{其他}. \end{cases}$$

(B) 提高题

1. 设 2, 1, 5, 2, 1, 3, 1 是来自总体 X 的样本的观测值, 求该样本的经验分布函数.

解　将各观测值按照从小到大的顺序排列, 得 1, 1, 1, 2, 2, 3, 5, 则经验分布函数为

$$F_7(x) = \begin{cases} 0, & x < 1, \\ \dfrac{3}{7}, & 1 \leqslant x < 2, \\ \dfrac{5}{7}, & 2 \leqslant x < 3, \\ \dfrac{6}{7}, & 3 \leqslant x < 5, \\ 1, & x \geqslant 5. \end{cases}$$

2. 以下是某工厂通过抽样调查得到的十名工人一周内生产的产品数:

149,　　156,　　160,　　138,　　149,　　153,　　153,　　169,　　156,　　156.

试由这一些样本数据构造经验分布函数.

解　将各观测值按照从小到大的顺序排列, 则经验分布函数为

$$F_n(x) = \begin{cases} 0, & x < 138, \\ 0.1, & 138 \leqslant x < 149, \\ 0.3, & 149 \leqslant x < 153, \\ 0.5, & 153 \leqslant x < 156, \\ 0.8, & 156 \leqslant x < 160, \\ 0.9, & 160 \leqslant x < 169, \\ 1, & x \geqslant 169. \end{cases}$$

3. 设 $(X_1, X_2, \cdots, X_n)$ 是取自总体 X 的一个样本. 在下列两种情况下分别写出样本 $(X_1, X_2, \cdots, X_n)$ 的联合概率密度函数:

(1) 总体 $X \sim E(\lambda)$;

(2) 总体 X 的密度函数为 $f(x) = \dfrac{\lambda}{2} e^{-\lambda|x|}, -\infty < x < +\infty$.

解　(1) 样本 $(X_1, X_2, \cdots, X_n)$ 的联合概率密度函数为

$$f(x_1, x_2, \cdots, x_n) = f(x_1) \cdot f(x_2) \cdot \cdots \cdot f(x_n) = \begin{cases} \lambda^n e^{-\lambda \sum\limits_{i=1}^{n} x_i}, & x_i > 0, i = 1, 2, \cdots, n, \\ 0, & \text{其他.} \end{cases}$$

(2) 样本 $(X_1, X_2, \cdots, X_n)$ 的联合概率密度函数为

$$f(x_1, x_2, \cdots, x_n) = f(x_1) \cdot f(x_2) \cdot \cdots \cdot f(x_n) = \left(\frac{\lambda}{2}\right)^n e^{-\lambda \sum\limits_{i=1}^{n} |x_i|},$$

$$-\infty < x_i < +\infty, \quad i = 1, 2, \cdots, n.$$

习题 6-2

(A) 基础题

1. 从某高校一年级学生中随机抽取 10 名男生，测得各同学身高(单位: cm) 的值如下:

178，　182，　172，　185，　168，　190，　177，　180，　176，　178.

试求样本均值与样本方差的观测值.

解　样本容量 $n = 10$，由定义

$$\bar{x} = \frac{1}{n}\sum_{i=1}^{n}x_i = \frac{1}{10}(178+182+172+185+168+190+177+180+176+178) = 178.6;$$

$$\begin{aligned} s^2 = \frac{1}{n-1}\sum_{i=1}^{n}(x_i-\bar{x})^2 &= \frac{1}{9}((178-178.6)^2 + (182-178.6)^2 + (172-178.6)^2 \\ &\quad + (185-178.6)^2 + (168-178.6)^2 + (190-178.6)^2 + (177-178.6)^2 \\ &\quad + (180-178.6)^2 + (176-178.6)^2 + (178-178.6)^2) \approx 38.9333. \end{aligned}$$

2. 设 $X \sim N(\mu, \sigma^2)$, μ 未知, 且 σ^2 已知, $(X_1, X_2, \cdots, X_n)$ 是来自总体 X 的一个样本, 指出下列各式中哪些是统计量, 哪些不是, 为什么?

(1)　$X_1 + X_2 + X_n - \mu$；(2)　$X_n - X_{n-1}$；(3)　$\dfrac{\bar{X}-\mu}{\sigma}$；(4)　$\sum_{i=1}^{n}\dfrac{(X_i-\mu)^2}{\sigma^2}$.

解　(2) 为统计量, 其余都不是, 因为都含有未知参数 μ.

3. 设总体 $X \sim B(1, p)$, 已知样本观测值为 0, 1, 0, 1, 1, 求样本均值、样本方差以及样本的二阶原点矩的观测值.

解　$\bar{x} = \frac{1}{n}\sum_{i=1}^{n}x_i = \frac{1}{5}(0+1+0+1+1) = 0.6$；

$$s^2 = \frac{1}{n-1}\sum_{i=1}^{n}(x_i-\bar{x})^2 = \frac{1}{4}((0-0.6)^2+(1-0.6)^2+(0-0.6)^2+(1-0.6)^2+(1-0.6)^2) = 0.3;$$

$$M_2 = \frac{1}{n}\sum_{i=1}^{n}x_i^2 = \frac{1}{5}(0^2+1^2+0^2+1^2+1^2) = 0.6.$$

4. 设 $(X_1, X_2, \cdots, X_n)$ 是来自泊松分布 $P(\lambda)$ 的一个样本, $\bar{X}$, S^2 分别为样本均值和样本方差, 求 $E(\bar{X}), D(\bar{X}), E(S^2)$.

解　由 $X \sim P(\lambda)$ 知 $E(X) = \lambda$, $D(X) = \lambda$. 所以

$$E(\bar{X}) = E(X) = \lambda, \quad D(\bar{X}) = \frac{D(X)}{n} = \frac{\lambda}{n}, \quad E(S^2) = D(X) = \lambda.$$

5. 在总体 $N(52, 6.3^2)$ 中随机抽取一个容量为 36 的样本, 求样本均值 $\bar{X}$ 落在 50.8 与 53.8 之间的概率.

解　$\overline{X} \sim N\left(52, \dfrac{6.3^2}{36}\right)$，则

$$P\{50.8 < \overline{X} < 53.8\} = P\left\{-1.14 < \dfrac{\overline{X} - 52}{6.3/6} < 1.71\right\}$$

$$= \Phi(1.71) - \Phi(-1.14) = 0.8293.$$

(B) 提高题

1. 设 $(X_1, X_2, \cdots, X_n)$ 是来自正态总体 $N(\mu, \sigma^2)$ 的一个样本，试求统计量 $U = \sum\limits_{i=1}^{n} c_i X_i$ 的分布，其中 $c_1, c_2, \cdots, c_n$ 为不全为零的常数.

解　由第二章第五节可知，$c_i X_i \sim N(c_i \mu_i, c_i^2 \sigma^2)$，$c_1 X_1, c_2 X_2, \cdots, c_n X_n$ 相互独立，则

$$U = \sum_{i=1}^{n} c_i X_i \sim N\left(\sum_{i=1}^{n} c_i \mu_i, \sum_{i=1}^{n} c_i^2 \sigma^2\right).$$

2. 设 $(X_1, X_2, \cdots, X_n)$ 是来自总体 X 的一个样本，在下列三种情况下，分别求出 $E(\overline{X}), D(\overline{X}), E(S^2)$.

(1) $X \sim B(1, p)$；(2) $X \sim E(\lambda)$；(3) $X \sim U(0, \theta), \theta > 0$.

解　(1) $E(\overline{X}) = E(X) = p$，$D(\overline{X}) = \dfrac{D(X)}{n} = \dfrac{p(1-p)}{n}$，$E(S^2) = D(X) = p(1-p)$.

(2) $E(\overline{X}) = \dfrac{1}{\lambda}$，$D(\overline{X}) = \dfrac{1}{n\lambda^2}$，$E(S^2) = \dfrac{1}{\lambda^2}$.

(3) $E(\overline{X}) = \dfrac{\theta}{2}$，$D(\overline{X}) = \dfrac{\theta^2}{12n}$，$E(S^2) = \dfrac{\theta^2}{12}$.

3. 设总体 $X \sim N(\mu, \sigma^2)$，$(X_1, X_2, \cdots, X_{10})$ 是来自总体 X 的样本.

(1) 求 $(X_1, X_2, \cdots, X_{10})$ 的联合概率密度函数；(2) 求 $\overline{X}$ 的概率密度函数.

解　(1) $(X_1, X_2, \cdots, X_{10})$ 的联合概率密度函数为

$$f(x_1, \cdots, x_{10}) = \prod_{i=1}^{10} f(x_i) = \prod_{i=1}^{10} \frac{1}{\sqrt{2\pi}\sigma} \mathrm{e}^{-\frac{(x_i - \mu)^2}{2\sigma^2}} = (2\pi)^{-5} \sigma^{-10} \mathrm{e}^{-\frac{\sum\limits_{i=1}^{10}(x_i - \mu)^2}{2\sigma^2}}.$$

(2) 因为 $X \sim N(\mu, \sigma^2)$，所以 $\overline{X} \sim N\left(\mu, \dfrac{\sigma^2}{n}\right)$，$n = 10$，即 $\overline{X}$ 的概率密度函数为

$$f_{\overline{X}}(x) = \frac{1}{\sqrt{2\pi} \cdot \dfrac{\sigma}{\sqrt{n}}} \mathrm{e}^{-\frac{n(x-\mu)^2}{2\sigma^2}} = \frac{1}{\sqrt{2\pi} \cdot \dfrac{\sigma}{\sqrt{10}}} \mathrm{e}^{-\frac{5(x-\mu)^2}{\sigma^2}}.$$

4. 设总体 X 的期望为 μ，方差为 σ^2，如果要求至少以 95% 的概率保证 $|\overline{X} - \mu| \leqslant 0.1\sigma$，试求样本容量至少是多少？

解 由于样本容量 n 很大时，$\overline{X}$ 近似服从 $N\left(\mu,\dfrac{\sigma^2}{n}\right)$，所以有

$$P\{|\overline{X}-\mu|\leqslant 0.1\sigma\}=P\left\{-0.1\sqrt{n}\leqslant\frac{\overline{X}-\mu}{\sigma/\sqrt{n}}\leqslant 0.1\sqrt{n}\right\}=2\Phi(0.1\sqrt{n})-1\geqslant 0.95.$$

即 $\Phi(0.1\sqrt{n})\geqslant 0.975$，又查表得到 $\Phi(1.96)=0.975$. 从而 $0.1\sqrt{n}\geqslant 1.96,n\geqslant 384.16$，故样本容量至少要 385 才能满足条件.

习题 6-3

(A) 基础题

1. 查表分别写出如下分位数的值

$$\chi_{0.95}^2(8),\quad \chi_{0.9}^2(10),\quad t_{0.10}(10),\quad t_{0.025}(5),\quad F_{0.1}(4,5),\quad F_{0.95}(3,7).$$

解 $\chi_{0.95}^2(8)=2.7326,\ \chi_{0.9}^2(10)=4.8652,\ t_{0.10}(10)=1.3722,\ t_{0.025}(5)=2.5706,\ F_{0.1}(4,5)$

$=3.52,\quad F_{0.95}(3,7)=\dfrac{1}{F_{0.05}(7,3)}\approx 0.1125.$

2. (1) 设 $X\sim\chi^2(8)$，求常数 a,c，使 $P\{X\leqslant a\}=0.05,P\{X>c\}=0.05$；

(2) 设 $T\sim t(5)$，求常数 c，使 $P\{|T|\leqslant c\}=0.9$；

(3) 设 $F\sim F(6,9)$，求常数 a,c，使 $P\{X\leqslant a\}=0.05,P\{X>c\}=0.05$.

解 (1) $a=\chi_{0.95}^2(8)=2.7326,c=\chi_{0.05}^2(8)=15.5073$；

(2) $c=t_{0.05}(5)=2.0150$；

(3) $a=F_{0.95}(6,9)=\dfrac{1}{F_{0.05}(9,6)}\approx 0.24,c=F_{0.05}(6,9)=3.37.$

3. 设 $(X_1,X_2,\cdots,X_{10})$ 为 $X\sim N(0,0.1^2)$ 的一个样本，求 $P\left\{\displaystyle\sum_{i=1}^{10}X_i^2>0.12\right\}$.

解 因 $\displaystyle\sum_{i=1}^{10}\left(\dfrac{X_i}{0.1}\right)^2\sim\chi^2(10)$，故

$$P\left\{\sum_{i=1}^{10}X_i^2>0.12\right\}=P\left\{\frac{\displaystyle\sum_{i=1}^{10}X_i^2}{0.1^2}>\frac{0.12}{0.1^2}\right\}=P\left\{\frac{\displaystyle\sum_{i=1}^{10}X_i^2}{0.1^2}>12\right\}\approx 0.25.$$

4. 设 $(X_1,X_2,\cdots,X_n)$ 是来自正态总体 $X\sim N(0,1)$ 的样本，试求下列统计量的分布：

(1) $\dfrac{\sqrt{n-1}X_1}{\sqrt{\displaystyle\sum_{i=2}^{n}X_i^2}}$；　(2) $\dfrac{(n-3)\displaystyle\sum_{i=1}^{3}X_i^2}{3\displaystyle\sum_{i=4}^{n}X_i^2}$.

解 (1) 因为 $X_i \sim N(0,1), i=1,2,\cdots,n$，所以 $\sum_{i=2}^{n} X_i^2 \sim \chi^2(n-1)$ 且与 X_1 相互独立，根据 t 分布的定义，有 $\dfrac{\sqrt{n-1}X_1}{\sqrt{\sum_{i=2}^{n} X_i^2}} = \dfrac{X_1}{\sqrt{\sum_{i=2}^{n} X_i^2 \big/ (n-1)}} \sim t(n-1)$．

(2) 因为 $\sum_{i=1}^{3} X_i^2 \sim \chi^2(3)$，$\sum_{i=4}^{n} X_i^2 \sim \chi^2(n-3)$，且二者相互独立，所以根据 F 分布的定义，有 $\dfrac{(n-3)\sum_{i=1}^{3} X_i^2}{3\sum_{i=4}^{n} X_i^2} = \dfrac{\sum_{i=1}^{3} X_i^2 \big/ 3}{\sum_{i=4}^{n} X_i^2 \big/ (n-3)} \sim F(3,n-3)$．

(B) 提高题

1. 设 $(X_1, X_2, \cdots, X_8)$ 是来自总体 $N(0,2^2)$ 的样本，试求统计量 $\eta = \sum_{i=1}^{8} X_i^2$ 不少于 40 的概率. (已知：自由度 $n=8$ 时，$P\{\chi^2 \geqslant 40\}=0, P\{\chi^2 \geqslant 20\}=0.005, P\{\chi^2 \geqslant 10\}=0.27$)

解 由 $X_i \sim N(0,2^2)$，则 $\dfrac{X_i}{2} \sim N(0,1)$，$\left(\dfrac{X_i}{2}\right)^2 \sim \chi^2(1)$，故 $\sum_{i=1}^{8}\left(\dfrac{X_i}{2}\right)^2 \sim \chi^2(8)$，

$$P\{\eta \geqslant 40\} = P\left\{\sum_{i=1}^{8} \dfrac{X_i^2}{2^2} \geqslant \dfrac{40}{2^2}\right\} = P\{\chi^2 \geqslant 10\} = 0.27.$$

2. 设 $(X_1, X_2, X_3, X_4, X_5)$ 是来自总体 $N(0,1)$ 的样本，令 $Y = \dfrac{c(X_1+X_2)}{\sqrt{\sum_{i=3}^{5} X_i^2}}$，求常数 c，使统计量 Y 服从 t 分布.

解 因为 $X_i \sim N(0,1), i=1,2,3,4,5$，令 $S = X_1+X_2, T = \sum_{i=3}^{5} X_i^2$，则 $S \sim N(0,2)$，$T \sim \chi^2(3)$ 且 S,T 相互独立. 从而 $\dfrac{X_1+X_2}{\sqrt{2}} \sim N(0,1)$，$\dfrac{(X_1+X_2)/\sqrt{2}}{\sqrt{\sum_{i=3}^{5} X_i^2 \big/ 3}} \sim t(3)$. 故要使 Y 服从 t 分布，所以 $c = \sqrt{\dfrac{3}{2}}$.

3. 设随机变量 X 服从自由度为 k 的 t 分布，证明：随机变量 $Y = X^2$ 服从自由度为 $(1,k)$ 的 F 分布.

证明 因随机变量 $X \sim t(k)$，则存在相互独立的随机变量 U,V，并且 $U \sim N(0,1)$，$V \sim \chi^2(k)$，使得 $X = \dfrac{U}{\sqrt{V/k}} \sim t(k)$. 因为 $U \sim N(0,1)$，所以由 χ^2 分布的定义可知 $U^2 \sim \chi^2(1)$.

又因为 U,V 相互独立, 所以 U^2 与 V 也相互独立. 于是, 由 F 分布的定义可知

$$Y = X^2 = \frac{U^2/1}{V/k} \sim F(1,k).$$

习题 6-4

(A) 基础题

1. 设总体 $X \sim N(1,4)$, $(X_1, X_2, \cdots, X_n)$ 是来自总体 X 的样本. $\overline{X}$ 是样本均值, 则 $\overline{X}$ 服从何种分布, $\dfrac{\overline{X}-1}{2/\sqrt{n}}$ 服从何种分布.

解 由定理 1 知, $\overline{X} \sim N\left(\mu, \dfrac{1}{n}\sigma^2\right)$, 即 $\overline{X} \sim N\left(1, \dfrac{4}{n}\right)$, 易得 $\dfrac{\overline{X}-1}{2/\sqrt{n}} \sim N(0,1)$.

2. 设总体 $X \sim N(\mu, \sigma^2)$, $(X_1, X_2, \cdots, X_{20})$ 是来自总体 X 的样本,

$$Y = 3\sum_{i=1}^{10} X_i - 4\sum_{i=11}^{20} X_i,$$

求 Y 的分布.

解 由定理 1 知, $Y \sim N(E(Y), D(Y))$, $E(Y) = 30\mu - 40\mu = -10\mu$, $D(Y) = 90\sigma^2 + 160\sigma^2 = 250\sigma^2$ 即 $Y \sim N(-10\mu, 250\sigma^2)$.

3. 设总体 X,Y 都服从正态分布 $N(0,3^2)$, 且 X,Y 相互独立. $(X_1, X_2, \cdots, X_9)$ 和 $(Y_1, Y_2, \cdots, Y_9)$ 分别是来自 X 和 Y 的样本, 求统计量 $W = \dfrac{X_1 + X_2 + \cdots + X_9}{\sqrt{Y_1^2 + Y_2^2 + \cdots + Y_9^2}}$ 的分布.

解 $\dfrac{X_1 + X_2 + \cdots + X_9}{9} \sim N(0,1)$, $\left(\dfrac{Y_1}{3}\right)^2 + \left(\dfrac{Y_2}{3}\right)^2 + \cdots + \left(\dfrac{Y_9}{3}\right)^2 \sim \chi^2(9)$, 由 t 分布的定义知 $W \sim T(9)$.

4. 总体 $X \sim N(100, 25^2)$, 现从中抽取 25 个样本, 求 $P\{90 \leqslant \overline{X} \leqslant 95\}$.

解 因为 $X \sim N(100, 25^2)$, 所以有 $\overline{X} \sim N(100, 25)$, 则

$$P\{90 \leqslant \overline{X} \leqslant 95\} = \Phi\left(\frac{95-100}{5}\right) - \Phi\left(\frac{90-100}{5}\right)$$

$$= \Phi(-1) - \Phi(-2) = \Phi(2) - \Phi(1) = 0.1359.$$

5. 设 $(X_1, X_2, \cdots, X_8)$ 是来自正态总体 $X \sim N(0, \sigma^2)$ 的样本, 求下列随机变量的分布:

(1) $Y = \dfrac{1}{\sigma^2}\sum_{i=1}^{8} X_i^2$; (2) $T = \dfrac{2X_5}{\sqrt{\sum_{i=1}^{4} X_i^2}}$; (3) $F = \dfrac{\sum_{i=1}^{4} X_i^2}{\sum_{i=5}^{8} X_i^2}$.

解 (1) 总体 $X \sim N(0, \sigma^2)$, 可知 $X_i \sim N(0, \sigma^2)(i = 1, 2, \cdots, 8)$ 且相互独立, 则

$$\frac{X_i}{\sigma} \sim N(0,1) \quad (i=1,2,\cdots,8),$$

根据 χ^2 分布的定义可得

$$Y = \frac{1}{\sigma^2}\sum_{i=1}^{8} X_i^2 = \sum_{i=1}^{8}\left(\frac{X_i}{\sigma}\right)^2 \sim \chi^2(8).$$

(2) 由 $X_5 \sim N(0,\sigma^2)$ 得

$$\frac{X_5}{\sigma} \sim N(0,1).$$

根据 χ^2 分布的定义可得

$$\sum_{i=1}^{4}\left(\frac{X_i}{\sigma}\right)^2 \sim \chi^2(4),$$

且 $\dfrac{X_5}{\sigma}$，$\displaystyle\sum_{i=1}^{4}\left(\frac{X_i}{\sigma}\right)^2$ 相互独立，故由 t 分布的定义可得

$$T = \frac{\dfrac{X_5}{\sigma}}{\sqrt{\dfrac{\displaystyle\sum_{i=1}^{4}\left(\dfrac{X_i}{\sigma}\right)^2}{4}}} = \frac{2X_5}{\sqrt{\displaystyle\sum_{i=1}^{4} X_i^2}} \sim t(4).$$

(3) 由 χ^2 分布的定义可得

$$\sum_{i=1}^{4}\left(\frac{X_i}{\sigma}\right)^2 \sim \chi^2(4),\quad \sum_{i=5}^{8}\left(\frac{X_i}{\sigma}\right)^2 \sim \chi^2(4),$$

且 $\displaystyle\sum_{i=1}^{4}\left(\frac{X_i}{\sigma}\right)^2,\displaystyle\sum_{i=5}^{8}\left(\frac{X_i}{\sigma}\right)^2$ 相互独立，由 F 分布的定义可得

$$F = \frac{\displaystyle\sum_{i=1}^{4} X_i^2}{\displaystyle\sum_{i=5}^{8} X_i^2} = \frac{\displaystyle\sum_{i=1}^{4}\left(\frac{X_i}{\sigma}\right)^2 \Big/ 4}{\displaystyle\sum_{i=5}^{8}\left(\frac{X_i}{\sigma}\right)^2 \Big/ 4} \sim F(4,4).$$

(B) 提高题

1. 设总体 $X \sim N(\mu,\sigma^2)$，从总体中抽取容量为 16 的样本.

(1) 已知 $\sigma = 2$，求 $P\{|\overline{X} - \mu| < 0.5\}$；

(2) σ 未知，样本方差 $s^2 = 5.33$，求 $P\{|\overline{X} - \mu| < 0.5\}$.

解　(1)已知总体 $X \sim N(\mu, \sigma^2)$，且样本容量 $n = 16, \sigma = 2$，则统计量

$$U = \frac{\bar{X} - \mu}{\sigma / \sqrt{n}} = \frac{\bar{X} - \mu}{2 / 4} \sim N(0,1),$$

故由正态分布的分布函数得

$$P\{|\bar{X} - \mu| < 0.5\} = P\left\{ \left| \frac{\bar{X} - \mu}{2 / 4} \right| < 1 \right\} = P\{|U| < 1\}$$

$$= \Phi(1) - \Phi(-1)$$

$$= 0.8413 - (1 - 0.8413)$$

$$= 0.6826.$$

(2) 已知总体 $X \sim N(\mu, \sigma^2)$，且样本容量 $n = 16$，样本方差 $s^2 = 5.33$，则统计量

$$T = \frac{\bar{X} - \mu}{s / \sqrt{n}} = \frac{\bar{X} - \mu}{\sqrt{5.33} / 4} \sim t(15),$$

故

$$P\{|\bar{X} - \mu| < 0.5\} = P\left\{ \left| \frac{\bar{X} - \mu}{\sqrt{5.33} / 4} \right| < 0.866 \right\}$$

$$= 1 - P\{|T| \geqslant 0.866\}$$

$$= 1 - (P\{T \geqslant 0.866\} + P\{T \leqslant -0.866\})$$

$$= 1 - (0.20 + 0.20)$$

$$= 0.6.$$

2. 在设计导弹发射装置时，重要事情之一是研究弹着点偏离目标中心距离的方差. 对于一类导弹发射装置，弹着点偏离目标中心的距离服从正态分布 $N(\mu, 50)$，现在进行了 26 次发射试验，用 S^2 表示弹着点偏离目标中心距离的样本方差. 求 $P\{S^2 \leqslant 74\}$.

解　根据定理 2 可知　$\dfrac{(n-1)S^2}{\sigma^2} \sim \chi^2(n-1)$，故

$$P\{S^2 > 74\} = P\left\{ \frac{(n-1)S^2}{\sigma^2} > \frac{(n-1) \times 74}{\sigma^2} \right\} = P\left\{ \chi^2(25) > \frac{25 \times 74}{50} \right\}$$

$$= P\left\{ \chi^2(25) > 37 \right\} > P\left\{ \chi^2(25) > 37.652 \right\} = 0.05.$$

故 $P\{S^2 \leqslant 74\} = 1 - P\{S^2 > 74\} = 0.95$.

3. 设两个总体 X 和 Y 都服从正态分布 $N(10,5)$. 现在从总体 X 和 Y 中分别抽取容量为 $n_1 = 20, n_2 = 10$ 的两个样本，求 $P\{|\bar{X} - \bar{Y}| > 0.7\}$.

解　由题设知

$$\frac{\overline{X}-\overline{Y}-(10-10)}{\sqrt{\dfrac{5}{20}+\dfrac{5}{10}}}=\frac{\overline{X}-\overline{Y}}{\sqrt{0.75}}\sim N(0,1).$$

于是

$$P\left\{\left|\overline{X}-\overline{Y}\right|>0.7\right\}=1-P\left\{\left|\frac{\overline{X}-\overline{Y}}{\sqrt{0.75}}\right|\leqslant\frac{0.7}{\sqrt{0.75}}\right\}$$

$$=1-\left[2\Phi\left(\frac{0.7}{\sqrt{0.75}}\right)-1\right]$$

$$=2-2\Phi(0.81)=0.418.$$

4. 设总体 $X\sim N(10,3^2)$，$Y\sim N(5,6^2)$，且 X,Y 相互独立．$(X_1,X_2,\cdots,X_{10})$ 和 $(Y_1,Y_2,\cdots,Y_8)$ 分别是来自 X 和 Y 的样本，求 $P\left\{\dfrac{S_1^2}{S_2^2}<0.68\right\}$．

解　统计量

$$\frac{S_1^2/\sigma_1^2}{S_2^2/\sigma_2^2}=\frac{S_1^2/3^2}{S_2^2/6^2}=\frac{4S_1^2}{S_2^2}\sim F(9,7).$$

因为

$$P\left\{\frac{S_1^2}{S_2^2}<0.68\right\}=P\left\{\frac{4S_1^2}{S_2^2}<2.72\right\}=P\{F<2.72\}=1-P\{F\geqslant2.72\}.$$

查表得，当自由度为 $(9,7)$ 时，有 $F_{0.1}(9,7)=2.72$，即

$$P\{F\geqslant2.72\}=0.1.$$

所以所求的概率为

$$P\left\{\frac{S_1^2}{S_2^2}<0.68\right\}=1-0.1=0.9.$$

自 测 题 六

1. 简单随机样本的两个基本特点是_____、_____．

解　相互独立、分布相同．

2. 设 $(X_1,X_2,\cdots,X_n)$ 是来自正态总体 $N(\mu,\sigma^2)$ 的样本，则 $\overline{X}\sim$ _____，$\dfrac{(n-1)S^2}{\sigma^2}\sim$ _____，$\dfrac{\sqrt{n}(\overline{X}-\mu)}{S}\sim$ _____．

解　$N\left(\mu,\dfrac{\sigma^2}{n}\right)$，$\chi^2(n-1)$，$t(n-1)$．

3. 设 (X_1, X_2, X_3, X_4) 是来自正态总体 $N(0, 2^2)$ 的样本，$X = a(X_1 - 2X_2)^2 + b(3X_3 - 4X_4)^2$，则当 $a =$ _____，$b =$ _____时，统计量 X 服从 χ^2 分布，其自由度为_____.

解 $\dfrac{1}{20}$，$\dfrac{1}{100}$，2.

4. 设随机变量 $X \sim N(0,1)$，随机变量 $Y \sim \chi^2(n)$，X，Y 相互独立，$Z = \dfrac{X}{\sqrt{Y/n}}$，则 $Z \sim$ _____，$Z^2 \sim$ _____.

解 $t(n)$，$F(1, n)$.

5. 设随机变量 $X \sim N(0,1)$，u_α 表示标准正态分布的上侧 α 分位数，则 $P\{|X| \geqslant u_{0.25}\} =$ _____.

解 0.5.

6. 设 (X_1, X_2, X_3) 是来自总体 $N(\mu, \sigma^2)$ 的一组样本，其中 μ 已知，σ 未知，则下列样本的函数中，不是统计量的是 (　　).

A. $\dfrac{1}{3}(X_1 + X_2 + X_3)$；　　　　　　　　B. $X_1 + X_2 + 2\mu$；

C. $\max(X_1, X_2, X_3)$；　　　　　　　　　　D. $\dfrac{1}{\sigma^2}(X_1^2 + X_2^2 + X_3^2)$.

解 答案为 D.

7. 设 $(X_1, X_2, \cdots, X_n)$ 是来自正态总体 $N(\mu, \sigma^2)$ 的样本，$S_1^2 = \dfrac{1}{n-1}\sum\limits_{i=1}^{n}(X_i - \overline{X})^2$，$S_2^2 = \dfrac{1}{n}\sum\limits_{i=1}^{n}(X_i - \overline{X})^2$，$S_3^2 = \dfrac{1}{n-1}\sum\limits_{i=1}^{n}(X_i - \mu)^2$，$S_4^2 = \dfrac{1}{n}\sum\limits_{i=1}^{n}(X_i - \mu)^2$，则下列随机变量服从自由度为 $n-1$ 的 t 分布的是 (　　).

A. $\dfrac{\overline{X} - \mu}{S_1/\sqrt{n}}$；　　　　B. $\dfrac{\overline{X} - \mu}{S_2/\sqrt{n}}$；　　　　C. $\dfrac{\overline{X} - \mu}{S_3/\sqrt{n}}$；　　　　D. $\dfrac{\overline{X} - \mu}{S_4/\sqrt{n}}$.

解 答案为 A.

8. 设 $X \sim N(1, 3^2)$，$(X_1, X_2, \cdots, X_n)$ 为来自总体 X 的样本，则 (　　).

A. $\dfrac{\overline{X} - 1}{3} \sim N(0,1)$；　　　　　　　　B. $\dfrac{\overline{X} - 1}{3/\sqrt{n}} \sim N(0,1)$；

C. $\dfrac{\overline{X} - 1}{9} \sim N(0,1)$；　　　　　　　　D. $\dfrac{\overline{X} - 1}{\sqrt{3}/\sqrt{n}} \sim N(0,1)$.

解 答案为 B.

9. 设 $(X_1, X_2, \cdots, X_n)$ 为来自正态总体 X 的样本，$\overline{X}$ 为样本均值，则下列结论不成立的是 (　　).

A. $\overline{X}$ 与 $\sum\limits_{i=1}^{n}(X_i-\overline{X})^2$ 独立；　　　　　　　B. 当 $i\neq j$ 时，X_i 与 X_j 独立；

C. $\sum\limits_{i=1}^{n}X_i$ 与 $\sum\limits_{i=1}^{n}X_i^2$ 独立；　　　　　　　D. 当 $i\neq j$ 时，X_i 与 X_j^2 独立.

解 答案为 C.

10. 取自总体 $X\sim N(30,4)$ 的容量为 16 的一组样本，计算 $P\{29<\overline{X}<31\}$.

解 $X\sim N(30,4)$，则 $\overline{X}\sim N\left(30,\dfrac{1}{4}\right)$，$P\{29<\overline{X}<31\}=\Phi\left(\dfrac{31-30}{1/2}\right)-\Phi\left(\dfrac{29-30}{1/2}\right)=$

$\Phi(2)-\Phi(-2)=2\Phi(2)-1=2\times 0.9772-1=0.9544$.

11. 设 $(X_1,X_2,\cdots,X_n)$ 为来自总体 X 的样本，$E(X)=\mu$，$E[(X-\mu)^k]=\mu_k$，试证

明 $E\left[\dfrac{1}{n}\sum\limits_{i=1}^{n}(X_i-\mu)^k\right]=\mu_k$.

证明 因为 $E(X)=\mu$，$E[(X-\mu)^k]=\mu_k$，所以 $E(X_i)=\mu$，$E[(X_i-\mu)^k]=\mu_k$，

$i=1,2,\cdots,n$；由期望的性质得

$$E\left[\frac{1}{n}\sum_{i=1}^{n}(X_i-\mu)^k\right]=\frac{1}{n}\sum_{i=1}^{n}E[(X_i-\mu)^k]=\mu_k.$$

第七章　参数估计

一、基本内容

1. 参数估计的两种形式

点估计和区间估计.

2. 参数的点估计

(1) 定义.

对总体的未知参数 θ 用样本函数 $\hat{\theta} = \hat{\theta}(X_1, X_2, \cdots, X_n)$ 作为其估计, 就称 $\hat{\theta}(X_1, X_2, \cdots, X_n)$ 为 θ 的点估计量, $\hat{\theta}(x_1, x_2, \cdots, x_n)$ 为 θ 的点估计值.

常用的点估计方法为: 矩估计法和最大似然估计法.

(2) 矩估计法.

基本原理: 利用替换思想获得未知参数的估计, 即用样本矩作为同阶总体矩的估计, 从而列出相应的方程, 解之可得未知参数的矩估计.

常用结论: 总体均值 $E(X)$ 的矩估计量是样本均值 $\overline{X}$; 总体方差 $D(X)$ 的矩估计量是样本二阶中心矩 $M_2 = S_n^2$ (未修正的样本方差).

(3) 最大似然估计法.

基本原理: 利用最大似然原理获得未知参数的估计, 即似然函数 L 的极大值点为未知参数的最大似然估计.

注　因为 $\ln L$ 与 L 的极大值点相同, 所以为了简化计算常用 $\ln L$ 来寻求最大似然估计.

3. 估计量的评选标准

(1) 无偏性.

设未知参数 θ 的估计量 $\hat{\theta} = \hat{\theta}(X_1, X_2, \cdots, X_n)$ 的数学期望存在且等于 θ, 即

$$E(\hat{\theta}) = \theta,$$

则称 $\hat{\theta}$ 是 θ 的无偏估计量.

(2) 有效性.

设 $\hat{\theta}_1 = \hat{\theta}_1(X_1, X_2, \cdots, X_n)$ 与 $\hat{\theta}_2 = \hat{\theta}_2(X_1, X_2, \cdots, X_n)$ 都是参数 θ 的无偏估计量, 如果

$$D(\hat{\theta}_1) < D(\hat{\theta}_2),$$

则称 $\hat{\theta}_1$ 比 $\hat{\theta}_2$ 有效.

(3) 一致性.

如果当 $n \to +\infty$ 时, $\hat{\theta}$ 依概率收敛于 θ, 即对 $\forall \varepsilon > 0$, 有

$$\lim_{n \to +\infty} P\{|\hat{\theta} - \theta| < \varepsilon\} = 1,$$

则称 $\hat{\theta}$ 是 θ 的一致估计量, 或称相合估计量.

4. 参数的区间估计

(1) 双侧置信区间定义.

设总体 X 的分布含有未知参数 θ, 如果对于给定的概率 $\alpha\,(0 < \alpha < 1)$, 存在两个统计量 $\hat{\theta}_1 = \hat{\theta}_1(X_1, X_2, \cdots, X_n)$, $\hat{\theta}_2 = \hat{\theta}_2(X_1, X_2, \cdots, X_n)$, 使得

$$P\{\hat{\theta}_1 \leqslant \theta \leqslant \hat{\theta}_2\} = 1 - \alpha,$$

则称随机区间 $[\hat{\theta}_1, \hat{\theta}_2]$ 为 θ 的置信水平(置信度或置信系数)为 $1 - \alpha$ 的双侧置信区间, $\hat{\theta}_1$ 和 $\hat{\theta}_2$ 分别称为双侧置信下限和置信上限.

(2) 单侧置信区间定义.

设总体 X 的分布含有一个未知参数 θ, 如果有统计量 $\hat{\theta}_1 = \hat{\theta}_1(X_1, X_2, \cdots, X_n)$, 使对于给定的常数 $\alpha\,(0 < \alpha < 1)$, 满足

$$P\{\theta \geqslant \hat{\theta}_1\} = 1 - \alpha,$$

则称随机区间 $[\hat{\theta}_1, +\infty)$ 为参数 θ 的置信水平(置信度或置信系数)为 $1 - \alpha$ 的单侧置信区间. $\hat{\theta}_1$ 称为单侧置信下限.

如果有统计量 $\hat{\theta}_2 = \hat{\theta}_2(X_1, X_2, \cdots, X_n)$, 使对于给定的常数 $\alpha\,(0 < \alpha < 1)$, 满足

$$P\{\theta \leqslant \hat{\theta}_2\} = 1 - \alpha,$$

则称随机区间 $(-\infty, \hat{\theta}_2]$ 为参数 θ 的置信水平(或置信度、可靠度)为 $1 - \alpha$ 的单侧置信区间, $\hat{\theta}_2$ 称为单侧置信上限.

(3) 求解双侧置信区间的步骤.

步骤 1: 构造一个样本 $(X_1, X_2, \cdots, X_n)$ 和 θ 的函数 $W = W(X_1, X_2, \cdots, X_n; \theta)$. 其中 W 满足两个条件: ①W 中不包含除 θ 以外的其他未知参数; ②W 的分布是已知的. 称这样的函数 W 为**枢轴量**.

步骤 2: 对于给定的置信水平 $1 - \alpha$, 设 W 的上 $1 - \dfrac{\alpha}{2}$ 分位数为 a, W 的上 $\dfrac{\alpha}{2}$ 分位数为 b, 于是 $P\{a \leqslant W \leqslant b\} = 1 - \alpha$.

步骤 3: 把不等式 "$a \leqslant W \leqslant b$" 作等价变形, 使它变为

$$\hat{\theta}_1(X_1, X_2, \cdots, X_n) \leqslant \theta \leqslant \hat{\theta}_2(X_1, X_2, \cdots, X_n),$$

则 $[\hat{\theta}_1(X_1, X_2, \cdots, X_n), \hat{\theta}_2(X_1, X_2, \cdots, X_n)]$ 就是 θ 的一个置信水平为 $1-\alpha$ 的双侧置信区间.

注 求单侧置信区间的方法与求双侧置信区间的一般步骤基本相同, 不同的只是在步骤 2 中, 选取 W 的上 $1-\alpha$ 分位数为 a(或选取 W 的上 α 分位数为 b), 使得

$$P\{a \leqslant W\} = 1-\alpha \quad (\text{或} P\{W \leqslant b\} = 1-\alpha).$$

然后对式中的 $a \leqslant W$ (或 $W \leqslant b$)作不等式的等价变形即可得到相应的单侧置信区间.

(4) 正态分布参数的置信区间(表 7-1).

表 7-1 正态分布参数的置信区间

待估参数	条件	置信区间
μ	σ^2 已知	$\left[\bar{X} - u_{\alpha/2}\dfrac{\sigma}{\sqrt{n}}, \ \bar{X} + u_{\alpha/2}\dfrac{\sigma}{\sqrt{n}}\right]$
	σ^2 未知	$\left[\bar{X} - t_{\alpha/2}(n-1)\dfrac{S}{\sqrt{n}}, \ \bar{X} + t_{\alpha/2}(n-1)\dfrac{S}{\sqrt{n}}\right]$
σ^2	μ 已知	$\left[\dfrac{\sum\limits_{i=1}^{n}(X_i-\mu)^2}{\chi^2_{\alpha/2}(n)}, \ \dfrac{\sum\limits_{i=1}^{n}(X_i-\mu)^2}{\chi^2_{1-\alpha/2}(n)}\right]$
	μ 未知	$\left[\dfrac{(n-1)S^2}{\chi^2_{\alpha/2}(n-1)}, \ \dfrac{(n-1)S^2}{\chi^2_{1-\alpha/2}(n-1)}\right]$
$\mu_1 - \mu_2$	σ_1^2, σ_2^2 已知	$\left[(\bar{X}-\bar{Y}) - u_{\alpha/2}\sqrt{\dfrac{\sigma_1^2}{n_1}+\dfrac{\sigma_2^2}{n_2}}, (\bar{X}-\bar{Y}) + u_{\alpha/2}\sqrt{\dfrac{\sigma_1^2}{n_1}+\dfrac{\sigma_2^2}{n_2}}\right]$
	σ_1^2, σ_2^2 未知但 $\sigma_1^2 = \sigma_2^2$	$\Big[(\bar{X}-\bar{Y}) - t_{\alpha/2}(n_1+n_2-2)S_\omega\sqrt{\dfrac{1}{n_1}+\dfrac{1}{n_2}},$ $(\bar{X}-\bar{Y}) + t_{\alpha/2}(n_1+n_2-2)S_\omega\sqrt{\dfrac{1}{n_1}+\dfrac{1}{n_2}}\Big]$
$\dfrac{\sigma_1^2}{\sigma_2^2}$	μ_1, μ_2 未知	$\left[\dfrac{S_1^2}{S_2^2}\dfrac{1}{F_{\alpha/2}(n_1-1, n_2-1)}, \dfrac{S_1^2}{S_2^2}\dfrac{1}{F_{1-\alpha/2}(n_1-1, n_2-1)}\right]$

二、基 本 要 求

(1) 理解参数估计的概念, 熟练掌握矩估计法和最大似然估计法.

(2) 掌握估计量好坏的三个评选标准.

(3) 理解区间估计的概念, 熟练掌握单个正态总体的均值和方差的置信区间; 了解两个正态总体的均值差和方差比的区间估计.

三、扩展例题

例 1 (2012 年考研真题) 设随机变量 X 与 Y 相互独立且分别服从正态分布 $N(\mu,\sigma^2)$ 与 $N(\mu,2\sigma^2)$, 其中 σ 是未知参数, 且 $\sigma > 0$. 记 $Z = X - Y$.

(1) 求 Z 的概率密度 $f(z;\sigma^2)$;

(2) $(Z_1, Z_2, \cdots, Z_n)$ 为来自总体 Z 的简单随机样本, 求 σ^2 的最大似然估计量 $\hat{\sigma}^2$;

(3) 证明 $\hat{\sigma}^2$ 为 σ^2 的无偏估计量.

(1) **解** 随机变量 X 与 Y 相互独立且分别服从正态分布 $N(\mu,\sigma^2)$ 与 $N(\mu,2\sigma^2)$,

由正态分布的性质, 知 $Z \sim N(0, 3\sigma^2)$, 所以 Z 的概率密度 $f(z;\sigma^2) = \dfrac{1}{\sqrt{6\pi}\sigma} e^{-\frac{z^2}{6\sigma^2}}$.

(2) **解** $(Z_1, Z_2, \cdots, Z_n)$ 为来自总体 Z 的简单随机样本, 则其似然函数为

$$L(\sigma^2) = \prod_{i=1}^{n} f(z_i) = \prod_{i=1}^{n}\left[\frac{1}{\sqrt{6\pi}\sigma} e^{-\frac{z_i^2}{6\sigma^2}}\right] = (6\pi\sigma^2)^{-\frac{n}{2}} e^{-\frac{1}{6\sigma^2}\sum_{i=1}^{n} z_i^2},$$

对 $L(\sigma^2)$ 求对数得 $\ln L(\sigma^2) = -\dfrac{n}{2}\ln(6\pi\sigma^2) - \dfrac{1}{6\sigma^2}\sum_{i=1}^{n} z_i^2$, 求导得 $\dfrac{\mathrm{d}\ln L(\sigma^2)}{\mathrm{d}\sigma^2} = -\dfrac{n}{2\sigma^2} +$

$\dfrac{1}{6\sigma^4}\sum_{i=1}^{n} z_i^2$, 令 $\dfrac{\mathrm{d}\ln L(\sigma^2)}{\mathrm{d}\sigma^2} = 0$, 解得 σ^2 的最大似然估计值为 $\hat{\sigma}^2 = \dfrac{1}{3n}\sum_{i=1}^{n} z_i^2$, 最大似然估

计量为 $\hat{\sigma}^2 = \dfrac{1}{3n}\sum_{i=1}^{n} Z_i^2$.

(3) **证明** $E(\hat{\sigma}^2) = E\left(\dfrac{1}{3n}\sum_{i=1}^{n} Z_i^2\right) = \dfrac{1}{3n}\sum_{i=1}^{n} E(Z_i^2)$

$$= \frac{1}{3n}\sum_{i=1}^{n}\left[D(Z_i) + E^2(Z_i)\right] = \frac{1}{3n}\sum_{i=1}^{n} 3\sigma^2 = \sigma^2,$$

即 $\hat{\sigma}^2 = \dfrac{1}{3n}\sum_{i=1}^{n} Z_i^2$ 为 σ^2 的无偏估计量.

例 2 (2015 年考研真题) 设总体 X 的概率密度为 $f(x;\theta) = \begin{cases} \dfrac{1}{1-\theta}, & \theta \leqslant x \leqslant 1, \\ 0, & \text{其他}, \end{cases}$ 其中

θ 为未知参数, $(X_1, X_2, \cdots, X_n)$ 为随机样本. 求:

(1) θ 的矩估计量;   (2) θ 的最大似然估计量.

解 (1) 由于总体 X 服从区间 $[\theta, 1]$ 上的均匀分布, 所以 $E(X) = \dfrac{1+\theta}{2}$. 令 $\dfrac{1+\theta}{2} = \overline{X}$,

解得 $\hat{\theta} = 2\overline{X} - 1$.

(2) 样本的似然函数为

$$L(\theta) = \prod_{i=1}^{n} f(x_i;\theta) = \begin{cases} \dfrac{1}{(1-\theta)^n}, & \theta \leqslant x_i \leqslant 1, i=1,2,\cdots,n, \\ 0, & \text{其他} \end{cases}$$

$$= \begin{cases} \dfrac{1}{(1-\theta)^n}, & \theta \leqslant \min\{x_1,x_2,\cdots,x_n\}, \\ 0, & \text{其他}. \end{cases}$$

由此可知，当 $\theta = \min\{x_1,x_2,\cdots,x_n\}$ 时，$L(\theta)$ 达到最大，故 θ 的最大似然估计量为

$$\theta = \min\{X_1,X_2,\cdots,X_n\}.$$

例 3 (2016 年考研真题)　设总体 X 的概率密度为 $f(x;\theta) = \begin{cases} \dfrac{3x^2}{\theta^3}, & 0 < x < \theta, \\ 0, & \text{其他}, \end{cases}$ 其中

$\theta \in (0,+\infty)$ 为未知参数，$(X_1,X_2,\cdots,X_n)$ 为随机样本，令 $T = \max\{X_1,X_2,X_3\}$.

(1) 求 T 的概率密度；

(2) 确定 a，使得 aT 为 θ 的无偏估计.

解　(1) 总体 X 的分布函数为 $F(x;\theta) = \begin{cases} 0, & x < 0, \\ \dfrac{x^3}{\theta^3}, & 0 \leqslant x < \theta, \\ 1, & x \geqslant \theta, \end{cases}$ 从而 T 的分布函数为

$$F_T(t) = P\{T \leqslant t\} = P\{\max\{X_1,X_2,X_3\} \leqslant t\} = P\{X_1 \leqslant t, X_2 \leqslant t, X_3 \leqslant t\}$$

$$= [F(t)]^3 = \begin{cases} 0, & t < 0, \\ \dfrac{t^9}{\theta^9}, & 0 \leqslant t < \theta, \\ 1, & t \geqslant \theta, \end{cases}$$

所以 T 的概率密度为 $f_T(t) = \begin{cases} \dfrac{9t^8}{\theta^9}, & 0 < t < \theta, \\ 0, & \text{其他}. \end{cases}$

(2) $E(T) = \displaystyle\int_{-\infty}^{+\infty} t f_T(t)\mathrm{d}t = \int_0^\theta \dfrac{9t^9}{\theta^9}\mathrm{d}t = \dfrac{9}{10}\theta$，从而 $E(aT) = \dfrac{9}{10}a\theta$，令 $E(aT) = \theta$，解得

$a = \dfrac{10}{9}$，所以当 $a = \dfrac{10}{9}$ 时，aT 为 θ 的无偏估计.

例 4 (2022 年考研真题)　设 $(X_1,X_2,\cdots,X_n)$ 为来自均值为 θ 的指数分布总体的简单随机样本，$(Y_1,Y_2,\cdots,Y_m)$ 为来自均值为 2θ 的指数分布总体的简单随机样本，且两样本相互独立，其中 $\theta(\theta > 0)$ 是未知参数. 利用样本 $(X_1,X_2,\cdots,X_n)$，$(Y_1,Y_2,\cdots,Y_m)$，求 θ

的最大似然估计量 $\hat{\theta}$, 并求 $D(\hat{\theta})$.

解 由题意知, X 的概率密度为 $f_X(x;\theta) = \begin{cases} \dfrac{1}{\theta}e^{-\frac{x}{\theta}}, & x > 0, \\ 0, & \text{其他}, \end{cases}$

Y 的概率密度为 $f_Y(y;\theta) = \begin{cases} \dfrac{1}{2\theta}e^{-\frac{y}{2\theta}}, & y > 0, \\ 0, & \text{其他}, \end{cases}$

令

$$L = \prod_{i=1}^{n} f_X(x_i;\theta) \prod_{j=1}^{m} f_Y(y_j;\theta)$$

$$= \prod_{i=1}^{n} \frac{1}{\theta} e^{-\frac{x_i}{\theta}} \cdot \prod_{j=1}^{m} \frac{1}{2\theta} e^{-\frac{y_j}{2\theta}} \quad (x_i > 0, y_j > 0, i = 1, 2, \cdots, n, j = 1, 2, \cdots, m),$$

则 $\ln L = \displaystyle\sum_{i=1}^{n} \left(-\ln\theta - \frac{x_i}{\theta} \right) + \sum_{j=1}^{m} \left(\ln\frac{1}{2} - \ln\theta - \frac{y_j}{2\theta} \right)$. 所以对数似然方程为

$$\frac{\mathrm{d}\ln L}{\mathrm{d}\theta} = \sum_{i=1}^{n} \left(-\frac{1}{\theta} + \frac{x_i}{\theta^2} \right) + \sum_{j=1}^{m} \left(-\frac{1}{\theta} + \frac{y_j}{2\theta^2} \right) = -\frac{m+n}{\theta} + \sum_{i=1}^{n} \frac{x_i}{\theta^2} + \sum_{j=1}^{m} \frac{y_j}{2\theta^2} = 0,$$

解得 θ 的最大似然估计量为 $\hat{\theta} = \dfrac{1}{m+n} \left(\displaystyle\sum_{i=1}^{n} X_i + \frac{1}{2} \sum_{j=1}^{m} Y_j \right)$.

$$D(\hat{\theta}) = \frac{1}{(m+n)^2} \left[\sum_{i=1}^{n} D(X_i) + \frac{1}{4} \sum_{j=1}^{m} D(Y_j) \right] = \frac{1}{(m+n)^2} \left[nD(X) + \frac{1}{4} mD(Y) \right]$$

$$= \frac{1}{(m+n)^2} \left(n\theta^2 + \frac{1}{4} m 4\theta^2 \right) = \frac{\theta^2}{m+n}.$$

例 5 (2023 年考研真题) 设 X_1, X_2 是来自总体 $N(\mu, \sigma^2)$ 的简单随机样本, 其中 $\sigma(\sigma > 0)$ 是未知参数. 若 $\hat{\sigma} = a|X_1 - X_2|$ 为 σ 的无偏估计, 则 $a = ($).

A. $\dfrac{\sqrt{\pi}}{2}$;　　　　B. $\dfrac{\sqrt{2\pi}}{2}$;　　　　C. $\sqrt{\pi}$;　　　　D. $\sqrt{2\pi}$.

解 记 $Z = X_1 - X_2$, 则 $Z \sim N(0, 2\sigma^2)$,

$$E(|Z|) = \int_{-\infty}^{+\infty} |z| f_Z(z) \mathrm{d}z = \int_{-\infty}^{+\infty} |z| \frac{1}{\sqrt{2\pi} \cdot \sqrt{2}\sigma} e^{-\frac{z^2}{2 \cdot 2\sigma^2}} \mathrm{d}z$$

$$= \frac{1}{2\sqrt{\pi}\sigma} \int_{-\infty}^{+\infty} |z| e^{-\frac{z^2}{4\sigma^2}} \mathrm{d}z = \frac{1}{\sqrt{\pi}\sigma} \int_{0}^{+\infty} z e^{-\frac{z^2}{4\sigma^2}} \mathrm{d}z$$

$$= \frac{1}{\sqrt{\pi}\sigma} \cdot (-2\sigma^2 e^{-\frac{z^2}{4\sigma^2}}) \Big|_{0}^{+\infty} = \frac{2\sigma}{\sqrt{\pi}}.$$

又 $\hat{\sigma} = a|X_1 - X_2|$ 为 σ 的无偏估计, 所以

$$E(\hat{\sigma}) = E(a \mid X_1 - X_2 \mid) = aE(\mid X_1 - X_2 \mid) = aE(\mid z \mid) = \frac{2a\sigma}{\sqrt{\pi}} = \sigma.$$

所以 $a = \dfrac{\sqrt{\pi}}{2}$，故选 A.

四、习题详解

习题 7-1

(A) 基础题

1. 设总体 X 服从均匀分布 $U(0, \theta)$，它的概率密度函数为 $f(x; \theta) = \begin{cases} \dfrac{1}{\theta}, & 0 < x < \theta, \\ 0, & \text{其他}. \end{cases}$

(1) 求未知参数 θ 的矩估计量;

(2) 当样本观测值为 0.3, 0.8, 0.27, 0.35, 0.62, 0.55 时，求 θ 的矩估计值.

解 (1) 因为 $E(X) = \dfrac{\theta}{2} = \bar{X}$，所以 $\hat{\theta} = 2\bar{X}$.

(2) 由所给样本的观测值可得

$$\bar{x} = \frac{1}{6}\sum_{i=1}^{n} x_i = \frac{1}{6}(0.3 + 0.8 + 0.27 + 0.35 + 0.62 + 0.55) \approx 0.4817.$$

所以 $\hat{\theta} = 2\bar{x} = 0.9634$.

2. 假设某铸件的砂眼数服从参数为 λ 的泊松分布，其中 $\lambda (\lambda > 0)$ 未知，今对某组铸件进行砂眼数检验，得到如下数据:

砂眼个数	0	1	2	3	4	5
频数	3	5	5	4	2	1

求 λ 的最大似然估计值.

解 总体的分布列为 $P\{X = x\} = \dfrac{\lambda^x e^{-\lambda}}{x!}, x = 0, 1, 2, \cdots$. 根据样本观测值可得似然函数为

$$L = L(\lambda; x_1, x_2, \cdots, x_{20}) = \prod_{i=1}^{20} \frac{\lambda^{x_i} e^{-\lambda}}{x_i!}$$

$$= \left(\frac{\lambda^0}{0!} e^{-\lambda}\right)^3 \left(\frac{\lambda^1}{1!} e^{-\lambda}\right)^5 \left(\frac{\lambda^2}{2!} e^{-\lambda}\right)^5 \left(\frac{\lambda^3}{3!} e^{-\lambda}\right)^4 \left(\frac{\lambda^4}{4!} e^{-\lambda}\right)^2 \left(\frac{\lambda^5}{5!} e^{-\lambda}\right)^1,$$

$$= \frac{\lambda^{40}}{2!^5 \cdot 3!^4 \cdot 4!^2 \cdot 5!} e^{-20\lambda}.$$

两边取对数得 $\ln L = 40\ln\lambda - 20\lambda - \ln(2!^5 \cdot 3!^4 \cdot 4!^2 \cdot 5!)$，对数似然方程为

$$\frac{\mathrm{d}\ln L}{\mathrm{d}\lambda} = \frac{40}{\lambda} - 20 = 0,$$

所以 λ 的最大似然估计值为 $\hat\lambda = 2$.

3. 设总体 X 的概率分布列为

X	1	2	3
P	θ^2	$2\theta(1-\theta)$	$(1-\theta)^2$

其中 $\theta\,(0<\theta<1)$ 为未知参数, 假设取得的样本值为 $1,2,1$. 求:

(1) θ 的矩估计值;　　　　(2) θ 的最大似然估计值.

解　(1) 因为 $E(X) = 1\times\theta^2 + 2\times 2\theta(1-\theta) + 3\times(1-\theta)^2 = 3 - 2\theta$, 令 $E(X) = \overline{X}$, 解得 θ 的矩估计量为 $\hat\theta = \dfrac{3-\overline{X}}{2}$, 由样本观测值可得 $\overline{x} = \dfrac{1}{3}\times(1+2+1) = \dfrac{4}{3}$, 所以 θ 的矩估计值为 $\hat\theta = \dfrac{5}{6}$.

(2) 由样本观测值可得似然函数为

$$L = L(\theta; x_1, x_2, x_3) = \theta^2 \times 2\theta(1-\theta) \times \theta^2 = 2\theta^5(1-\theta),$$

取对数, 得到

$$\ln L = \ln 2 + 5\ln\theta + \ln(1-\theta),$$

求导得

$$\frac{\mathrm{d}\ln L}{\mathrm{d}\theta} = \frac{5}{\theta} - \frac{1}{1-\theta} = \frac{5-6\theta}{\theta(1-\theta)},$$

令 $\dfrac{\mathrm{d}\ln L}{\mathrm{d}\theta} = 0$, 解得最大似然估计值为 $\hat\theta = \dfrac{5}{6}$.

4. 设总体 X 服从参数为 $\lambda\,(\lambda>0)$ 的指数分布, $(X_1, X_2, \cdots, X_n)$ 是来自总体 X 的样本, 求: (1) λ 的矩估计量; (2) λ 的最大似然估计量.

解　(1) $E(X) = \dfrac{1}{\lambda} = \overline{X}$, 所以 λ 的矩估计量为 $\hat\lambda = \dfrac{1}{\overline{X}}$.

(2) 设 $(x_1, x_2, \cdots, x_n)$ 为样本的一组观测值, 则似然函数

$$L = L(\lambda; x_1, x_2, \cdots, x_n) = \lambda^n \exp\left\{-\lambda\sum_{i=1}^{n} x_i\right\}\quad (x_i > 0,\ i = 1, 2, \cdots, n),$$

取对数得

$$\ln L = n\ln\lambda - \lambda\sum_{i=1}^{n} x_i,$$

对数似然方程为

$$\frac{\mathrm{d}\ln L}{\mathrm{d}\lambda} = \frac{n}{\lambda} - \sum_{i=1}^{n} x_i = 0 ,$$

解得最大似然估计值为 $\hat{\lambda} = \dfrac{n}{\sum\limits_{i=1}^{n} x_i} = \dfrac{1}{\bar{x}}$，所以最大似然估计量为 $\hat{\lambda} = \dfrac{1}{\bar{X}}$.

5. 设总体 X 具有概率密度函数为 $f(x;\theta) = \begin{cases} \theta x^{\theta-1}, & 0 < x < 1, \\ 0, & \text{其他} \end{cases} (\theta > 0)$，求:

(1) θ 的矩估计值； (2) θ 的最大似然估计值.

解 (1) 由总体 X 的概率密度知 $E(X) = \int_0^1 \theta x^{\theta} \mathrm{d}x = \dfrac{\theta}{\theta+1}$，解方程 $E(X) = \dfrac{\theta}{\theta+1} = \bar{X}$，得 θ 的矩估计量为 $\hat{\theta} = \dfrac{\bar{X}}{1-\bar{X}}$，矩估计值为 $\hat{\theta} = \dfrac{\bar{x}}{1-\bar{x}}$.

(2) 设 $(x_1, x_2, \cdots, x_n)$ 为样本的一组观测值，则似然函数

$$L = L(\theta; x_1, x_2, \cdots, x_n) = \prod_{i=1}^{n} f(x_i) = \begin{cases} \theta^n \prod\limits_{i=1}^{n} x_i^{\theta-1}, & 0 < x_i < 1, i = 1, 2, \cdots, n, \\ 0, & \text{其他}, \end{cases}$$

当 $L \neq 0$ 时，对 L 取对数得

$$\ln L = n\ln\theta + (\theta-1)\sum_{i=1}^{n} \ln x_i ,$$

对数似然方程

$$\frac{\mathrm{d}\ln L}{\mathrm{d}\theta} = \frac{n}{\theta} + \sum_{i=1}^{n} \ln x_i = 0 ,$$

解得最大似然估计值为 $\hat{\theta} = \dfrac{-n}{\sum\limits_{i=1}^{n} \ln x_i}$，所以最大似然估计量为 $\hat{\theta} = \dfrac{-n}{\sum\limits_{i=1}^{n} \ln X_i}$.

6. 设 $(X_1, X_2, \cdots, X_n)$ 为总体 X 的样本，$(x_1, x_2, \cdots, x_n)$ 为一组相应的样本观测值，总体 X 具有概率密度

$$f(x;\theta) = \begin{cases} \theta c^{\theta} x^{-(\theta+1)}, & x > c, \\ 0, & \text{其他}, \end{cases}$$

其中 $c(c > 0)$ 为已知，$\theta(\theta > 1)$ 为未知参数. 求:

(1) θ 的矩估计值； (2) θ 的最大似然估计值.

解 (1) $$E(X) = \int_c^{+\infty} x \cdot \theta c^{\theta} x^{-(\theta+1)} \mathrm{d}x = \theta c^{\theta} \int_c^{+\infty} x^{-\theta} \mathrm{d}x = \frac{\theta c}{\theta-1},$$

解方程 $\dfrac{\theta c}{\theta - 1} = \overline{X}$ 得 θ 的矩估计量为 $\hat{\theta} = \dfrac{\overline{X}}{\overline{X} - c}$，所以 θ 的矩估计值为 $\hat{\theta} = \dfrac{\overline{x}}{\overline{x} - c}$.

(2) 设 $(x_1, x_2, \cdots, x_n)$ 为样本的一组观测值，则似然函数

$$L = L(\theta; x_1, x_2, \cdots, x_n) = \prod_{i=1}^{n} f(x_i) = \theta^n c^{n\theta} \prod_{i=1}^{n} x_i^{-(\theta+1)} \quad (x_i > c, i = 1, 2, \cdots, n),$$

对 L 取对数，得到

$$\ln L = n \ln \theta + n\theta \ln c - (\theta + 1) \sum_{i=1}^{n} \ln x_i,$$

对数似然方程

$$\frac{\mathrm{d} \ln L}{\mathrm{d} \theta} = \frac{n}{\theta} + n \ln c - \sum_{i=1}^{n} \ln x_i = 0,$$

解得最大似然估计值为 $\hat{\theta} = \dfrac{n}{\displaystyle\sum_{i=1}^{n} \ln x_i - n \ln c}$.

(B) 提高题

1. 设总体 X 的概率分布列为

X	-1	0	1
P	$\dfrac{\theta}{2}$	$1 - \theta$	$\dfrac{\theta}{2}$

其中 $\theta\,(0 < \theta < 1)$ 为未知参数，$(X_1, \cdots, X_n)$ 为总体 X 的一个样本. 求：

(1) θ 的矩估计量；　(2) θ 的最大似然估计量.

解　(1) 因为总体的一阶原点矩 $E(X) = -\dfrac{\theta}{2} + 0 + \dfrac{\theta}{2} = 0$，可见 θ 无法表达成总体的一阶矩的函数，因此进一步计算 $E(X^2) = \dfrac{\theta}{2} + 0 + \dfrac{\theta}{2} = \theta$，令 $E(X^2) = \dfrac{1}{n} \sum_{i=1}^{n} X_i^2$，解得 θ 的矩估计量为 $\hat{\theta} = \dfrac{1}{n} \sum_{i=1}^{n} X_i^2$.

(2) 设 $(x_1, \cdots, x_n)$ 为样本的一组观测值，则似然函数

$$L = L(\theta; x_1, x_2, \cdots, x_n) = \left(\frac{\theta}{2}\right)^{\sum_{i=1}^{n} |x_i|} \cdot (1 - \theta)^{n - \sum_{i=1}^{n} |x_i|},$$

对数似然函数为

$$\ln L = \sum_{i=1}^{n} |x_i| \ln \frac{\theta}{2} + \left(n - \sum_{i=1}^{n} |x_i|\right) \ln(1 - \theta),$$

对数似然方程为

$$\frac{\mathrm{d}\ln L}{\mathrm{d}\theta} = \frac{\sum_{i=1}^{n}|x_i|}{\theta} - \frac{n - \sum_{i=1}^{n}|x_i|}{1-\theta} = 0,$$

解得 θ 的最大似然估计量为 $\hat{\theta} = \dfrac{\sum_{i=1}^{n}|X_i|}{n}$.

2. 设 $(X_1, X_2, \cdots, X_n)$ 为总体 X 的一个样本, 总体 X 的密度函数为

$$f(x, \theta, \mu) = \begin{cases} \dfrac{1}{\theta} \mathrm{e}^{-\frac{x-\mu}{\theta}}, & x \geqslant \mu, \\ 0, & \text{其他}, \end{cases}$$

其中 $\theta > 0$, 求未知参数 θ 和 μ 的最大似然估计量.

解　设 $(x_1, \cdots, x_n)$ 为样本的一组观测值, 则似然函数为

$$L = L(\theta, \mu) = \prod_{i=1}^{n} f(x_i; \theta, \mu) = \begin{cases} \mathrm{e}^{-\frac{1}{\theta}\sum_{i=1}^{n}(x_i - \mu)} \cdot \dfrac{1}{\theta^n}, & x_i \geqslant \mu, \\ 0, & \text{其他}. \end{cases}$$

因为 $\theta > 0$, 所以 μ 越大 $L(\theta, \mu)$ 越大, 故 μ 的最大似然估计量为

$$\hat{\mu} = \min\{X_1, X_2, \cdots, X_n\},$$

对 L 取对数, 得到

$$\ln L = -\frac{1}{\theta}\sum_{i=1}^{n}(x_i - \mu) - n\ln\theta,$$

对数似然方程为

$$\frac{\mathrm{d}\ln L}{\mathrm{d}\theta} = \frac{1}{\theta^2}\sum_{i=1}^{n}(x_i - \mu) - \frac{n}{\theta} = 0,$$

解得最大似然估计量为

$$\hat{\theta} = \frac{1}{n}\sum_{i=1}^{n}(X_i - \hat{\mu}), \quad \text{其中 } \hat{\mu} = \min\{X_1, X_2, \cdots, X_n\}.$$

3. 设总体 X 服从 $N(\alpha+\beta, \sigma^2)$, Y 服从 $N(\alpha-\beta, \sigma^2)$, α, β 未知, 已知 $(X_1, \cdots, X_n)$ 和 $(Y_1, \cdots, Y_n)$ 分别是总体 X 和 Y 的样本, 设两个样本独立, 求 α, β 的最大似然估计量.

解　由题意知对应于总体 X 和 Y 的似然函数分别为

$$L(\alpha+\beta) = L(\alpha+\beta; x_1, x_2, \cdots, x_n) = \prod_{i=1}^{n} \frac{1}{\sqrt{2\pi}\sigma} \mathrm{e}^{-\frac{(x_i-\alpha-\beta)^2}{2\sigma^2}} = \frac{1}{(\sqrt{2\pi}\sigma)^n} \mathrm{e}^{\frac{\sum_{i=1}^{n}(x_i-\alpha-\beta)^2}{2\sigma^2}},$$

$$L(\alpha - \beta) = L(\alpha - \beta; y_1, y_2, \cdots, y_n) = \prod_{i=1}^{n} \frac{1}{\sqrt{2\pi}\sigma} \mathrm{e}^{\frac{(y_i - \alpha + \beta)^2}{2\sigma^2}} = \frac{1}{(\sqrt{2\pi}\sigma)^n} \mathrm{e}^{\frac{\sum\limits_{i=1}^{n}(y_i - \alpha + \beta)^2}{2\sigma^2}},$$

取对数得

$$\ln L(\alpha + \beta) = -\frac{\sum\limits_{i=1}^{n}(x_i - \alpha - \beta)^2}{2\sigma^2} - \ln(\sqrt{2\pi}\sigma)^n,$$

$$\ln L(\alpha - \beta) = -\frac{\sum\limits_{i=1}^{n}(y_i - \alpha + \beta)^2}{2\sigma^2} - \ln(\sqrt{2\pi}\sigma)^n,$$

令上式函数对 $\alpha + \beta$，$\alpha - \beta$ 的一阶导数分别为零，得到的对数似然方程分别为

$$\frac{\mathrm{d}\ln L(\alpha + \beta)}{\mathrm{d}(\alpha + \beta)} = \sum_{i=1}^{n}[x_i - (\alpha + \beta)] = 0,$$

$$\frac{\mathrm{d}\ln L(\alpha - \beta)}{\mathrm{d}(\alpha - \beta)} = \sum_{i=1}^{n}[y_i - (\alpha - \beta)] = 0,$$

得到

$$\alpha + \beta = \bar{x},$$
$$\alpha - \beta = \bar{y}.$$

解得 α, β 的最大似然估计量分别为 $\hat{\alpha} = \dfrac{\bar{X} + \bar{Y}}{2}, \hat{\beta} = \dfrac{\bar{X} - \bar{Y}}{2}$.

4. 一批产品有放回的抽取一个容量为 n 的样本，其中有 k 件次品，求这批产品中正品与次品之比 R 的最大似然估计.

解 设 $(X_1, X_2, \cdots, X_n)$ 为取到的样本，$X_i = \begin{cases} 1, & \text{取到次品,} \\ 0, & \text{取到正品,} \end{cases}$ $i = 1, \cdots, n$，则 $(X_1, X_2, \cdots, X_n)$ 是取自 $B(1, p)$ 的样本，其中 p 为每次抽到次品的概率且未知，则正品与次品之比为 $R = \dfrac{1 - p}{p}$. 由教材例 5 可知参数 p 的最大似然估计值为 $\hat{p} = \bar{x} = \dfrac{k}{n}$. 所以 R 的最大似然估计为 $\hat{R} = \dfrac{1 - \hat{p}}{\hat{p}} = \dfrac{n}{k} - 1$.

习题 7-2

(A) 基础题

1. 假设新生儿体重(单位: g)服从 $N(\mu, \sigma^2)$，现测量 10 名新生儿的体重，得数据如下

3100, 3480, 2520, 3700, 2520,

3200, 2800, 3800, 3020, 3260.

求参数 σ^2 的一个无偏估计.

解 因为 S^2 是 σ^2 的无偏估计, 所以 $\hat{\sigma}^2 = \dfrac{1}{9}\sum\limits_{i=1}^{10}(x_i-\overline{x})^2 = 198133$.

2. 设 $(X_1, X_2, \cdots, X_n)$ 是来自参数为 λ 的泊松分布的简单随机样本, 求 λ^2 的无偏估计量.

解 因总体 X 服从参数为 λ 的泊松分布, 故 $E(\overline{X})=\lambda$, $D(\overline{X})=\dfrac{\lambda}{n}$, 于是

$$E(\overline{X}^2) = D(\overline{X}) + [E(\overline{X})]^2 = \frac{\lambda}{n} + \lambda^2,$$

即 $E\left(\overline{X}^2 - \dfrac{\lambda}{n}\right) = \lambda^2$, 故有 $E\left(\overline{X}^2 - \dfrac{\overline{X}}{n}\right) = \lambda^2$, 所以可以构造出一个无偏估计量为 $\hat{\lambda}^2 = \overline{X}^2 - \dfrac{\overline{X}}{n}$.

3. 设总体 X 的均值 $E(X)$ 和方差 $D(X)$ 都存在, (X_1, X_2) 是来自总体 X 的样本, 证明

$$\hat{\mu}_1 = \frac{2}{3}X_1 + \frac{1}{3}X_2, \quad \hat{\mu}_2 = \frac{1}{4}X_1 + \frac{3}{4}X_2, \quad \hat{\mu}_3 = \frac{1}{2}X_1 + \frac{1}{2}X_2$$

都是 $E(X)$ 的无偏估计量, 并判断哪一个最有效.

证明 由题意知 $E(X_1)=E(X_2)=\mu$, $D(X_1)=D(X_2)=\sigma^2$, 则

$$E(\hat{\mu}_1) = E\left(\frac{2}{3}X_1 + \frac{1}{3}X_2\right) = \frac{2}{3}E(X_1) + \frac{1}{3}E(X_2) = \frac{2}{3}\mu + \frac{1}{3}\mu = \mu,$$

同理

$$E(\hat{\mu}_2) = \mu, \quad E(\hat{\mu}_3) = \mu,$$

所以 $\hat{\mu}_1 = \dfrac{2}{3}X_1 + \dfrac{1}{3}X_2, \hat{\mu}_2 = \dfrac{1}{4}X_1 + \dfrac{3}{4}X_2, \hat{\mu}_3 = \dfrac{1}{2}X_1 + \dfrac{1}{2}X_2$ 都是 $E(X)$ 的无偏估计量.

$$D(\hat{\mu}_1) = D\left(\frac{2}{3}X_1 + \frac{1}{3}X_2\right) = \frac{4}{9}D(X_1) + \frac{1}{9}D(X_2) = \frac{5}{9}\sigma^2.$$

同理 $D(\hat{\mu}_2) = \dfrac{10}{16}\sigma^2, D(\hat{\mu}_3) = \dfrac{1}{2}\sigma^2$, 而 $D(\hat{\mu}_3) = \dfrac{1}{2}\sigma^2$ 最小. 所以 $\hat{\mu}_3 = \dfrac{1}{2}X_1 + \dfrac{1}{2}X_2$ 最有效.

4. 设 $(X_1, X_2, \cdots, X_n)$ 是来自总体 X 的样本, 总体的均值 μ 已知, 方差 σ^2 未知, 那么 $\dfrac{1}{n-1}\sum\limits_{i=1}^{n}(X_i-\mu)^2$ 是否为 σ^2 的无偏估计? 应该将其如何修改才能成为 σ^2 的无偏估计.

解 因为 $E\left[\dfrac{1}{n-1}\sum\limits_{i=1}^{n}(X_i-\mu)^2\right] = \dfrac{1}{n-1}\sum\limits_{i=1}^{n}E(X_i-\mu)^2 = \dfrac{n}{n-1}\sigma^2$, 所以 $\dfrac{1}{n-1}\sum\limits_{i=1}^{n}(X_i-\mu)^2$ 不是 σ^2 的无偏估计. 而 $\dfrac{1}{n}\sum\limits_{i=1}^{n}(X_i-\mu)^2$ 是 σ^2 的无偏估计.

5. 设总体 X 的概率分布列为

X	-1	0	1
P	$\dfrac{\theta}{2}$	$1-\theta$	$\dfrac{\theta}{2}$

其中 $\theta\,(0<\theta<1)$ 为未知参数, $(X_1,\cdots,X_n)$ 为总体 X 的一个样本. 讨论 θ 的矩估计量 $\hat{\theta}_1$ 和最大似然估计量 $\hat{\theta}_2$ 的无偏性.

解　(1) 由习题 7-1(B)第 1 题可知, θ 的矩估计量为 $\hat{\theta}_1=\dfrac{1}{n}\sum\limits_{i=1}^{n}X_i^2$, 则

$$E(\hat{\theta}_1)=E\left(\frac{1}{n}\sum_{i=1}^{n}X_i^2\right)=E(X_i^2)=(-1)^2\cdot\frac{\theta}{2}+0\cdot(1-\theta)+1^2\cdot\frac{\theta}{2}=\theta,$$

因此 θ 的矩估计量 $\hat{\theta}_1=\dfrac{1}{n}\sum\limits_{i=1}^{n}X_i^2$ 是 θ 的无偏估计.

(2) θ 的最大似然估计量为 $\hat{\theta}_2=\dfrac{\sum\limits_{i=1}^{n}|X_i|}{n}$, 则

$$E(\hat{\theta}_2)=E\left(\frac{\sum\limits_{i=1}^{n}|X_i|}{n}\right)=E(|X_i|)=|-1|\cdot\frac{\theta}{2}+0\cdot(1-\theta)+1\cdot\frac{\theta}{2}=\theta,$$

因此 θ 的最大似然估计量 $\hat{\theta}_2=\dfrac{\sum\limits_{i=1}^{n}|X_i|}{n}$ 也是 θ 的无偏估计.

6. 假设总体 X 服从 $N(0,\sigma^2)$, 其中 σ^2 未知, 讨论 σ^2 的最大似然估计量的无偏性.

解　设 $(x_1,x_2,\cdots,x_n)$ 为样本的一组观测值, 则似然函数

$$L=L(\sigma^2;x_1,x_2,\cdots,x_n)=(2\pi\sigma^2)^{-\frac{n}{2}}\exp\left\{-\frac{\sum\limits_{i=1}^{n}x_i^2}{2\sigma^2}\right\},$$

对 L 取对数, 得到

$$\ln L=-\frac{n}{2}\ln(2\pi\sigma^2)-\frac{\sum\limits_{i=1}^{n}x_i^2}{2\sigma^2},$$

对数似然方程为

$$\frac{\mathrm{d}\ln L}{\mathrm{d}\sigma^2}=-\frac{n}{2\sigma^2}+\frac{\sum\limits_{i=1}^{n}x_i^2}{2\sigma^4}=0,$$

解得最大似然估计量为 $\hat{\sigma}^2=\dfrac{1}{n}\sum\limits_{i=1}^{n}X_i^2$, 又因为 $E(\hat{\sigma}^2)=E\left(\dfrac{1}{n}\sum\limits_{i=1}^{n}X_i^2\right)=\sigma^2$, 所以 σ^2 的最大似然估计量具有无偏性.

(B) 提高题

1. 从总体 X 中抽取样本 $(X_1, \cdots, X_n)$，设 $C_1, \cdots, C_n$ 为常数，且 $\sum_{i=1}^{n} C_i = 1$，证明：

(1) $\hat{\mu} = \sum_{i=1}^{n} C_i X_i$ 是总体均值 μ 的无偏估计量；

(2) 在所有这些无偏估计量 $\hat{\mu} = \sum_{i=1}^{n} C_i X_i$ 中，样本均值 $\overline{X} = \dfrac{1}{n}\sum_{i=1}^{n} X_i$ 是 μ 的最有效估计.

解 (1) 由题意知 $E(X_i) = \mu$，所以

$$E(\hat{\mu}) = E\left(\sum_{i=1}^{n} C_i X_i\right) = \sum_{i=1}^{n} C_i E(X_i) = \mu \sum_{i=1}^{n} C_i = \mu,$$

因此 $\hat{\mu} = \sum_{i=1}^{n} C_i X_i$ 是总体均值 μ 的无偏估计量.

(2) 设总体方差 $D(X) = \sigma^2$，所以

$$D(\hat{\mu}) = D\left(\sum_{i=1}^{n} C_i X_i\right) = \sum_{i=1}^{n} C_i^2 D(X_i) = \left(\sum_{i=1}^{n} C_i^2\right) \cdot \sigma^2,$$

为了确定 $D(\hat{\mu})$ 在什么情况下最小，我们应当求 $D(\hat{\mu})$ 满足条件 $\sum_{i=1}^{n} C_i = 1$ 的条件极值.
为此，考虑函数

$$G(C_1, \cdots, C_n) = \left(\sum_{i=1}^{n} C_i^2\right) \cdot \sigma^2 + \lambda\left(\sum_{i=1}^{n} C_i - 1\right),$$

其中 λ 为常数. 求偏导数 $\dfrac{\partial G}{\partial C_i}(i=1,2,\cdots,n)$，并令它们等于零，得

$$2C_i\sigma^2 + \lambda = 0, \ i=1,2,\cdots,n, \ \text{即} \ C_i = -\frac{\lambda}{2\sigma^2}, i=1,2,\cdots,n,$$

代入 $\sum_{i=1}^{n} C_i = 1$ 中，得 $-\dfrac{n\lambda}{2\sigma^2} = 1$，即 $\lambda = -\dfrac{2\sigma^2}{n}$，得 $C_i = \dfrac{1}{n}, i=1,2,\cdots,n$，所以当 $\hat{\mu} = \dfrac{1}{n}\sum_{i=1}^{n} X_i = \overline{X}$ 时，样本方差 $D(\hat{\mu})$ 最小，即 $\overline{X} = \dfrac{1}{n}\sum_{i=1}^{n} X_i$ 是 μ 的最有效估计.

2. 设 $(X_1, \cdots, X_n)$ 是来自总体 $X \sim N(\mu, \sigma^2)$ 的样本，总体的均值 μ 已知，方差 σ^2 未知，验证 $S_1^2 = \dfrac{1}{n}\sum_{i=1}^{n}(X_i - \mu)^2$ 和 $S_2^2 = \dfrac{1}{n-1}\sum_{i=1}^{n}(X_i - \overline{X})^2$ 都是 σ^2 的无偏估计，并说明 S_1^2 和 S_2^2 中哪个更有效？

证明　因为 $E(S_1^2) = E\left[\dfrac{1}{n}\sum_{i=1}^{n}(X_i - \mu)^2\right] = \dfrac{1}{n}\sum_{i=1}^{n}E(X_i - \mu)^2 = \dfrac{1}{n}\sum_{i=1}^{n}\sigma^2 = \sigma^2$，所以，$S_1^2 = \dfrac{1}{n}\sum_{i=1}^{n}(X_i - \mu)^2$ 是 σ^2 的无偏估计.

因为 $E(X_i^2) = D(X_i) + [E(X_i)]^2 = \sigma^2 + \mu^2$，$E(\bar{X}^2) = D(\bar{X}) + [E(\bar{X})]^2 = \dfrac{\sigma^2}{n} + \mu^2$，所以有

$$E(S_2^2) = E\left[\frac{1}{n-1}\sum_{i=1}^{n}(X_i - \bar{X})^2\right] = E\left[\frac{1}{n-1}\sum_{i=1}^{n}X_i^2 - \frac{n}{n-1}\bar{X}^2\right]$$

$$= \frac{1}{n-1}\sum_{i=1}^{n}E(X_i^2) - \frac{n}{n-1}E(\bar{X}^2)$$

$$= \sigma^2.$$

因此 $S_2^2 = \dfrac{1}{n-1}\sum_{i=1}^{n}(X_i - \bar{X})^2$ 是 σ^2 的无偏估计. 由于

$$\frac{nS_1^2}{\sigma^2} = \frac{1}{\sigma^2}\sum_{i=1}^{n}(X_i - \mu)^2 \sim \chi^2(n),$$

$$\frac{(n-1)S_2^2}{\sigma^2} = \frac{1}{\sigma^2}\sum_{i=1}^{n}(X_i - \bar{X})^2 \sim \chi^2(n-1),$$

因此

$$D\left(\frac{nS_1^2}{\sigma^2}\right) = 2n, \quad D\left[\frac{(n-1)S_2^2}{\sigma^2}\right] = 2(n-1).$$

从而

$$D(S_1^2) = \frac{2\sigma^4}{n}, \quad D(S_2^2) = \frac{2\sigma^4}{n-1},$$

显然 $D(S_1^2) < D(S_2^2)$，所以 S_1^2 比 S_2^2 更有效.

3. 为了估计总体 X 的方差，从总体 X 中抽取样本 $(X_1,\cdots,X_n)$，利用公式 $\hat{\sigma}^2 = k\sum_{i=1}^{n-1}(X_{i+1} - X_i)^2$，求常数 k 的值，使 $\hat{\sigma}^2$ 是总体方差 σ^2 的无偏估计量.

解　$E(\hat{\sigma}^2) = E\left[k\sum_{i=1}^{n-1}(X_{i+1} - X_i)^2\right] = k\sum_{i=1}^{n-1}E[(X_{i+1} - X_i)^2]$

$$= k\sum_{i=1}^{n-1}E(X_{i+1}^2 + X_i^2 - 2X_{i+1}X_i) = k\sum_{i=1}^{n-1}[E(X_{i+1}^2) + E(X_i^2) - 2E(X_{i+1}X_i)]$$

$$= k\sum_{i=1}^{n-1}\{D(X_{i+1}) + [E(X_{i+1})]^2 + D(X_i) + [E(X_i)]^2 - 2E(X_{i+1})E(X_i)\}$$

$$= k \sum_{i=1}^{n-1} (\sigma^2 + \mu^2 + \sigma^2 + \mu^2 - 2\mu^2) = 2k(n-1)\sigma^2.$$

为了使 $\hat{\sigma}^2$ 是 σ^2 的无偏估计量, 应有 $E(\hat{\sigma}^2) = \sigma^2$, 由此得 $2k(n-1)\sigma^2 = \sigma^2$, 所以

$$k = \frac{1}{2(n-1)}.$$

习题 7-3

略.

习题 7-4

(A) 基础题

1. 已知钢丝的折断强度 X 服从正态分布 $N(\mu, 163)$, 随机抽取 10 根测试平均折断强度为 574kg, 试求 μ 的置信水平为 0.95 的置信区间.

解 $n = 10, 1 - \alpha = 0.95, \sigma = \sqrt{163}$, 故 $\alpha = 0.05$, 查正态分布表知 $u_{0.025} = 1.96$, 则

$$\frac{\sigma}{\sqrt{n}} \cdot u_{\alpha/2} = \frac{\sqrt{163}}{\sqrt{10}} \times 1.96 \approx 7.9132.$$

故 μ 的置信水平为 0.95 的置信区间为

$$\left[\bar{X} - u_{\alpha/2} \cdot \frac{\sigma}{\sqrt{n}}, \bar{X} + u_{\alpha/2} \cdot \frac{\sigma}{\sqrt{n}} \right] = \left[574 - 1.96 \times \frac{\sqrt{163}}{\sqrt{10}}, 574 + 1.96 \times \frac{\sqrt{163}}{\sqrt{10}} \right] = [566.1, 581.9].$$

2. 以下是某种清漆的 9 个样品, 其干燥时间(单位: h)分别为

$$6.0, \quad 5.7, \quad 5.8, \quad 6.5, \quad 7.0, \quad 6.3, \quad 5.6, \quad 6.1, \quad 5.0.$$

设干燥时间服从正态分布 $N(\mu, \sigma^2)$, 求 μ 的置信水平为 0.95 的置信区间.

(1) 若由以往经验知 $\sigma = 0.6$h;   (2) 若 σ 为未知.

解 (1) 因为 $\alpha = 0.05, n = 9$, 查正态分布表知 $u_{\alpha/2} = u_{0.025} = 1.96$, 又 $\bar{x} = 6$, 所以

$$\frac{\sigma}{\sqrt{n}} \cdot u_{\alpha/2} = \frac{0.6}{\sqrt{9}} \times 1.96 = 0.392.$$

故 μ 的置信水平为 0.95 的置信区间为 [5.068, 6.392].

(2) $n = 9, \bar{x} = 6, s^2 = 0.33$, 查 t 分布表知 $t_{\alpha/2}(n-1) = t_{0.025}(8) = 2.306$, 则

$$\frac{s}{\sqrt{n}} \cdot t_{\alpha/2}(n-1) = \frac{\sqrt{0.33}}{\sqrt{9}} \times 2.306 \approx 0.442.$$

故 μ 的置信水平为 0.95 的置信区间为 [5.558, 6.442].

3. 设总体 X 服从正态分布 $N(\mu, \sigma^2)$, 已知 $\sigma = \sigma_0$, 要使总体均值 μ 的置信水平为

$100(1-\alpha)\%$的置信区间的长度不大于l, 问需要抽取多大容量的样本?

解 均值μ的置信度为$1-\alpha$的置信区间为$\left[\overline{X}-\dfrac{\sigma}{\sqrt{n}}\times u_{\alpha/2},\overline{X}+\dfrac{\sigma}{\sqrt{n}}\times u_{\alpha/2}\right]$, 置信区间长度为$\dfrac{2\sigma}{\sqrt{n}}\times u_{\alpha/2}$, 要使$\dfrac{2\sigma}{\sqrt{n}}\times u_{\alpha/2}\leqslant l$, 只需使$n\geqslant\dfrac{4\sigma^2 u_{\alpha/2}^2}{l^2}$.

4. 某厂生产一批金属材料, 其抗弯强度服从正态分布, 今从这批金属材料中抽取 11 个测试件, 测得它们的抗弯强度(单位: N)如下

　　42.5,　42.7,　43.0,　42.3,　43.4,　44.5,　44.0,　43.8,　44.1,　43.9,　43.7.

求: (1) 平均抗弯强度μ的置信水平为 0.95 的置信区间; (2) 抗弯强度标准差σ的置信水平为 0.90 的置信区间.

解 (1) 由$\alpha=0.05, n=11$, 查t分布表知$t_{\alpha/2}(n-1)=t_{0.025}(10)=2.2281$, 又因为$\overline{x}=43.4, s^2=0.523$, 所以

$$\frac{s}{\sqrt{n}}\cdot t_{\alpha/2}(n-1)=\frac{\sqrt{0.523}}{\sqrt{11}}\times 2.2281\approx 0.49,$$

则μ的置信水平为 0.95 的置信区间为$[42.91,43.89]$.

(2) 由$\alpha=0.1, n=11$, 查χ^2分布表知$\chi_{0.05}^2(10)=18.307, \chi_{0.95}^2(10)=3.9403$, 计算可知

$$\sqrt{\frac{(n-1)s^2}{\chi_{\alpha/2}^2(n-1)}}=\sqrt{\frac{10\times 0.523}{18.307}}\approx 0.53,\quad \sqrt{\frac{(n-1)s^2}{\chi_{1-\alpha/2}^2(n-1)}}=\sqrt{\frac{10\times 0.523}{3.9403}}\approx 1.15,$$

故标准差σ的置信水平为 0.90 的置信区间为

$$\left[\sqrt{\frac{(n-1)S^2}{\chi_{\alpha/2}^2(n-1)}},\sqrt{\frac{(n-1)S^2}{\chi_{1-\alpha/2}^2(n-1)}}\right]=[0.53,1.15].$$

5. 某车间生产滚珠, 滚珠的直径可以认为服从正态分布$N(\mu,\sigma^2)$, μ,σ^2均未知. 今从某日生产的滚珠中随机抽取 6 件, 测得直径(mm):

　　　　14.7,　15.1,　14.9,　14.8,　15.2,　15.1.

求标准差的置信水平为 0.95 的置信上限.

解 由$P\left\{\dfrac{(n-1)S^2}{\sigma^2}\geqslant\chi_{1-\alpha}^2(n-1)\right\}=1-\alpha$可知, 标准差$\sigma$的$1-\alpha$水平单侧置信区间为$\left(0,\sqrt{\dfrac{(n-1)S^2}{\chi_{1-\alpha}^2(n-1)}}\right]$.

由题可知$1-\alpha=0.95, n=6$, 查表可得$\chi_{0.95}^2(5)=1.1455$, 再由计算可得$s^2=0.039$,

$$\sqrt{\frac{(n-1)s^2}{\chi_{1-\alpha}^2(n-1)}}=\sqrt{\frac{5\times 0.039}{1.1455}}\approx 0.41,$$

所以标准差的置信水平为 0.95 的单侧置信区间为

$$\left(0, \sqrt{\frac{(n-1)S^2}{\chi^2_{1-\alpha}(n-1)}}\right] = (0, 0.41].$$

(B) 提高题

1. 设自总体 $X \sim N(\mu, 0.25)$ 中抽得容量为 10 的样本, 算得样本均值 $\bar{x} = 19.8$, 自总体 $Y \sim N(\mu, 0.36)$ 中抽得容量为 10 的样本, 算得样本均值 $\bar{y} = 24.0$, 两样本相互独立, 求 $\mu_1 - \mu_2$ 的置信水平为 0.9 的置信区间.

解　因为 $n_1 = n_2 = 10, \alpha = 0.1$, 查表可知 $u_{0.05} = 1.645$, 又有 $\bar{x} = 19.8$, $\bar{y} = 24.0$, $\sigma_1^2 = 0.25, \sigma_2^2 = 0.36$, 则 σ_1^2, σ_2^2 均已知时 $\mu_1 - \mu_2$ 置信区间为

$$\left[\bar{x} - \bar{y} - u_{\alpha/2}\sqrt{\frac{\sigma_1^2}{n_1} + \frac{\sigma_2^2}{n_2}}, \ \bar{x} - \bar{y} + u_{\alpha/2}\sqrt{\frac{\sigma_1^2}{n_1} + \frac{\sigma_2^2}{n_2}}\right] = [-4.61, -3.79].$$

2. 为降低某一化学生产过程的损耗, 要采用一种新的催化剂, 为慎重起见, 先进行了试验, 设采用原来的催化剂进行了 $n_1 = 11$ 次试验, 得到的损耗的平均值为 $\bar{x} = 8.06$, 样本方差为 $s_1^2 = 0.063^2$; 采用新的催化剂进行 $n_2 = 21$ 次试验, 得到的损耗的平均值为 $\bar{y} = 7.74$, 样本方差为 $s_2^2 = 0.059^2$. 假设两总体都服从正态分布, 且方差相同, 求两总体均值差 $\mu_1 - \mu_2$ 的置信水平为 0.95 的置信区间.

解　由题意知

$$n_1 = 11, \quad n_2 = 21, \quad \bar{x} = 8.06, \quad \bar{y} = 7.74, \quad s_1^2 = 0.063^2,$$

$$s_2^2 = 0.059^2, \quad 1-\alpha = 0.95, \quad t_{0.025}(30) = 2.0423,$$

则 $s_\omega = \sqrt{\dfrac{(n_1-1)s_1^2 + (n_2-1)s_2^2}{n_1+n_2-2}} = \sqrt{\dfrac{10 \times 0.063^2 + 20 \times 0.059^2}{30}} \approx 0.06$, 故 $\mu_1 - \mu_2$ 的置信水平为 95% 的置信区间为

$$\left[\bar{x} - \bar{y} - t_{\alpha/2}(n_1+n_2-2)s_\omega\sqrt{\frac{1}{n_1} + \frac{1}{n_2}}, \ \bar{x} - \bar{y} + t_{\alpha/2}(n_1+n_2-2)s_\omega\sqrt{\frac{1}{n_1} + \frac{1}{n_2}}\right] = [0.274, 0.366].$$

3. 设两位化验员 A, B 独立地对某种聚合物含氯量用相同的方法各做 10 次测定, 其测定值的样本方差依次为 $s_A^2 = 0.5419, s_B^2 = 0.6065$. 设 σ_A^2, σ_B^2 分别为 A, B 所测定的测定值的总体方差, 又设总体均服从正态分布, 两样本独立. 求方差比 $\dfrac{\sigma_A^2}{\sigma_B^2}$ 置信水平为 95% 的置信区间.

解　由题意知 $\alpha = 0.05$, $n_1 = n_2 = 10$. 查 F 分布表得 $F_{0.975}(9,9) = \dfrac{1}{F_{0.025}(9,9)} = \dfrac{1}{4.03}$,

$F_{0.025}(9,9) = 4.03$，又因为 $s_A^2 = 0.5419, s_B^2 = 0.6065$，于是得 $\dfrac{\sigma_1^2}{\sigma_2^2}$ 的置信区间为

$$\left[\frac{s_1^2}{s_2^2}\frac{1}{F_{\alpha/2}(n_1-1,n_2-1)},\ \frac{s_1^2}{s_2^2}\frac{1}{F_{1-\alpha/2}(n_1-1,n_2-1)}\right] = [0.222, 3.601].$$

4. 设高度表的误差 X 服从正态分布 $N(0,\sigma^2)$，已知高度表误差的标准差 $\sigma = 15\mathrm{m}$，飞机上应该有多少这样的仪器，才能使得以概率 0.98 保证飞机高度的误差均值 $\bar{X}$ 的绝对值小于 30m？

解　由已知 $X \sim N(0,\sigma^2)$，设飞机上有 n 个这样的高度表，则飞机高度的误差均值

$\bar{X} \sim N\left(0, \dfrac{\sigma^2}{n}\right)$，标准化，得 $\dfrac{\bar{X}}{\sigma/\sqrt{n}} \sim N(0,1)$．

对于置信水平 $1-\alpha$，有 $P\left\{\dfrac{|\bar{X}|}{\sigma/\sqrt{n}} < u_{\alpha/2}\right\} = 1-\alpha$，即 $P\left\{|\bar{X}| < \dfrac{\sigma}{\sqrt{n}}u_{\alpha/2}\right\} = 1-\alpha$．已给

置信水平 $1-\alpha = 0.98$，则 $\alpha = 0.02$，查标准正态分布表，$u_{\alpha/2} = u_{0.01} = 2.33$．已知 $\sigma = 15\mathrm{m}$，

要保证 $|\bar{X}| < 30$，应有 $\dfrac{\sigma}{\sqrt{n}}u_{\alpha/2} = \dfrac{15}{\sqrt{n}} \times 2.33 = 30$．解得 $n = \left(\dfrac{15 \times 2.33}{30}\right)^2 \approx 1.36$．因为 n 是

正整数，所以应取 $n = 2$，即飞机上应该有两个高度表．

自 测 题 七

1. 设总体 $X \sim B(n,p)$，$0 < p < 1$ 为未知参数，$(X_1, X_2, \cdots, X_n)$ 为来自该总体的一组样本，则参数 p 的矩估计量为_____．

解　$\dfrac{1}{n}\bar{X}$．

2. 设 $(X_1, X_2, \cdots, X_n)$ 是来自正态总体 $N(\mu,\sigma^2)$ 的样本，则关于 μ 及 σ^2 的似然函数 $L(x_1, x_2, \cdots, x_n; \mu, \sigma^2) = $_____．

解　$\displaystyle\prod_{i=1}^{n}\left[\frac{1}{\sqrt{2\pi}\sigma}\mathrm{e}^{-\frac{(x_i-\mu)^2}{2\sigma^2}}\right]$．

3. (X_1, X_2, X_3) 是来自总体 X 的一组样本，$\hat{\mu} = aX_1 + \dfrac{1}{3}X_2 - \dfrac{1}{6}X_3$ 为总体均值 μ 的无偏估计，则 $a = $_____．

解　$\dfrac{5}{6}$．

4. 设总体 $X \sim P(\lambda)$，$\lambda > 0$ 为未知参数，$(X_1, X_2, \cdots, X_n)$ 为来自该总体的一组样本，则参数 λ 的矩估计量为_____．

解　$\bar{X}$．

5. 设 $(X_1, X_2, \cdots, X_n)$ 是来自正态总体 $N(1, \sigma^2)$ 的样本，则可作为 σ^2 的无偏估计量的是(   ).

A. $\dfrac{1}{n} \sum_{i=1}^{n} X_i^2$；   B. $\dfrac{1}{n-1} \sum_{i=1}^{n} X_i^2$；   C. $\dfrac{1}{n-1} \sum_{i=1}^{n} (X_i - \overline{X})^2$；   D. $\dfrac{1}{n} \sum_{i=1}^{n} (X_i - \overline{X})^2$.

解 答案为 C.

6. 设总体 $X \sim N(\mu, \sigma^2)$，σ^2 已知，总体均值 μ 的置信度为 $1 - \alpha$ 的置信区间长度为 l，当样本容量保持不变时，l 与 α 的关系为(   ).

A. α 增大，l 减小；   B. α 增大，l 增大；

C. α 增大，l 不变；   D. α 与 l 的关系不确定.

解 答案为 A.

7. 设 (X_1, X_2, X_3, X_4) 是来自总体 X 的一组样本，总体均值 μ 未知，则下列 μ 的无偏估计中，最有效的是(   ).

A. $\hat{\mu}_1 = \dfrac{1}{5} X_1 + \dfrac{1}{10} X_2 + \dfrac{2}{5} X_3 + \dfrac{3}{10} X_4$；   B. $\hat{\mu}_2 = \dfrac{1}{4} X_1 + \dfrac{1}{4} X_2 + \dfrac{1}{4} X_3 + \dfrac{1}{4} X_4$；

C. $\hat{\mu}_3 = \dfrac{1}{3} X_1 + \dfrac{1}{4} X_2 + \dfrac{1}{6} X_3 + \dfrac{1}{4} X_4$；   D. $\hat{\mu}_4 = \dfrac{1}{3} X_1 + \dfrac{1}{2} X_2 + \dfrac{1}{12} X_3 + \dfrac{1}{12} X_4$.

解 答案为 B.

8. 设总体 $X \sim N(\mu, \sigma^2)$，σ^2 已知，现在以置信度为 $1 - \alpha$ 的置信区间估计总体的均值 μ，下列做法中一定能使估计更精确的是(   ).

A. 提高置信度 $1 - \alpha$，增加样本容量； B. 提高置信度 $1 - \alpha$，减少样本容量；

C. 降低置信度 $1 - \alpha$，增加样本容量； D. 降低置信度 $1 - \alpha$，减少样本容量.

解 答案为 C.

9. 设 $(X_1, X_2, \cdots, X_n)$ 是来自总体 X 的一组样本，均值 μ 已知，用 $\dfrac{1}{n-1} \sum_{i=1}^{n} (X_i - \mu)^2$ 去估计总体方差 σ^2，它是否是 σ^2 的无偏估计，若不是，如何修改才能使其成为无偏估计.

解 因为 $E(X) = \mu$，$D(X) = \sigma^2$，即 $E(X - \mu)^2 = \sigma^2$，从而 $E(X_i - \mu)^2 = \sigma^2$，故

$$E\left[\dfrac{1}{n-1} \sum_{i=1}^{n} (X_i - \mu)^2 \right] = \dfrac{1}{n-1} \sum_{i=1}^{n} E(X_i - \mu)^2 = \dfrac{n\sigma^2}{n-1} \neq \sigma^2,$$

所以 $\dfrac{1}{n-1} \sum_{i=1}^{n} (X_i - \mu)^2$ 不是 σ^2 的无偏估计. 令 $S_*^2 = \dfrac{n-1}{n} \times \dfrac{1}{n-1} \sum_{i=1}^{n} (X_i - \mu)^2$，则 $E(S_*^2) = \dfrac{n-1}{n} \times \dfrac{n}{n-1} \sigma^2 = \sigma^2$，故 S_*^2 是 σ^2 的无偏估计.

10. 设总体 X 的概率密度函数为 $f(x; \mu, \sigma) = \dfrac{1}{\sigma} e^{-\frac{x-\mu}{\sigma}}, x > \mu, \sigma > 0$，试求未知参数 μ 和 σ 的最大似然估计量.

解 样本的似然函数为

$$L(\mu,\sigma) = \prod_{i=1}^{n} f(x_i;\mu,\sigma) = \prod_{i=1}^{n} \frac{1}{\sigma} e^{-\frac{x_i-\mu}{\sigma}} = \sigma^{-n} e^{-\sum\limits_{i=1}^{n} \frac{x_i-\mu}{\sigma}}, \quad x_i > \mu, \ i = 1,2,\cdots,n,$$

对 $L(\mu,\sigma)$ 取对数得

$$\ln L(\mu,\sigma) = -n\ln\sigma - \sum_{i=1}^{n} \frac{x_i-\mu}{\sigma}.$$

对上式关于 μ,σ 求导并令其为 0 得

$$\begin{cases} \dfrac{\partial \ln L(\mu,\sigma)}{\partial \mu} = \dfrac{n}{\sigma} > 0, & ① \\[3mm] \dfrac{\partial \ln L(\mu,\sigma)}{\partial \sigma} = -\dfrac{n}{\sigma} + \dfrac{1}{\sigma^2} \sum_{i=1}^{n}(x_i-\mu) = 0. & ② \end{cases}$$

由①知，$\ln L(\mu,\sigma)$ 是关于 μ 的单调增函数，故 μ 越大，$\ln L(\mu,\sigma)$ 越大. 考虑到 $x_i > \mu$，$i = 1,2,\cdots,n$，则 μ 的最大似然估计量为 $\hat{\mu} = \min\limits_{1\leqslant i\leqslant n}\{X_i\}$，将其代入②并求解得 σ 的最大似然估计量为 $\hat{\sigma} = \dfrac{\sum\limits_{i=1}^{n}\left(X_i - \min\limits_{1\leqslant i\leqslant n}\{X_i\}\right)}{n} = \overline{X} - \min\limits_{1\leqslant i\leqslant n}\{X_i\}$.

11. 设总体 $X \sim N(\mu,0.9^2)$，当样本容量 $n=9$ 时，测得样本均值 $\bar{x}=5$，求未知参数 μ 的置信度为 0.95 的置信区间.

解 (1) 构造枢轴量 $U = \dfrac{\overline{X}-\mu}{\sigma/\sqrt{n}} \sim N(0,1)$；

(2) $\alpha = 0.05$，查表得 $u_{0.025} = 1.96$，$u_{0.975} = -u_{0.025} = -1.96$；

(3) $\sigma = 0.9$，$n = 9$，$\bar{x} = 5$，由 $P\left\{-1.96 \leqslant \dfrac{\overline{X}-\mu}{\sigma/\sqrt{n}} \leqslant 1.96\right\} = 0.95$，恒等变形为

$$P\left\{\overline{X} - 1.96 \times \frac{\sigma}{\sqrt{n}} \leqslant \mu \leqslant \overline{X} + 1.96 \times \frac{\sigma}{\sqrt{n}}\right\} = 0.95.$$

故未知参数 μ 的置信度为 0.95 的置信区间

$$\left[5 - 1.96 \times \frac{0.9}{3}, 5 + 1.96 \times \frac{0.9}{3}\right] = [4.412, 5.588].$$

12. 某车间两条生产线生产同一种产品，产品的质量指标可以认为服从正态分布，现分别从两条生产线的产品中抽取容量为 25 和 21 的样本检测，算得样本方差分别是 7.89 和 5.07，求产品质量指标方差比的置信水平为 95% 的置信区间.

解 μ_1,μ_2 未知时，$\dfrac{\sigma_1^2}{\sigma_2^2}$ 置信水平为 $1-\alpha$ 的置信区间为

$$\left[\frac{S_1^2}{S_2^2}\frac{1}{F_{\alpha/2}(n_1-1,n_2-1)},\frac{S_1^2}{S_2^2}\frac{1}{F_{1-\alpha/2}(n_1-1,n_2-1)}\right],$$

$n_1=25$，$n_2=21$，$s_1^2=7.89$，$s_2^2=5.07$，$\alpha=0.05$，$F_{0.025}(24,20)=2.41$，

$$F_{0.975}(24,20)=\frac{1}{F_{0.025}(20,24)}=\frac{1}{2.33},$$

代入得 $\dfrac{\sigma_1^2}{\sigma_2^2}$ 的置信区间为 $[0.6457,3.6260]$．

第八章 假设检验

一、基本内容

1. 基本概念

(1) 假设检验.

对总体的分布提出某种假设,然后利用样本所提供的信息,根据概率论的原理对假设做出"接受"还是"拒绝"的判断,这一类统计推断问题统称为假设检验.

(2) 基本思想.

假设检验的基本思想实质上是带有某种概率性质的反证法. 其原理是小概率事件在一次试验中是几乎不可能发生的.

(3) 两类错误.

第一类错误: 当原假设 H_0 为真时, 根据样本提供的信息做出拒绝 H_0 的判断, 通常称之为弃真错误或拒真错误.

第二类错误: 当原假设 H_0 不成立时, 根据样本提供的信息做出接受 H_0 的决定, 这类错误称为取伪错误.

(4) 假设检验的基本步骤:

① 根据实际问题提出原假设 H_0 及备择假设 H_1;

② 构造适当的检验统计量, 并在 H_0 成立的条件下确定其分布;

③ 对事先给定的显著性水平 α, 根据检验统计量的分布, 查表找出临界值, 从而确定 H_0 的拒绝域 W;

④ 由样本观测值计算检验统计量的值;

⑤ 判断: 如果检验统计量的值落入拒绝域 W 内, 则拒绝 H_0, 接受 H_1; 如果没有落入拒绝域 W 内, 则接受 H_0, 拒绝 H_1.

2. 单个正态总体的假设检验(表 8-1、表 8-2)

表 8-1 正态总体均值 μ 的检验表

检验法	条件	原假设 H_0	备择假设 H_1	统计量及其分布	拒绝域
U 检验法	σ^2 已知	$\mu = \mu_0$	$\mu \neq \mu_0$	$U = \dfrac{\overline{X} - \mu}{\sigma / \sqrt{n}} \sim N(0,1)$	$\lvert U \rvert > u_{\alpha/2}$
		$\mu \leqslant \mu_0$	$\mu > \mu_0$		$U > u_\alpha$
		$\mu \geqslant \mu_0$	$\mu < \mu_0$		$U < -u_\alpha$

续表

检验法	条件	原假设 H_0	备择假设 H_1	统计量及其分布	拒绝域
t 检验法	σ^2 未知	$\mu = \mu_0$	$\mu \neq \mu_0$	$T = \dfrac{\overline{X} - \mu}{S/\sqrt{n}} \sim t(n-1)$	$|T| > t_{\alpha/2}(n-1)$
		$\mu \leqslant \mu_0$	$\mu > \mu_0$		$T > t_\alpha(n-1)$
		$\mu \geqslant \mu_0$	$\mu < \mu_0$		$T < -t_\alpha(n-1)$

表 8-2 正态总体方差 σ^2 的检验表

检验法	条件	原假设 H_0	备择假设 H_1	统计量及其分布	拒绝域
χ^2 检验法	μ 已知	$\sigma^2 = \sigma_0^2$	$\sigma^2 \neq \sigma_0^2$	$\chi^2 = \dfrac{\sum\limits_{i=1}^{n}(X_i - \mu)^2}{\sigma_0^2} \sim \chi^2(n)$	$\chi^2 > \chi^2_{\alpha/2}(n)$ 或 $0 < \chi^2 < \chi^2_{1-\alpha/2}(n)$
		$\sigma^2 \leqslant \sigma_0^2$	$\sigma^2 > \sigma_0^2$		$\chi^2 > \chi^2_\alpha(n)$
		$\sigma^2 \geqslant \sigma_0^2$	$\sigma^2 < \sigma_0^2$		$\chi^2 < \chi^2_{1-\alpha}(n)$
χ^2 检验法	μ 未知	$\sigma^2 = \sigma_0^2$	$\sigma^2 \neq \sigma_0^2$	$\chi^2 = \dfrac{(n-1)S_n^2}{\sigma^2} \sim \chi^2(n-1)$	$\chi^2 > \chi^2_{\alpha/2}(n-1)$ 或 $0 < \chi^2 < \chi^2_{1-\alpha/2}(n-1)$
		$\sigma^2 \leqslant \sigma_0^2$	$\sigma^2 > \sigma_0^2$		$\chi^2 > \chi^2_\alpha(n-1)$
		$\sigma^2 \geqslant \sigma_0^2$	$\sigma^2 < \sigma_0^2$		$\chi^2 < \chi^2_{1-\alpha}(n-1)$

3. 两个正态总体的假设检验(表 8-3、表 8-4)

表 8-3 两个正态总体均值 μ 的检验表

检验法	条件	原假设 H_0	备择假设 H_1	统计量及其分布	拒绝域
U 检验法	σ_1^2, σ_2^2 已知	$\mu_1 = \mu_2$	$\mu_1 \neq \mu_2$	$U = \dfrac{(\overline{X} - \overline{Y}) - (\mu_1 - \mu_2)}{\sqrt{\dfrac{\sigma_1^2}{m} + \dfrac{\sigma_2^2}{n}}} \sim N(0,1)$	$|U| > u_{\alpha/2}$
		$\mu_1 \leqslant \mu_2$	$\mu_1 > \mu_2$		$U > u_\alpha$
		$\mu_1 \geqslant \mu_2$	$\mu_1 < \mu_2$		$U < -u_\alpha$
t 检验法	σ_1^2, σ_2^2 未知 但相等	$\mu_1 = \mu_2$	$\mu_1 \neq \mu_2$	$T = \dfrac{(\overline{X} - \overline{Y}) - (\mu_1 - \mu_2)}{S_\omega \sqrt{\dfrac{1}{m} + \dfrac{1}{n}}}$ $\sim t(m+n-2)$	$|T| > t_{\alpha/2}(m+n-2)$
		$\mu_1 \leqslant \mu_2$	$\mu_1 > \mu_2$		$T > t_\alpha(m+n-2)$
		$\mu_1 \geqslant \mu_2$	$\mu_1 < \mu_2$		$T < -t_\alpha(m+n-2)$

表 8-4 两个正态总体方差 σ^2 的检验表

检验法	条件	原假设 H_0	备择假设 H_1	统计量及其分布	拒绝域
F 检验法	μ_1, μ_2 已知	$\sigma_1^2 = \sigma_2^2$	$\sigma_1^2 \neq \sigma_2^2$	$F = \dfrac{\sum\limits_{i=1}^{m}(X_i - \mu_1)^2/m}{\sum\limits_{j=1}^{n}(Y_j - \mu_2)^2/n} \sim F(m,n)$	$F > F_{\alpha/2}(m,n)$ 或 $F < F_{1-\alpha/2}(m,n)$
		$\sigma_1^2 \leqslant \sigma_2^2$	$\sigma_1^2 > \sigma_2^2$		$F > F_\alpha(m,n)$
		$\sigma_1^2 \geqslant \sigma_2^2$	$\sigma_1^2 < \sigma_2^2$		$F < F_{1-\alpha}(m,n)$

续表

检验法	条件	原假设 H_0	备择假设 H_1	统计量及其分布	拒绝域
F 检验法	μ_1, μ_2 未知	$\sigma_1^2 = \sigma_2^2$	$\sigma_1^2 \neq \sigma_2^2$	$F = \dfrac{S_1^2}{S_2^2} \sim F(m-1, n-1)$	$F > F_{\alpha/2}(m-1, n-1)$ 或 $F < F_{1-\alpha/2}(m-1, n-1)$
		$\sigma_1^2 \leqslant \sigma_2^2$	$\sigma_1^2 > \sigma_2^2$		$F > F_{\alpha}(m-1, n-1)$
		$\sigma_1^2 \geqslant \sigma_2^2$	$\sigma_1^2 < \sigma_2^2$		$F < F_{1-\alpha}(m-1, n-1)$

二、基 本 要 求

通过本章的学习, 要求学生了解假设检验的基本思想, 熟练掌握假设检验的基本步骤及两类错误, 熟练掌握正态总体的均值及方差的假设检验及其应用.

重点: 单个正态总体的均值与方差的假设检验.

难点: 两个正态总体的均值与方差的假设检验.

三、扩 展 例 题

例 1 (2018 年考研真题) 设总体 X 服从正态分布 $N(\mu, \sigma^2)$, $(X_1, X_2, \cdots, X_n)$ 是来自总体 X 的简单随机样本, 据此样本检验: 假设 $H_0: \mu = \mu_0$, $H_1: \mu \neq \mu_0$, 则( ).

A. 如果在检验水平 $\alpha = 0.05$ 下拒绝 H_0, 那么在检验水平 $\alpha = 0.01$ 下必拒绝 H_0;

B. 如果在检验水平 $\alpha = 0.05$ 下拒绝 H_0, 那么在检验水平 $\alpha = 0.01$ 下必接受 H_0;

C. 如果在检验水平 $\alpha = 0.05$ 下接受 H_0, 那么在检验水平 $\alpha = 0.01$ 下必拒绝 H_0;

D. 如果在检验水平 $\alpha = 0.05$ 下接受 H_0, 那么在检验水平 $\alpha = 0.01$ 下必接受 H_0.

解 检验水平 α 为检验犯第一类错误的概率, 即当 H_0 为真的条件下, 做出拒绝 H_0 而犯错误的概率. 显然如果 α 变小时, 拒绝 H_0 的范围应该变小, 接受 H_0 的范围应变大, 所以 D 正确.

例 2 (2021 年考研真题) 设 $(X_1, X_2, \cdots, X_{16})$ 是来自总体 $N(\mu, 4)$ 的简单随机样本, 考虑假设检验问题 $H_0: \mu \leqslant 10, H_1: \mu > 10$, $\Phi(x)$ 表示标准正态分布函数, 若该检验问题的拒绝域为 $W = \left\{ \overline{X} \geqslant 11 \right\}$, 其中 $\overline{X} = \dfrac{1}{16} \sum_{i=1}^{16} X_i$, 则 $\mu = 11.5$ 时, 该检验犯第二类错误的概率为( ).

A. $1 - \Phi(0.5)$;   B. $1 - \Phi(1)$;   C. $1 - \Phi(1.5)$;   D. $1 - \Phi(2)$.

解 当 $\mu = 11.5$ 时, 犯第二类错误是指在 H_1 为真的条件下接受 H_0, 故其概率为

$$P\left\{ \overline{X} < 11 \,\middle|\, \mu = 11.5 \right\} = P\left\{ \frac{4(\overline{X} - 11.5)}{2} < \frac{4(11 - 11.5)}{2} \right\} = \Phi(-1) = 1 - \Phi(1).$$

所以 B 正确.

四、习 题 详 解

习题 8-1

(A) 基础题

1. 试述假设检验的基本步骤.

解 假设检验的基本步骤:

(1) 根据所讨论的实际问题提出原假设 H_0 及备择假设 H_1;

(2) 构造适当的检验统计量, 并在 H_0 成立的条件下确定其分布;

(3) 对事先给定的显著性水平 α, 根据检验统计量的分布, 查表找出临界值, 从而确定 H_0 的拒绝域 W;

(4) 由样本观测值计算检验统计量的值;

(5) 判断——如果检验统计量的值落入拒绝域 W 内, 则拒绝 H_0, 接受 H_1; 如果没有落入拒绝域 W 内, 则接受 H_0, 拒绝 H_1.

2. 设 α, β 分别是假设检验中犯第一、第二类错误的概率, H_0, H_1 分别为原假设及备择假设, 则

(1) $P\{$接受$H_0 \mid H_0$不真$\} = $ _____;

(2) $P\{$拒绝$H_0 \mid H_0$为真$\} = $ _____;

(3) $P\{$拒绝$H_0 \mid H_0$不真$\} = $ _____;

(4) $P\{$接受$H_0 \mid H_0$为真$\} = $ _____.

解 (1) β; (2) α; (3) $1-\beta$; (4) $1-\alpha$.

3. 在假设检验问题中, 显著性水平 α 的意义是( ).

A. 在 H_0 成立的条件下, 经检验 H_0 被拒绝的概率;

B. 在 H_0 成立的条件下, 经检验 H_0 被接受的概率;

C. 在 H_0 不成立的条件下, 经检验 H_0 被拒绝的概率;

D. 在 H_0 不成立的条件下, 经检验 H_0 被接受的概率.

解 答案为 A.

4. 下列说法正确的是( ).

A. 如果备择假设是正确的, 但做出拒绝备择假设结论, 则犯了弃真错误;

B. 如果备择假设是错误的, 但做出接受备择假设结论, 则犯了取伪错误;

C. 如果原假设是错误的, 但做出接受备择假设结论, 则犯了取伪错误;

D. 如果原假设是正确的, 但做出接受备择假设结论, 则犯了弃真错误.

解 答案为 D.

5. 假设检验时, 当在样本容量一定时, 减小犯第二类错误的概率, 则犯第一类错误的概率( ).

A. 必然变小;　　　B. 必然变大;　　　C. 不确定;　　　D. 肯定不变.

解　答案为 B.

(B) 提高题

1. 设 $(X_1, X_2, \cdots, X_n)$ 是取自正态总体 $N(\mu, 16)$ 的一个样本, 其中 μ 为未知参数, 检验 H_0: $\mu = \mu_0$, H_1: $\mu \neq \mu_0$, 取拒绝域 $W = \{|\bar{x} - \mu_0| \geqslant C\}$,

(1) 显著性水平 $\alpha = 0.05$, 试确定常数 C;

(2) 若固定样本容量 $n = 36$, 试分析犯两类错误的概率 α 和 β 之间的关系.

解　H_0: 当 $\mu = \mu_0$ 成立时, $\dfrac{\sqrt{n}(\bar{X} - \mu_0)}{4} \sim N(0,1)$.

(1) $P\{(X_1, X_2, \cdots, X_n) \in W\} = P\{|\bar{X} - \mu_0| \geqslant C\} = P\left\{\dfrac{\sqrt{n}|\bar{X} - \mu_0|}{4} \geqslant \dfrac{\sqrt{n}C}{4}\right\}$

$$= 2\left[1 - \Phi\left(\dfrac{\sqrt{n}C}{4}\right)\right] = 0.05.$$

故 $\Phi\left(\dfrac{\sqrt{n}C}{4}\right) = 0.975$, 查表知 $\dfrac{\sqrt{n}C}{4} = 1.96$, 故 $C = \dfrac{7.84}{\sqrt{n}}$.

(2) 当 $n = 36$ 时, 由(1)知 $\alpha = P\{W|H_0\} = P\{|\bar{X} - \mu_0| \geqslant C\} = 2\left[1 - \Phi\left(\dfrac{3C}{2}\right)\right]$, H_1: 当 $\mu \neq \mu_0$ 成立时, $\dfrac{3(\bar{X} - \mu)}{2} \sim N(0,1)$,

$\beta = P\{\bar{W}|H_1\} = P\{|\bar{X} - \mu_0| \leqslant C\} = P\{\mu_0 - C \leqslant \bar{X} \leqslant \mu_0 + C\}$

$= P\left\{\dfrac{3(\mu_0 - \mu - C)}{2} \leqslant \dfrac{3(\bar{X} - \mu)}{2} \leqslant \dfrac{3(\mu_0 - \mu + C)}{2}\right\}$

$= \Phi\left(\dfrac{3(\mu_0 - \mu + C)}{2}\right) - \Phi\left(\dfrac{3(\mu_0 - \mu - C)}{2}\right) = \Phi\left(\dfrac{3(C + \mu_0 - \mu)}{2}\right) + \Phi\left(\dfrac{3(C - \mu_0 + \mu)}{2}\right) - 1.$

可以看出, 当 α 变小时, C 会变大, 从而 β 会变大, 反之, 当 β 变小时, C 会变小, 从而 α 会变大, 故在样本量一定的情况下, α 和 β 一个变小, 另一个会变大.

2. 设 $(X_1, X_2, \cdots, X_n)$ 是取自正态总体 $N(\mu, 0.04)$ 的一个样本, 其中 μ 为未知参数, 检验 H_0: $\mu = \mu_0$, H_1: $\mu \neq \mu_0$, 取拒绝域 $W = \{|\bar{x} - \mu_0| \geqslant 0.1\}$, 要使犯第一类错误的概率不大于 0.05, 则样本容量至少应为多少?

解　H_0: $\mu = \mu_0$ 成立时, $\dfrac{\sqrt{n}(\bar{X} - \mu_0)}{0.2} \sim N(0,1)$, 要使犯第一类错误的概率

$$\alpha = P\{W \mid H_0\} = P\{\mid \overline{X} - \mu_0 \mid \geqslant 0.1\} = P\left\{\frac{\sqrt{n}\mid \overline{X} - \mu_0 \mid}{0.2} \geqslant \frac{0.1 \times \sqrt{n}}{0.2}\right\}$$

$$= 2\left[1 - \Phi\left(\frac{\sqrt{n}}{2}\right)\right] \leqslant 0.05.$$

需使 $\Phi\left(\dfrac{\sqrt{n}}{2}\right) \geqslant 0.975$，查表知 $\dfrac{\sqrt{n}}{2} \geqslant 1.96$，解得 $n \geqslant 16$，即要使犯第一类错误的概率不大于 0.05，则样本容量至少应为 16.

3. 设总体 $X \sim N(\mu,1)$，$(X_1, X_2, \cdots, X_{16})$ 为来自总体 X 的样本，其中 μ 为未知参数，要检验 H_0: $\mu = 0$，H_1: $\mu \neq 0$，试证: 以 $W = \{4\mid \overline{x} \mid > 1.96\}$ 为拒绝域的检验犯第一类错误的概率为 0.05.

证明 H_0: 当 $\mu = 0$ 成立时，$4\mid \overline{X} \mid \sim N(0,1)$，犯第一类错误的概率

$$\alpha = P\{(X_1, X_2, \cdots, X_{16}) \in W\} = P\{4\mid \overline{X} \mid > 1.96\} = 1 - \Phi(1.96) + \Phi(-1.96)$$

$$= 2\left[1 - \Phi(1.96)\right] = 0.05.$$

习题 8-2

(A) 基础题

1. 设某产品重量 X (单位: g) 服从正态分布 $N(2,0.01)$. 现采用新工艺后抽取 100 个产品，算得其重量的平均值为 $\overline{x} = 1.978$. 若方差 $\sigma^2 = 0.01$ 未变，问能否认为产品重量的均值还和以前相同? (显著性水平 $\alpha = 0.05$)

解 已知总体 X 服从正态分布 $N(\mu, \sigma^2)$，其中 σ^2 已知，取显著性水平 $\alpha = 0.05$. 提出假设 H_0: $\mu = \mu_0 = 2$，H_1: $\mu \neq 2$. 取统计量为

$$U = \frac{\overline{X} - \mu}{\sigma / \sqrt{n}} \sim N(0,1).$$

由 $\alpha = 0.05$，查标准正态分布表，得 $u_{\alpha/2} = u_{0.025} = 1.96$，所以拒绝域为

$$(-\infty, -1.96) \bigcup (1.96, +\infty).$$

将样本观测值代入计算得

$$\left|\frac{\overline{x} - 2}{0.1} \times 10\right| = \left|\frac{1.978 - 2}{0.1} \times 10\right| = 2.2 > 1.96.$$

故拒绝 H_0，认为产品重量均值不再等于 2g.

2. 设某厂生产的食盐的袋装重量服从正态分布 $N(\mu, \sigma^2)$ (单位: g)，已知标准差为 3g. 从生产过程中随机抽取 16 袋盐，分别测得重量后算出平均袋装食盐重量为 496g. 问是否可以认为该厂生产的袋装食盐的平均重量为 500g? (显著性水平 $\alpha = 0.05$)

解 提出假设 H_0: $\mu = 500$，H_1: $\mu \neq 500$. 取统计量为

$$U = \frac{\overline{X} - \mu}{\sigma / \sqrt{n}} \sim N(0,1) ,$$

由 $\alpha = 0.05$，查标准正态分布表，得 $u_{\alpha/2} = u_{0.025} = 1.96$，所以拒绝域为

$$(-\infty, -1.96) \bigcup (1.96, +\infty) ,$$

将样本观测值代入计算得

$$\left| \frac{\overline{x} - \mu_0}{\sigma} \times \sqrt{n} \right| = \left| \frac{496 - 500}{3} \times \sqrt{16} \right| \approx 5.3 > 1.96 ,$$

故拒绝 H_0，即不能认为该厂生产的袋装食盐的平均重量为 500g.

3. 某日从饮料生产线随机抽取 16 瓶饮料，分别测得重量(单位: g)后算出样本均值 $\overline{x} = 502.92\text{g}$ 及样本标准差 $s = 12\text{g}$. 假设瓶装饮料的重量服从正态分布 $N(\mu, \sigma^2)$，其中 σ^2 未知，问该日生产的瓶装饮料的平均重量是否为 500g? (显著性水平 $\alpha = 0.05$)

解 提出假设 H_0: $\mu = \mu_0 = 500$, H_1: $\mu \neq 500$. 在 H_0 成立的条件下，选取统计量为

$$T = \frac{\overline{X} - \mu}{S / \sqrt{n}} \sim t(n-1) ,$$

对于给定的显著性水平 $\alpha = 0.05$，查 t 分布表可得 $t_{0.025}(15) = 2.1314$，其拒绝域为 $(-\infty, -2.1314) \bigcup (2.1314, +\infty)$，计算统计量的值为

$$t = \frac{\overline{x} - \mu_0}{s / \sqrt{n}} = \frac{502.92 - 500}{12 / \sqrt{16}} \approx 0.973 < 2.1314 ,$$

由于 $t = 0.973$ 不在拒绝域内，故接受 H_0，即可以认为该日生产的瓶装饮料的平均重量为 500g.

4. 设某厂生产铜线的折断力 X 服从 $N(\mu, 8^2)$，现从一批产品中抽查 10 根测其折断力，经计算得样本均值 $\overline{x} = 575.2\text{kg}$，样本方差 $s^2 = 68.16\text{kg}^2$. 试问能否认为这批铜线折断力的方差仍为 8^2kg^2? (显著性水平 $\alpha = 0.05$)

解 提出假设 H_0: $\sigma^2 = 8^2$, H_1: $\sigma^2 \neq 8^2$. 在 H_0 成立的条件下，选取统计量为

$$\chi^2 = \frac{(n-1)S^2}{\sigma_0^2} \sim \chi^2(n-1) ,$$

对于给定的显著性水平 $\alpha = 0.05$，查 χ^2 分布表可得

$$\chi_{\alpha/2}^2(n-1) = \chi_{0.025}^2(9) = 19.0228, \quad \chi_{1-\alpha/2}^2(n-1) = \chi_{0.975}^2(9) = 2.7004 ,$$

即拒绝域为 $(0, 2.7004) \bigcup (19.0228, +\infty)$，根据样本值计算得 $\chi^2 = \frac{1}{8^2} \times 9 \times 68.16 = 9.6$，由于 χ^2 不在拒绝域内，故接受 H_0，认为该批铜线折断力的方差仍为 8^2kg^2.

5. 某供货商声称他们提供的金属线的质量非常稳定，其抗拉强度的方差为 9kg^2. 为了检测抗拉强度，在该金属线中随机地抽取 10 根，测得样本标准差 $s = 4.5\text{kg}$，设该金属线的抗拉强度服从正态分布 $N(\mu, \sigma^2)$，问是否可以相信该供货商的说法? (显著性

水平 $\alpha = 0.05$)

解 由题意知, 要检验假设 H_0: $\sigma^2 = 9$, H_1: $\sigma^2 \neq 9$. 在 H_0 成立的条件下, 选取统计量为

$$\chi^2 = \frac{(n-1)S^2}{\sigma_0^2} \sim \chi^2(n-1),$$

对于给定的显著性水平 $\alpha = 0.05$, 查 χ^2 分布表可得

$$\chi^2_{\alpha/2}(n-1) = \chi^2_{0.025}(9) = 19.0228, \qquad \chi^2_{1-\alpha/2}(n-1) = \chi^2_{0.975}(9) = 2.7004,$$

即拒绝域为 $(0, 2.7004) \bigcup (19.0228, +\infty)$, 根据样本值计算得 $\chi^2 = \dfrac{9 \times 4.5^2}{9} = 20.25$, 由于 $\chi^2 = 20.25$ 在拒绝域内, 故拒绝 H_0, 即不相信该供货商的说法.

(B) 提高题

1. 某自动机生产一种铆钉, 尺寸误差 $X \sim N(\mu, 1)$, 该机正常工作与否的标志是检验 $\mu = 0$ 是否成立. 一日抽检容量 $n = 10$ 的样本, 测得样本均值为 $\bar{x} = 1.01$. 试问在显著性水平 $\alpha = 0.05$ 下, 该日自动机工作是否正常?

解 提出假设 H_0: $\mu = 0$, H_1: $\mu \neq 0$. 在 H_0 成立条件下, 选取统计量为

$$U = \frac{\bar{X} - \mu}{\sigma / \sqrt{n}} \sim N(0, 1).$$

由 $\alpha = 0.05$, 查标准正态分布表, 得 $u_{\alpha/2} = u_{0.025} = 1.96$. 所以拒绝域为 $(-\infty, -1.96) \bigcup (1.96, +\infty)$. 将样本观测值代入计算得

$$\left| \frac{\bar{x} - \mu_0}{\sigma} \times \sqrt{n} \right| = \left| \frac{1.01 - 0}{1} \times \sqrt{10} \right| \approx 3.194 > 1.96.$$

故拒绝 H_0, 认为该日自动机工作不正常.

2. 某校大二学生概率统计成绩 X 服从正态分布 $N(\mu, \sigma^2)$, 从中随机抽取 25 位考生的成绩, 算得平均分为 72.5 分, 标准差为 8 分, 试在显著性水平 $\alpha = 0.05$ 条件下分别检验

(1) H_0: $\mu = 75$, H_1: $\mu \neq 75$;

(2) H_0: $\sigma^2 = 25$, H_1: $\sigma^2 \neq 25$.

解 (1) 提出假设 H_0: $\mu = 75$, H_1: $\mu \neq 75$. 在 H_0 成立的条件下, 选取统计量

$$T = \frac{\bar{X} - \mu}{S / \sqrt{n}} \sim t(n-1).$$

在显著性水平为 $\alpha = 0.05$ 下, 查 t 分布表可得 $t_{0.025}(24) = 2.0639$, 其拒绝为 $(-\infty, -2.0639) \bigcup (2.0639, +\infty)$, 计算统计量的值为 $|t| = \left| \dfrac{\bar{x} - \mu}{s / \sqrt{n}} \right| = \left| \dfrac{72.5 - 75}{8 / \sqrt{25}} \right| = 1.56$. 由于 $|t| = 1.56$ 不在拒绝域内, 故接受 H_0.

(2) 提出假设 H_0: $\sigma^2 = 25$, H_1: $\sigma^2 \neq 25$, 在 H_0 成立的条件下, 选取统计量为

$$\chi^2 = \frac{(n-1)S^2}{\sigma_0^2} \sim \chi^2(n-1),$$

对于给定的显著性水平 $\alpha = 0.05$, 查 χ^2 分布表可得

$$\chi_{\alpha/2}^2(n-1) = \chi_{0.025}^2(24) = 39.3641, \quad \chi_{1-\alpha/2}^2(n-1) = \chi_{0.975}^2(24) = 12.4012,$$

即拒绝域为 $(0, 12.4012) \bigcup (39.3641, +\infty)$, 根据样本值计算得 $\chi^2 = \frac{24 \times 8^2}{25} = 61.44$, 由于 $\chi^2 = 61.44$ 在拒绝域内, 故拒绝 H_0.

3. 有一种新安眠剂, 据说在一定剂量下能比某种旧安眠剂平均增加睡眠时间 3h, 为了检验新安眠剂的这种说法是否正确, 收集到一组使用新安眠剂的睡眠时间 (单位: h):

$$26.7, \quad 22.0, \quad 24.1, \quad 21.0, \quad 27.2, \quad 25.0, \quad 23.4.$$

根据资料, 用某种旧安眠剂时平均睡眠时间为 23.8h, 假设用安眠剂后睡眠时间服从正态分布, 试问这组数据能否说明新安眠剂的疗效? (显著性水平 $\alpha = 0.05$)

解　提出假设 H_0: $\mu = \mu_0 = 26.8$, H_1: $\mu \neq 26.8$. 在 H_0 成立的条件下, 选取统计量为

$$T = \frac{\overline{X} - \mu}{S / \sqrt{n}} \sim t(n-1),$$

对于给定的显著性水平 $\alpha = 0.05$, 查 t 分布表可得 $t_{0.025}(6) = 2.4469$, 即拒绝域为 $(-\infty, -2.4469) \bigcup (2.4469, +\infty)$, 根据题意知 $n = 7, \overline{x} = 24.2, s = 2.296$. 又

$$|t| = \left| \frac{\overline{x} - \mu}{s / \sqrt{n}} \right| = \left| \frac{24.2 - 26.8}{2.296 / \sqrt{7}} \right| \approx 2.9961 > 2.4469,$$

故拒绝 H_0, 认为新安眠剂的疗效没有达到平均睡眠时间增加 3h.

4. 一名 NBA 教练称, 一名 NBA 球员的罚球命中率为 65%, 随机选取了 9 名球员, 观测到罚球平均命中率为 68%, 标准差为 5%.

(1) 在显著性水平 $\alpha = 0.05$ 条件下, 对上述结论进行假设检验.

(2) 若用 100 名球员代替 9 名球员, 会有什么变化?

解　(1) 假设球员的命中率服从正态分布, 此检验即为对正态总体均值的假设检验, 且方差未知.

提出假设 H_0: $\mu = 65\%$, H_1: $\mu \neq 65\%$. 在 H_0 成立的条件下, 选取统计量为

$$T = \frac{\overline{X} - \mu}{S / \sqrt{n}} \sim t(n-1),$$

对于给定的显著性水平 $\alpha = 0.05$, 查 t 分布表可得 $t_{0.025}(8) = 2.306$, 即拒绝域为

$$(-\infty, -2.306) \bigcup (2.306, +\infty),$$

根据题意知 $n=9, \bar{x}=68\%, s=0.05$. 又

$$|t| = \left| \frac{\bar{x} - \mu}{s/\sqrt{n}} \right| = \left| \frac{68\% - 65\%}{0.05/\sqrt{9}} \right| = 1.8 < 2.306,$$

故接受 H_0, 即罚球命中率是 65%.

(2) 若用 100 名球员代替 9 名球员, 由于样本容量较大, 此时选取检验统计量

$$T = \frac{X - \mu}{S/\sqrt{n}} \sim t(99),$$

近似为标准正态分布, 对于给定的显著性水平 $\alpha = 0.05$, 查表得 $u_{0.025} = 1.96$, 故拒绝域为 $(-\infty, -1.96) \cup (1.96, +\infty)$, $|t| = \left| \frac{\bar{x} - \mu}{s/\sqrt{n}} \right| = \left| \frac{68\% - 65\%}{0.05/\sqrt{100}} \right| = 6 > 1.96$. 故拒绝 H_0, 即罚球命中率不是 65%.

习题 8-3

(A) 基础题

1. 设 $X \sim N(\mu_1, 9), Y \sim N(\mu_2, 16)$, 从中各抽样 25 件, 测得 $\bar{x} = 90, \bar{y} = 89$. 设 X, Y 相互独立, 试问是否可以认为 μ_1, μ_2 基本相同? (显著性水平 $\alpha = 0.05$)

解 提出假设 H_0: $\mu_1 = \mu_2$, H_1: $\mu_1 \neq \mu_2$. 在 H_0 成立的条件下, 选取统计量为

$$U = \frac{\bar{X} - \bar{Y}}{\sqrt{\frac{\sigma_1^2}{n_1} + \frac{\sigma_2^2}{n_2}}} \sim N(0,1),$$

对于给定的显著性水平 $\alpha = 0.05$, 查得临界值 $u_{0.025} = 1.96$, 所以拒绝域为 $(-\infty, -1.96) \cup (1.96, +\infty)$, 根据样本值计算得 $|u| = \left| \frac{90 - 89}{\sqrt{9/25 + 16/25}} \right| = 1 < 1.96$, 故接受 H_0, 可以认为 μ_1, μ_2 基本相同.

2. 一卷烟厂向化验室送去 A, B 两种烟草, 化验尼古丁的含量是否相同, 从 A, B 中各随机抽取质量相同的五例进行化验, 测得尼古丁的含量为

$$A: 24, \quad 27, \quad 26, \quad 21, \quad 24;$$
$$B: 27, \quad 28, \quad 23, \quad 31, \quad 26.$$

假设尼古丁的含量服从正态分布, 且 A 种烟草的方差为 5, B 种烟草的方差为 8, 取显著性水平 $\alpha = 0.05$, 问两种烟草的尼古丁含量是否有差异?

解 设 A 的尼古丁的含量为 X, B 的尼古丁的含量为 Y, 且

$$X \sim N(\mu_1, 5), \quad Y \sim N(\mu_2, 8).$$

于是提出假设 H_0: $\mu_1 = \mu_2$, H_1: $\mu_1 \neq \mu_2$. 在 H_0 成立的条件下, 选取统计量为

$$U = \frac{\bar{X} - \bar{Y}}{\sqrt{\dfrac{\sigma_1^2}{n_1} + \dfrac{\sigma_2^2}{n_2}}} \sim N(0,1).$$

对于给定的显著性水平 $\alpha = 0.05$，查得临界值 $u_{0.025} = 1.96$．所以拒绝域为 $(-\infty, -1.96) \cup (1.96, +\infty)$，根据样本值计算得 $\bar{x} = 24.4, \bar{y} = 27$，故

$$|u| = \left| \frac{24.4 - 27}{\sqrt{1 + 8/5}} \right| \approx \frac{2.6}{1.612} \approx 1.6129 < 1.96,$$

故接受 H_0，认为两种烟草的尼古丁含量没有差异．

3. 在大体相同的条件下得到甲、乙两个品种作物的产量数据分别为 $(x_1, x_2, \cdots, x_{10})$，$(y_1, y_2, \cdots, y_{10})$．设作物产量均服从正态分布且方差相等，并算得 $\bar{x} = 30.97, \bar{y} = 21.79$，$s_1^2 = 26.70, s_2^2 = 12.10$，取显著性水平 $\alpha = 0.05$，问是否可以认为这两个品种作物的产量没有显著差异．

解 提出假设 H_0：$\mu_1 = \mu_2$，H_1：$\mu_1 \neq \mu_2$．在 H_0 成立的条件下，选取统计量为

$$T = \frac{\bar{X} - \bar{Y}}{\sqrt{\dfrac{(m-1)S_1^2 + (n-1)S_2^2}{m+n-2}} \cdot \sqrt{\dfrac{1}{m} + \dfrac{1}{n}}} \sim t(m+n-2),$$

对于给定的显著性水平 $\alpha = 0.05$，查 t 分布表，得临界值

$$t_{\alpha/2}(m+n-2) = t_{0.025}(18) = 2.1009,$$

所以拒绝域为 $(-\infty, -2.1009) \cup (2.1009, +\infty)$，根据样本值计算得 $t = 4.66$，由于 4.66 在拒绝域内，故拒绝 H_0，认为两个品种作物的产量有显著差异．

4. 测得两批电子元件样本的电阻(单位: Ω)为下表:

I 批	0.140	0.138	0.143	0.142	0.144	0.137
II 批	0.135	0.140	0.142	0.136	0.138	0.140

设这两批元件的电阻值总体分别服从 $N(\mu_1, \sigma_1^2), N(\mu_2, \sigma_2^2)$，且两批样本独立，试问: 这两批电子元件电阻值的方差是否一样? (显著性水平 $\alpha = 0.05$)

解 提出假设 H_0：$\sigma_1^2 = \sigma_2^2$，H_1：$\sigma_1^2 \neq \sigma_2^2$．在 H_0 成立的条件下，选取统计量为

$$F = \frac{S_1^2}{S_2^2} \sim F(n_1 - 1, n_2 - 1),$$

对于给定的显著性水平 $\alpha = 0.05$，查 F 分布表，得临界值

$$F_{0.025}(5,5) = 7.15, \quad F_{0.975}(5,5) = \frac{1}{F_{0.025}(5,5)} = \frac{1}{7.15} \approx 0.1399,$$

所以拒绝域为 $(0,0.1399)\bigcup(7.15,+\infty)$ ，根据样本值计算得

$$n_1=6, \quad \overline{x}=0.1407, \quad s_1^2=7.86\times10^{-6}, \quad n_2=6, \quad \overline{y}=0.1385, \quad s_2^2=7.10\times10^{-6},$$

$$f=\frac{s_1^2}{s_2^2}=\frac{7.86\times10^{-6}}{7.10\times10^{-6}}\approx1.108,$$

因为 $0.1399<1.108<7.15$ ，所以接受 H_0 ，即认为两批电子元件电阻的方差一样.

5. 冰箱厂家宣称他们在售的一款冰箱保鲜能力特强，保存 7 天的水果几乎没有任何变化. 取样分析几种不同种类的水果，在冰箱保存 7 天前后的含水量(单位: %)，得到数据如下:

7 天前	92	89	90	91	91	84	86	87
7 天后	90	85	89	90	89	80	84	85
前后差	2	4	1	1	2	4	2	2

假定含水量服从正态分布，试问厂家的宣传可靠吗? (显著性水平 $\alpha=0.05$)

解 此题可采用配对试验法对含水量的均值做假设检验. 设冰箱保存 7 天前后水果含水量的差异服从 $N(\mu,\sigma^2)$ ，此处即为检验 H_0: $\mu=0$, H_1: $\mu\neq0$ ，取样得到的 8 种水果保存 7 天前后的含水量差记为 $(X_1,X_2,\cdots,X_8)$ ，则当 H_0 成立时，选取统计量

$$T=\frac{\overline{X}}{S/\sqrt{n}}\sim t(n-1),$$

对于给定的显著性水平 $\alpha=0.05$ ，查 t 分布表，得 $t_{0.025}(7)=2.3646$ ，所以拒绝域为 $(-\infty,-2.3646)\bigcup(2.3646,+\infty)$ ， $n=8$, $\overline{x}=2.25\%$, $s=1.16\%$ ，

$$t=\frac{\overline{x}}{s/\sqrt{n}}=\frac{2.25\%}{1.16\%/\sqrt{8}}\approx5.49>2.3646.$$

所以拒绝 H_0 ，即厂家的宣传不可靠.

(B) 提高题

1. 在漂白工艺中考察温度对针织品断裂强度的影响，现在 70℃ 与 80℃ 下分别做 8 次和 6 次试验，测得各自的断裂强度 X 和 Y 的观测值. 经计算得

$$\overline{x}=20.4, \quad \overline{y}=19.3167, \quad 7S_x^2=6.2, \quad 5S_y^2=5.0283,$$

根据以往经验，认为 X 和 Y 均服从正态分布，且方差相等，在给定 $\alpha=0.10$ 时，问 70℃ 与 80℃ 对断裂强度有无显著差异?

解 由题设，可假定 $X\sim N(\mu_1,\sigma^2),Y\sim N(\mu_2,\sigma^2)$ ，于是假设两个温度下的断裂强度无显著差异，即相当于作假设 H_0: $\mu_1=\mu_2$, H_1: $\mu_1\neq\mu_2$. 在 H_0 成立的条件下，选取统计量为

$$T = \frac{\overline{X} - \overline{Y}}{\sqrt{\dfrac{(m-1)S_X^2 + (n-1)S_Y^2}{m+n-2}} \cdot \sqrt{\dfrac{1}{m} + \dfrac{1}{n}}} \sim t(m+n-2),$$

对于给定的显著性水平 $\alpha = 0.10$，查 t 分布表，得临界值

$$t_{\alpha/2}(m+n-2) = t_{0.05}(12) = 1.7823,$$

所以拒绝域为 $(-\infty, -1.7823) \cup (1.7823, +\infty)$，根据样本值计算得 $t = \dfrac{20.4 - 19.3167}{\sqrt{6.2 + 5.0283}} \times$

$\sqrt{\dfrac{8 \times 6 \times 12}{14}} \approx 2.074$，由于 t 在拒绝域内，故拒绝 H_0，认为断裂强度有显著差异.

2. 采矿场的污水排放达到一级标准，要求悬浮物(SS)的最高浓度为 100mg/L，现有两个化验室每天同时从采矿场的冷却水取样，测量悬浮物(SS)的浓度，下面是 7 天的记录

甲室	115	186	75	182	114	165	190
乙室	100	190	90	180	120	170	195

设每对数据的差 $d_i = x_i - y_i, i = 1, 2, \cdots, 7$ 来自正态总体，问两化验室测定结果之间有无显著差异？(显著性水平 $\alpha = 0.01$)

解　此题可采用配对试验法对测定结果的均值做假设检验. 设两化验室测定结果的差服从 $N(\mu, \sigma^2)$，此处即为检验 H_0：$\mu = 0$，H_1：$\mu \neq 0$，取样得到的 7 天的测定结果差记为 $(d_1, d_2, \cdots, d_7)$，则在 H_0 成立的条件下，选取统计量为

$$T = \frac{\overline{d}}{S/\sqrt{n}} \sim t(n-1),$$

对于给定的显著性水平 $\alpha = 0.01$，查 t 分布表，得 $t_{0.005}(6) = 3.7074$，所以拒绝域为 $(-\infty, -3.7074) \cup (3.7074, +\infty)$，$n = 7, \overline{d} = -2.57, s = 9.09$，

$$|t| = \left| \frac{\overline{d}}{s/\sqrt{n}} \right| = \left| \frac{-2}{9.09/\sqrt{7}} \right| \approx 0.58 < 3.7074,$$

所以接受 H_0，即可以认为两化验室测定结果之间无显著差异.

3. 一座山有 A 和 B 两条登山路线，一登山队共 100 人，平均分成两路分别沿着 A 和 B 路线登山，假设登山时间服从正态分布，测得沿着 A 路线登山的人员平均登山时间为 $\overline{x} = 95$ 分钟，标准差为 $s_1 = 20$ 分钟，沿着 B 路线登山的人员平均登山时间为 $\overline{y} = 76$ 分钟，标准差为 $s_2 = 18$ 分钟. 试检验两者方差和均值是否分别相等？(显著性水平 $\alpha = 0.05$)

解　假设 A 和 B 两条路线的登山时间分别服从 $N(\mu_1, \sigma_1^2), N(\mu_2, \sigma_2^2)$，检验假设

H_0：$\sigma_1^2 = \sigma_2^2$，H_1：$\sigma_1^2 \neq \sigma_2^2$，则在 H_0 成立的条件下，选取统计量为

$$F = \frac{S_1^2}{S_2^2} \sim F(n_1 - 1, n_2 - 1),$$

对于给定的显著性水平 $\alpha = 0.05$，$n_1 = 50$，$n_2 = 50$，查 F 分布表，得临界值

$$F_{0.025}(49,49) = 1.762, \quad F_{0.975}(49,49) = \frac{1}{F_{0.025}(49,49)} = \frac{1}{1.762} \approx 0.568,$$

所以拒绝域为 $(0, 0.568) \bigcup (1.762, +\infty)$，$s_1^2 = 20^2$，$s_2^2 = 18^2$，故

$$f = \frac{s_1^2}{s_2^2} = \frac{400}{324} \approx 1.23,$$

因为 $0.568 < 1.23 < 1.762$，所以接受 H_0，即可以认为两者方差相等.

下面检验假设 H_0：$\mu_1 = \mu_2$，H_1：$\mu_1 \neq \mu_2$，则在 H_0 成立的条件下，选取统计量为

$$T = \frac{\overline{X} - \overline{Y}}{\sqrt{\dfrac{(n_1 - 1)S_1^2 + (n_2 - 1)S_2^2}{n_1 + n_2 - 2}} \cdot \sqrt{\dfrac{1}{n_1} + \dfrac{1}{n_2}}} \sim t(n_1 + n_2 - 2),$$

对于给定的显著性水平 $\alpha = 0.05$，查 t 分布表，得临界值 $t_{0.025}(98) = 1.98$，所以拒绝域为 $(-\infty, -1.98) \bigcup (1.98, +\infty)$，由于 $\overline{x} = 95$，$s_1^2 = 20^2$，$\overline{y} = 76$，$s_2^2 = 18^2$，计算得

$$t = \frac{95 - 76}{\sqrt{\dfrac{49 \times 400 + 49 \times 324}{98}} \sqrt{\dfrac{1}{50} + \dfrac{1}{50}}} = 5 > 1.98,$$

t 在拒绝域内，故拒绝 H_0，即可以认为两者均值不相等.

4. 为了比较柚子和柠檬中维生素 C 的含量(单位: g/kg)，各抽取若干样品进行测试，样本容量、维生素 C 含量的样本均值和样本方差如下：

柚子： $n_1 = 18$，$\overline{x} = 0.230$，$s_1^2 = 0.1337$；

柠檬： $n_2 = 14$，$\overline{y} = 0.1736$，$s_2^2 = 0.1736$.

若两种水果的维生素 C 含量都服从正态分布，试检验两种水果的维生素 C 含量是否有显著差异？(显著性水平 $\alpha = 0.05$)

解 因为两种水果的维生素 C 含量都服从正态分布，检验两种水果的维生素 C 含量是否有显著差异可以考虑两个总体的 t 检验，故可以先验证两方差是否相等. 不妨设柚子和柠檬中维生素 C 的含量分别服从 $N(\mu_1, \sigma_1^2), N(\mu_2, \sigma_2^2)$.

先检验假设 H_0：$\sigma_1^2 = \sigma_2^2$，H_1：$\sigma_1^2 \neq \sigma_2^2$，则在 H_0 成立的条件下，选取统计量为

$$F = \frac{S_1^2}{S_2^2} \sim F(n_1 - 1, n_2 - 1),$$

对于给定的显著性水平 $\alpha = 0.05$，$n_1 = 18$，$n_2 = 14$，查 F 分布表，得临界值

$$F_{0.025}(17,13) = 3.00 , \quad F_{0.975}(17,13) = \frac{1}{F_{0.025}(13,17)} = \frac{1}{2.79} \approx 0.358 ,$$

所以拒绝域为 $(0,0.358) \bigcup (3.00,+\infty)$ ， $s_1^2 = 0.1337$ ， $s_2^2 = 0.1736$ ，故

$$f = \frac{s_1^2}{s_2^2} = \frac{0.1337}{0.1736} \approx 0.77 ,$$

因为 $0.358 < 0.77 < 3.00$ ，所以接受 H_0 ，即可以认为两总体方差相等.

下面检验假设 H_0： $\mu_1 = \mu_2$ ， H_1： $\mu_1 \neq \mu_2$ ，则在 H_0 成立的条件下，选取统计量为

$$T = \frac{\overline{X} - \overline{Y}}{\sqrt{\dfrac{(n_1-1)S_1^2 + (n_2-1)S_2^2}{n_1 + n_2 - 2}} \cdot \sqrt{\dfrac{1}{n_1} + \dfrac{1}{n_2}}} \sim t(n_1 + n_2 - 2) ,$$

对于给定的显著性水平 $\alpha = 0.05$ ，查 t 分布表，得临界值

$$t_{0.025}(30) = 2.0423,$$

所以拒绝域为 $(-\infty, -2.0423) \bigcup (2.0423, +\infty)$ ，由于 $\overline{x} = 0.230$ ， $s_1^2 = 0.1337$ ， $\overline{y} = 0.1736$ ， $s_2^2 = 0.1736$ ，计算得

$$t = \frac{0.230 - 0.1736}{\sqrt{\dfrac{17 \times 0.1337 + 13 \times 0.1736}{30}} \sqrt{\dfrac{1}{18} + \dfrac{1}{14}}} \approx 0.409 < 2.0423 ,$$

t 在接受域内，故接受 H_0 ，即可以认为两种水果的维生素 C 含量没有显著差异.

习题 8-4

(A) 基础题

1. 一种燃料的辛烷等级服从正态分布 $N(\mu,\sigma^2)$ ，其平均等级 $\mu_0 = 98.0$ ，标准差 $\sigma = 0.8$. 现抽取 25 桶新油，测试其等级，算得平均等级为 97.7. 假定标准差与原来一样，问新油的辛烷平均等级是否比原燃料的辛烷平均等级偏低？(显著性水平 $\alpha = 0.05$)

解 提出假设 H_0： $\mu \geqslant \mu_0 = 98.0$ ， H_1： $\mu < 98.0$ ，则在 H_0 成立的条件下，选取统计量为

$$U = \frac{\overline{X} - \mu}{\sigma / \sqrt{n}} \sim N(0,1) .$$

查标准正态分布表得 $u_\alpha = u_{0.05} = 1.645$ ，拒绝域为 $\{U < -u_\alpha\}$ ，即 $\{U < -1.645\}$. 计算得 $u = \dfrac{97.7 - 98.0}{0.8} \sqrt{25} = -1.875$ ，因为 $u = -1.875 < -1.645$ ，所以拒绝 H_0 ，即认为新油的辛烷平均等级比原燃料的辛烷平均等级确实偏低.

2. 某单位上年度排出的污水中，某种有害物质的平均含量为 0.009%. 污水经处理后，本年度抽测了 16 次，得这种物质的含量(%)为

0.008,　0.011,　0.009,　0.007,　0.005,　0.010,　0.009,　0.003,

0.007,　0.004,　0.007,　0.009,　0.008,　0.006,　0.007,　0.008.

设有害物质含量服从正态分布, 问是否可认为污水经处理后, 这种有害物质的含量有显著降低? (显著性水平 $\alpha = 0.10$)

解　提出假设 H_0: $\mu \geqslant \mu_0 = 0.009\%$, H_1: $\mu < \mu_0 = 0.009\%$, 则在 H_0 成立的条件下, 选取统计量为

$$T = \frac{\bar{X} - \mu}{S / \sqrt{n}} \sim t(n-1),$$

对于给定的显著性水平 $\alpha = 0.10$, 查 t 分布表可得 $t_{0.1}(15) = 1.3406$, 即拒绝域为

$$\{T < -t_\alpha(n-1)\}, \text{ 即} \{T < -1.3406\},$$

根据样本值计算得 $\bar{x} = 0.007375\%$, $s = 0.002125\%$. 又 $t = \frac{\bar{x} - \mu_0}{s / \sqrt{n}} = -3.50588 < -1.3406$,

所以拒绝 H_0, 认为有害物质的含量有显著降低.

3. 某类钢板每块的重量 X 服从正态分布, 其一项质量指标是钢板重量的方差不得超过 0.016kg^2. 现从某天生产的钢板中随机抽取 25 块, 得其样本方差 $s^2 = 0.025 \text{kg}^2$, 问该天生产的钢板重量的方差是否满足要求? (显著性水平 $\alpha = 0.05$)

解　提出假设 H_0: $\sigma^2 \leqslant 0.016$, H_1: $\sigma^2 > 0.016$, 则在 H_0 成立的条件下, 选取统计量为

$$\chi^2 = \frac{(n-1)S^2}{\sigma_0^2} \sim \chi^2(n-1),$$

对于给定的显著性水平 $\alpha = 0.05$, 查 χ^2 分布表可得

$$\chi_\alpha^2(n-1) = \chi_{0.05}^2(24) = 36.415,$$

即拒绝域为 $(36.415, +\infty)$, 经计算得 $\chi^2 = \frac{(n-1)S^2}{\sigma_0^2} = \frac{24 \times 0.025}{0.016} = 37.5 > 36.415$, 故拒绝

H_0, 认为该天生产的钢板重量不符合要求.

4. 某厂使用两种不同的原料生产同一类产品, 随机选取使用原料 A 生产的样品 22 件, 测得平均质量为 $\bar{x} = 2.36$, 样本标准差 $s_1 = 0.57$. 取使用原料 B 生产的样品 24 件, 测得平均质量为 $\bar{y} = 2.55$, 样本标准差 $s_2 = 0.48$. 设产品质量服从正态分布, 这两个样本相互独立, 问能否认为使用原料 B 生产的产品平均质量较使用原料 A 生产的产品平均质量显著大? (显著性水平 $\alpha = 0.05$)

解　提出假设 H_0: $\mu_1 \geqslant \mu_2$, H_1: $\mu_1 < \mu_2$, 则在 H_0 成立的条件下, 选取统计量为

$$T = \frac{\bar{X} - \bar{Y}}{\sqrt{\dfrac{(m-1)S_1^2 + (n-1)S_2^2}{m+n-2}} \cdot \sqrt{\dfrac{1}{m} + \dfrac{1}{n}}} \sim t(m+n-2),$$

对于给定的显著性水平 $\alpha = 0.05$，查 t 分布表，得临界值

$$t_\alpha(m+n-2) = t_{0.05}(44) = 1.6802,$$

所以拒绝域为 $\{T < -t_\alpha(m+n-2)\}$，即 $(-\infty, -1.6802)$，根据样本值计算得 $t = -1.2266$，由于 -1.2266 不在拒绝域内，故接受 H_0，即认为使用原料 B 生产的产品平均质量较使用原料 A 生产的产品平均质量无显著增大．

5. 有两台机床生产同一型号的滚珠，根据以往经验知，这两台机床生产的滚珠的直径都服从正态分布．现分别从这两台机床生产的滚珠中随机抽取 7 个和 9 个，并测得 $\bar{x} = 15.057$，$\bar{y} = 15.033$，$s_1^2 = 0.1745$，$s_2^2 = 0.0438$．试问机床乙生产的滚珠的直径的方差是否比机床甲生产的滚珠的直径的方差小？（显著性水平 $\alpha = 0.05$）

解 假设两台机床生产的滚珠的直径分别服从 $N(\mu_1, \sigma_1^2)$，$N(\mu_2, \sigma_2^2)$，由题意提出假设 $H_0: \sigma_1^2 \leqslant \sigma_2^2$，$H_1: \sigma_1^2 > \sigma_2^2$，则在 H_0 成立的条件下，选取统计量

$$F = \frac{S_1^2}{S_2^2} \sim F(n_1-1, n_2-1),$$

拒绝域为 $\{F > F_\alpha(n_1-1, n_2-1)\}$，查 F 分布表 $F_\alpha(n_1-1, n_2-1) = F_{0.05}(6,8) = 3.58$，即拒绝域为 $\{F > 3.58\}$，经计算得 $f = \frac{s_1^2}{s_2^2} = \frac{0.1745}{0.0438} \approx 3.984$．由于 $3.984 > 3.58$ 在拒绝域中，故拒绝 H_0，从而认为机床乙生产的滚珠的直径的方差明显比机床甲生产的滚珠的直径的方差小．

(B) 提高题

1. 两位家长聊天说："现在的孩子周末在家每天有 2h 的时间在看手机"，一个老师认为这个看手机时间太久了，孩子们周末在家每天看手机的时间要明显低于 2h，他在该校随机调查了 500 名同学，得知周末平均每天看手机的时间 $\bar{x} = 1.56$h，样本标准差 $s = 1.18$h，根据这一调查数据能否判断周末孩子每天看手机的时间少于 2h？（显著性水平 $\alpha = 0.02$）

解 该题可以用对总体均值的假设检验进行判断，由于样本量较大，故样本均值可认为近似服从正态分布 $N(\mu, \sigma^2)$，此题即为检验假设 $H_0: \mu = 2$，$H_1: \mu < 2$，则在 H_0 成立的条件下，选取统计量为 $\frac{\bar{X} - \mu}{S/\sqrt{n}}$，由于样本量较大，该统计量近似为 $N(0,1)$．对于给定的显著性水平 $\alpha = 0.02$，查分布表可得 $u_{0.98} = -2.05$，则拒绝域为 $(-\infty, -2.05)$，因为 $n = 500$，$\bar{x} = 1.56$，$s = 1.18$，则 $\frac{\bar{x} - \mu}{s/\sqrt{n}} \approx -8.34 < -2.05$，所以拒绝 H_0，即可以认为周末孩子每天看手机的时间少于 2h．

2. 一场大雨过后，某城市的物价部门对当前市场的青菜价格进行调查，共调查了 30 个市场的青菜售价，得到平均价格为 6 元/500g，以往同时期青菜的价格已知稳定在 4.5 元/500g，假设青菜价格服从正态分布 $N(\mu, 4)$，方差较稳定，能否根据上述数据判

断该场大雨过后, 青菜的价格较以往同时期有显著的升高? (显著性水平 $\alpha = 0.05$)

解　提出假设 H_0: $\mu > 4.5$, H_1: $\mu \leqslant 4.5$, 则在 H_0 成立的条件下, 选取统计量为

$U = \dfrac{\bar{X} - \mu}{\sigma / \sqrt{n}} \sim N(0,1)$, $\alpha = 0.05$, 查表知 $u_{0.05} = 1.65$, 故拒绝域为 $(-\infty, 1.65)$. $n = 30$,

$\sigma = 2$, $\bar{x} = 6$, $u = \dfrac{\bar{x} - \mu}{\sigma / \sqrt{n}} = 4.11 > 1.65$, 故接受 H_0, 即可以认为该场大雨过后青菜的

价格较以往同时期有显著升高.

3. 新疆长绒棉以棉纤维长度较长著称, 一纺织厂预采购一批新疆长绒棉, 要求棉纤维方差不得高于 2.85, 随机抽取了 16 根纤维, 测得棉纤维长度(单位: mm)为

　34, 38, 39, 41, 38, 35, 42, 41, 43, 39, 37, 40, 41, 38, 42, 40.
假设新疆长绒棉的棉纤维长度服从正态分布, 问这批棉花是否符合采购要求? (显著性水平 $\alpha = 0.05$)

解　假设新疆长绒棉的棉纤维长度服从正态分布 $N(\mu, \sigma^2)$, 此题即为检验假设 H_0: $\sigma^2 \geqslant 2.85$, H_1: $\sigma^2 < 2.85$, 则在 H_0 成立的条件下, 选取统计量为

$$\chi^2 = \frac{(n-1)S^2}{\sigma^2} \sim \chi^2(n-1),$$

$\alpha = 0.05$, $n = 16$, 查分位数表得 $\chi_{0.95}^2(15) = 7.2609$, 故拒绝域为 $(0, 7.2609)$, 由样本观测值计算得 $s^2 = 6.63$, $\chi^2 = \dfrac{(n-1)s^2}{\sigma^2} = 34.9 > 7.2609$, 故接受 H_0, 即认为这批棉花不符合采购要求.

4. 从用旧工艺生产的机械零件中抽取 25 个, 测得直径的样本方差为 6.27. 现改用新工艺生产, 从中抽取 25 个零件, 测得直径的样本方差为 4.40. 设两种工艺条件下生产的零件直径都服从正态分布, 问: 新工艺生产的零件直径的方差是否比旧工艺生产的零件直径的方差显著得小? (显著性水平 $\alpha = 0.05$)

解　设新旧零件直径分别用 X, Y 表示, 由题意知 $X \sim N(\mu_1, \sigma_1^2), Y \sim N(\mu_2, \sigma_2^2)$, 其中 $\mu_1, \sigma_1^2, \mu_2, \sigma_2^2$ 均未知, 样本容量分别为 $n_1 = 25, n_2 = 25$, 记样本方差分别为 S_1^2, S_2^2, 则 $s_1^2 = 4.40, s_2^2 = 6.27$.

提出假设　H_0: $\sigma_1^2 \geqslant \sigma_2^2$, H_1: $\sigma_1^2 < \sigma_2^2$, 则在 H_0 成立的条件下, 选取统计量为

$$F = \frac{S_1^2}{S_2^2} \sim F(n_1 - 1, n_2 - 1),$$

对于给定的显著性水平 $\alpha = 0.05$, 查 F 分布表, 得临界值

$$F_{0.05}(24,24) = 1.98, \quad F_{0.95}(24,24) = \frac{1}{F_{0.05}(24,24)} = \frac{1}{1.98} \approx 0.505,$$

所以拒绝域为 $W = (0,\ 0.505)$, 根据样本值计算得 $f = \dfrac{s_1^2}{s_2^2} = \dfrac{4.4}{6.27} \approx 0.702 \notin W$, 所以接受

H_0，即不能认为新工艺生产的零件直径的方差比旧工艺生产的零件直径的方差显著得小.

自 测 题 八

1. 假设检验的基本原理是_____.

解 小概率事件在一次试验中几乎不可能发生，即小概率事件原理.

2. 在对总体参数的假设检验中，若给定显著性水平为 α，则犯第一类错误的概率是_____.

解 α.

3. 设总体 $X \sim N(\mu, \sigma^2)$，σ^2 未知，在显著性水平 α 下，检验 $H_0: \mu = \mu_0$，$H_1: \mu \neq \mu_0$ 的拒绝域为_____.

解 $W = \left\{ \left| \dfrac{\overline{X} - \mu_0}{S / \sqrt{n}} \right| \geq t_{\alpha/2}(n-1) \right\}$.

4. 设 $(X_1, X_2, \cdots, X_n)$ 是来自正态总体 $N(\mu, \sigma^2)$ 的样本，其中 μ 和 σ^2 未知，则检验假设 $H_0: \mu = 0$，$H_1: \mu \neq 0$ 的统计量为_____.

解 $T = \dfrac{\overline{X}}{S / \sqrt{n}}$

5. 在假设检验中，α 和 β 分别表示犯第一类错误和第二类错误的概率，则当样本容量一定时，下列说法正确的是(   ).

A. α 减少，β 也减少；

B. α 增大，β 也增大；

C. α 和 β 不能同时减少，减少其中一个，另一个往往就会增大；

D. 以上说法均不正确.

解 答案为 C.

6. 在假设检验中，犯第一类错误指的是(   ).

A. 在 H_0 成立的条件下接受 H_0；　　　　　　B. 在 H_0 成立的条件下接受 H_1；

C. 在 H_1 成立的条件下接受 H_0；　　　　　　D. 在 H_1 成立的条件下接受 H_1.

解 答案为 B.

7. 某厂生产的某种产品，由以往经验知其强力标准差为 7.5kg，且强力服从正态分布. 改用新原料后，从新产品中抽取 25 件作强力试验，算得样本标准差 $s = 9.5$ kg. 问新产品的强力标准差是否有显著变化？（$\alpha = 0.05$）

解 (1) 提出假设：$H_0: \sigma = 7.5, H_1: \sigma \neq 7.5$.

(2) 构造检验统计量：当 H_0 成立时，$\chi^2 = \dfrac{(n-1)S^2}{\sigma^2} \sim \chi^2(n-1)$.

(3) 确定拒绝域：$\alpha = 0.05, n = 25$，查 χ^2 分位数表知 $\chi^2_{0.975}(24) = 12.4012, \chi^2_{0.025}(24) = $

39.3641，则拒绝域 $W = \{\chi^2 \leqslant 12.4012 \text{ 或 } \chi^2 \geqslant 39.3641\}$.

(4) 判断：$s = 9.5$，则 $\chi^2 = \dfrac{(n-1)s^2}{\sigma^2} = \dfrac{24 \times 9.5^2}{7.5^2} \approx 38.5067$.

$12.4012 < 38.5067 < 39.3641$，接受 H_0，即认为新产品的强力标准差无显著变化.

8. 测定某种溶液中的水分，由它的 10 个测定值计算得到：$\bar{x} = 0.452\%$，$s = 0.037\%$. 设测定值总体服从正态分布，能否认为该溶液含水量等于 0.5%？（$\alpha = 0.05$）

解 (1) 提出假设：$H_0: \mu = 0.5\%, H_1: \mu \neq 0.5\%$.

(2) 构造检验统计量：当 H_0 成立时，$T = \dfrac{\bar{X} - \mu}{S / \sqrt{n}} \sim t(n-1)$.

(3) 确定拒绝域：$\alpha = 0.05$，$n = 10$，查 t 分布分位数表知

$$t_{0.025}(9) = 2.2622,$$

$$W = \{|T| > 2.2622\}.$$

(4) 判断：$\bar{x} = 0.452\%$，$s = 0.037\%$，

$$|T_0| = \left| \frac{\sqrt{n}(\bar{x} - \mu)}{s} \right| = \left| \frac{0.452\% - 0.5\%}{0.037\% / \sqrt{10}} \right| \approx 4.1024 > 2.2622,$$

拒绝 H_0，即不能认为该溶液含水量等于 0.5%.

9. 某食品厂用自动装罐机装罐头食品，规定标准重量为 250g，标准差不超过 3g 时机器工作为正常，每天定时检验机器情况，现抽取 16 罐，测得平均重量 $\bar{x} = 252$g，样本标准差 $s = 4$g，假定罐头重量服从正态分布，试问该机器工作是否正常？（$\alpha = 0.05$）

解 设罐头食品重量 $X \sim N(\mu, \sigma^2)$，则 $\alpha = 0.05$，$n = 16$，$\bar{x} = 252$，$s = 4$.

(1) 检验假设 $H_0: \mu = 250, H_1: \mu \neq 250$，在 H_0 成立条件下，构造统计量

$$T = \frac{\bar{X} - 250}{S / \sqrt{n}} \sim t(15).$$

查 t 分布分位数表知 $t_{0.025}(15) = 2.1314$，那么拒绝域为 $W = \{|T| > 2.1314\}$，$|T_0| = \left| \dfrac{\sqrt{16}(252 - 250)}{4} \right| = 2 < 2.1314$，故接受 H_0，即认为罐头食品平均重量为 250g.

(2) 检验假设 $H_0: \sigma^2 \leqslant 9, H_1: \sigma^2 > 9$，在 H_0 成立条件下，构造统计量

$$\chi^2 = \frac{(n-1)S^2}{\sigma^2} \sim \chi^2(15).$$

查 χ^2 分位数表知 $\chi^2_{0.05}(15) = 24.9958$，故拒绝域为 $W = \{\chi^2 \geqslant 24.9958\}$，$\chi^2 = \dfrac{(n-1)s^2}{\sigma^2} = \dfrac{15 \times 16}{9} \approx 26.6667 > 24.9958$，故拒绝 H_0，即认为罐头食品重量的标准差超过了 3g. 综合(1)和(2)得，认为机器工作不正常.

第九章 方差分析与回归分析

一、基 本 内 容

1. 单因素方差分析

(1) 问题与数据.

设因素 A 有 r 个水平 $A_1, A_2, \cdots, A_r$，第 i 个水平重复做 n_i 次试验，$i = 1, 2, \cdots, r$，所得数据如表 9-1 所示.

表 9-1　单因素试验数据

因子水平	试验数据			
A_1	x_{11}	x_{12}	$\cdots$	x_{1n_1}
A_2	x_{21}	x_{22}	$\cdots$	x_{2n_2}
$\vdots$	$\vdots$	$\vdots$		$\vdots$
A_r	x_{r1}	x_{r2}	$\cdots$	x_{rn_r}

对于这些数据, 要研究的问题是: r 个水平 $A_1, A_2, \cdots, A_r$ 有无显著差异.

(2) 数学模型.

把 r 个水平 $A_1, A_2, \cdots, A_r$ 下的试验指标分别看作 r 个独立的总体 $X_1, X_2, \cdots, X_r$，假定它们服从方差相同的正态分布, 即 $X_i \sim N(\mu_i, \sigma^2)$，$i = 1, 2, \cdots, r$. $(X_{i1}, X_{i2}, \cdots, X_{in_i})$，$i = 1, 2, \cdots, r$ 是从总体 X_i 中随机抽取的样本, 数据 $(x_{i1}, x_{i2}, \cdots, x_{in_i})$ 看作 r 组样本的观测值.假定各组样本之间相互独立. 于是, 建立数学模型

$$\begin{cases} X_{ij} \sim N(\mu_i, \sigma^2), \\ X_{ij} \text{相互独立}, j = 1, 2, \cdots, n_i, \ i = 1, 2, \cdots, r, \\ \mu_i, \sigma^2 \text{未知}. \end{cases}$$

方差分析的主要任务是判断因素水平间是否有显著差异, 也就是检验各正态总体的均值是否相等. 即检验假设

$$H_0 : \mu_1 = \mu_2 = \cdots = \mu_r, \quad H_1 : \mu_1, \mu_2, \cdots, \mu_r \text{不完全相等}.$$

(3) 平方和分解式.

为构造检验统计量, 考虑数据 x_{ij} 的波动并分析其波动原因, 得到平方和分解式: $S_T = S_e + S_A$，其中

$$S_T = \sum_{i=1}^{r} \sum_{j=1}^{n_i} (X_{ij} - \overline{X})^2 \text{ 称为总偏差平方和, 其自由度 } f_T = n-1;$$

$$S_e = \sum_{i=1}^{r} \sum_{j=1}^{n_i} (X_{ij} - \overline{X}_{i\cdot})^2 \text{ 称为误差偏差平方和, 其自由度 } f_e = n-r;$$

$$S_A = \sum_{i=1}^{r} n_i (\overline{X}_{i\cdot} - \overline{X})^2 \text{ 称为因子偏差平方和, 其自由度 } f_A = r-1;$$

$$\overline{X}_{i\cdot} = \frac{1}{n_i} \sum_{j=1}^{n_i} X_{ij}, \quad \overline{X} = \frac{1}{n} \sum_{i=1}^{r} \sum_{j=1}^{n_i} X_{ij}.$$

(4) 方差分析表.

在 H_0 成立下, 构造检验统计量 $F = \dfrac{S_A/(r-1)}{S_e/(n-r)} \sim F(r-1, n-r)$, 并将计算过程归纳为如下方差分析表:

来源	平方和	自由度	均方	F 比
因素	S_A	$r-1$	$S_A/(r-1)$	$\dfrac{S_A/(r-1)}{S_e/(n-r)}$
误差	S_e	$n-r$	$S_e/(n-r)$	
总和	S_T			

(5) 判断.

对于给定显著性水平 α, 该检验的拒绝域为 $W = \{F > F_\alpha(r-1, n-r)\}$. 若 $F > F_\alpha(r-1, n-r)$, 则因素 A 显著; 若 $F \leqslant F_\alpha(r-1, n-r)$, 则因素 A 不显著.

2. 一元线性回归分析

(1) 问题与数据.

考察两个变量 X 与 Y 之间是否存在线性相关关系, 一般 X 为一般变量, Y 为随机变量. 对 X 与 Y 进行观察, 对于变量 X 的一组不完全相同的取值 $x_1, x_2, \cdots, x_n$, 分别相应观测到随机变量 Y 的 n 个取值 $y_1, y_2, \cdots, y_n$, 可得 n 组数据 $(x_i, y_i), i = 1, 2, \cdots, n$. 注意, 这里 X 与 Y 的观测值一定要相对应, 不能错位.

(2) 数学模型.

当随机变量 Y 与变量 X 之间大致存在线性相关关系时(通常借助画散点图直观观察判断), 采用如下的线性模型进行描述: $Y = a + bX + \varepsilon$, 其中, $\varepsilon \sim N(0, \sigma^2)$ 是由随机因素所产生的误差, 称为随机误差. 数据 $(x_i, y_i), i = 1, 2, \cdots, n$ 可看作取自该模型的样本, 于是有如下统计模型: $\begin{cases} y_i = a + bx_i + \varepsilon_i, & i = 1, 2, \cdots, n, \\ \varepsilon_i \sim N(0, \sigma^2), & \text{且相互独立,} \end{cases}$ 一元线性回归分析的主要任务之一就是利用观测值 $(x_i, y_i), i = 1, 2, \cdots, n$, 确定参数 a, b, 从而得到回归方程 $\hat{y} = a + bx$.

(3) 参数估计.

利用最小二乘法求出 $\hat{b} = \dfrac{L_{xy}}{L_{xx}}$，$\hat{a} = \overline{y} - \hat{b}\overline{x}$，其中 $\overline{x} = \dfrac{1}{n}\sum\limits_{i=1}^{n}x_i$，$\overline{y} = \dfrac{1}{n}\sum\limits_{i=1}^{n}y_i$，

$$L_{xx} = \sum_{i=1}^{n}(x_i - \overline{x})^2, \quad L_{xy} = \sum_{i=1}^{n}(x_i - \overline{x})(y_i - \overline{y}), \quad L_{yy} = \sum_{i=1}^{n}(y_i - \overline{y})^2.$$

(4) 回归方程的显著性检验.

回归方程的显著性检验就是要检验 $H_0 : b = 0$，$H_1 : b \neq 0$，通过分析 $y_i (i = 1, 2, \cdots, n)$ 的波动性，得到平方和分解式：$S_T = S_e + S_R$，其中 $S_T = \sum\limits_{i=1}^{n}(y_i - \overline{y})^2$ 称为总偏差平方和；

$S_R = \sum\limits_{i=1}^{n}(\hat{y}_i - \overline{y})^2$ 称为回归平方和；$S_e = \sum\limits_{i=1}^{n}(y_i - \hat{y}_i)^2$ 称为残差平方和；$\overline{y} = \dfrac{1}{n}\sum\limits_{i=1}^{n}y_i$，

$\hat{y}_i = \hat{a} + \hat{b}x_i$，$i = 1, 2, \cdots, n$. 在 H_0 成立下，构造检验统计量 $F = \dfrac{S_R}{S_e / (n-2)} \sim F(1, n-2)$，拒绝域为 $W = \{F > F_\alpha(1, n-2)\}$. 若 $F > F_\alpha(1, n-2)$，则拒绝原假设 H_0，回归方程显著；若 $F \leqslant F_\alpha(1, n-2)$，则接受原假设 H_0，回归方程不显著.

(5) 预测.

若回归方程显著，则当 $X = x_0$ 时，用该点的回归值 $\hat{y}_0 = \hat{a} + \hat{b}x_0$ 作为此时随机变量 Y_0 的点预测；用区间 $(\hat{y}_0 - \delta(x_0), \hat{y}_0 + \delta(x_0))$，其中 $\delta(x_0) = \hat{\sigma}\sqrt{1 + \dfrac{1}{n} + \dfrac{(x_0 - \overline{x})^2}{L_{xx}}}\, t_{\alpha/2}(n-2)$ 作为随机变量 Y_0 的置信水平为 $1 - \alpha$ 的区间预测.

二、基 本 要 求

(1) 理解单因素方差分析，掌握单因素方差分析表的计算.

(2) 理解一元线性回归模型，掌握一元线性回归方程的求解和检验方法.

三、扩 展 例 题

例 一灯泡厂制作灯丝用四种材料，想要检验灯丝材料对灯泡使用寿命的影响，现在从这四种材料制成的灯泡中随机抽取若干只灯泡进行试验，测得寿命数据(单位: h)如下表:

材料	寿命时长						
1	1600	1610	1650	1680	1700	1720	1800
2	1580	1940	1640	1700	1750		
3	1460	1550	1600	1620	1640	1660	1740	1820
4	1510	1520	1530	1570	1600	1680		

如果灯泡的使用寿命服从正态分布，并且方差相同，请在显著性水平 $\alpha = 0.05$ 下，判断不同材料的灯丝对灯泡的使用寿命有无显著差异.

解 为了方便计算，对原始数据做线性变换，所有数据同时减掉 1600，由于方差分析在检验过程中考虑的是数据的波动程度，故对原始数据做线性变换后不会影响检验结果. 相关计算如下：

材料			寿命时长					$\sum\limits_{j=1}^{n_i} X_{ij}$	$\left(\sum\limits_{j=1}^{n_i} X_{ij}\right)^2$	$\sum\limits_{j=1}^{n_i} X_{ij}^2$
1	0	−90	50	80	100	120	200	460	211600	81400
2	−20	340	40	100	150			610	372100	150100
3	−140	−50	0	20	40	60	140	220	290	84100	95700
4	−90	−80	−70	−30	0	80		−190	36100	26700
和								1170		353900

$$S_T = \sum_{i=1}^{r}\sum_{j=1}^{n_i} X_{ij}^2 - \frac{1}{n}\left(\sum_{i=1}^{r}\sum_{j=1}^{n_i} X_{ij}\right)^2 = 353900 - \frac{1170^2}{26} = 301250, \quad f_T = n-1 = 25;$$

$$S_A = \sum_{i=1}^{r} n_i \overline{X}_{i\cdot}^2 - \frac{1}{n}\left(\sum_{i=1}^{r}\sum_{j=1}^{n_i} X_{ij}\right)^2 = \frac{460^2}{7} + \frac{610^2}{5} + \frac{290^2}{8} + \frac{(-190)^2}{6} - \frac{1170^2}{26} \approx 68527.74;$$

$$f_A = r-1 = 3;$$

$$S_e = S_T - S_A = 301250 - 68527.74 = 232722.26, \quad f_e = n-r = 22.$$

计算结果列为如下方差分析表：

来源	平方和	自由度	均方	F 比
因素	68527.74	3	22842.58	2.16
误差	232722.26	22	10578.28	
总和	301250			

对于给定的显著性水平 $\alpha = 0.05$，查 F 分布上侧分位数表得 $F_{0.05}(3,22) = 3.05$. 因为 $F = 2.16 < 3.05$，所以因素 A 不显著，即可以认为四种不同材料的灯丝对灯泡的使用寿命无显著差异.

四、习题详解

习题 9-1

1. 在单因素方差分析模型中，因素 A 有三个水平，每个水平下的试验数据如下：

因子水平		试验数据		
A_1	8	5	7	
A_2	6	10	11	8
A_3	5	3	8	

试计算总偏差平方和、因素 A 的偏差平方和、误差偏差平方和, 并指出它们各自的自由度.

解　数据计算表如下:

因子水平		试验数据			$\sum\limits_{j=1}^{n_i} X_{ij}$	$\left(\sum\limits_{j=1}^{n_i} X_{ij}\right)^2$	$\sum\limits_{j=1}^{n_i} X_{ij}^2$
A_1	8	5	7		20	400	138
A_2	6	10	11	8	35	1225	321
A_3	5	3	8		16	256	98
和					71	1881	557

$$S_T = \sum_{i=1}^{r}\sum_{j=1}^{n_i} X_{ij}^2 - \frac{1}{n}\left(\sum_{i=1}^{r}\sum_{j=1}^{n_i} X_{ij}\right)^2 = 557 - \frac{71^2}{10} = 52.90, \quad f_T = n-1 = 9;$$

$$S_A = \sum_{i=1}^{r} n_i \overline{X}_{i\cdot}^2 - \frac{1}{n}\left(\sum_{i=1}^{r}\sum_{j=1}^{n_i} X_{ij}\right)^2 = \frac{400}{3} + \frac{1225}{4} + \frac{256}{3} - \frac{71^2}{10} \approx 20.82, \quad f_A = r-1 = 2;$$

$$S_e = S_T - S_A = 52.90 - 20.82 = 32.08, \quad f_e = n-r = 7.$$

2. 在单因素方差分析模型中, 因素 A 有四个水平, 每个水平下各做 4 次重复试验, 请完成如下方差分析表, 并在显著性水平 $\alpha = 0.05$ 下, 对因素 A 是否显著作出检验.

来源	平方和	自由度	均方	F 比
因素	4.2			
误差				
总和	7.6			

解

来源	平方和	自由度	均方	F 比
因素	4.2	3	1.4	5.0
误差	3.4	12	0.28	
总和	7.6	15		

$\alpha = 0.05$，查 F 分布分位数表得 $F_{0.05}(3,12) = 3.49$，$F = 5.0 > 3.49$，因素 A 显著.

3. 有某种型号的电池三批, 分别为 A, B, C 三个工厂生产, 为评价其质量, 各随机抽取 5 只电池为样品, 测得寿命(单位: h)见下表:

工厂			电池寿命		
A	40	42	48	38	45
B	26	30	34	28	32
C	39	50	40	50	43

假定各厂生产的电池寿命服从正态分布, 且方差相等. 试在显著性水平 $\alpha = 0.05$ 下检验三个工厂生产的电池平均寿命是否有显著差异?

解 数据计算表如下:

工厂			电池寿命			$\sum_{j=1}^{n_i} X_{ij}$	$\left(\sum_{j=1}^{n_i} X_{ij}\right)^2$	$\sum_{j=1}^{n_i} X_{ij}^2$
A	40	42	48	38	45	213	45369	9137
B	26	30	34	28	32	150	22500	4540
C	39	50	40	50	43	222	49284	9970
和						585	117153	23647

$$S_T = \sum_{i=1}^{r}\sum_{j=1}^{n_i} X_{ij}^2 - \frac{1}{n}\left(\sum_{i=1}^{r}\sum_{j=1}^{n_i} X_{ij}\right)^2 = 23647 - \frac{585^2}{15} = 832, \quad f_T = n - 1 = 14;$$

$$S_A = \sum_{i=1}^{r} n_i \bar{X}_{i\cdot}^2 - \frac{1}{n}\left(\sum_{i=1}^{r}\sum_{j=1}^{n_i} X_{ij}\right)^2 = 615.6, \quad f_A = r - 1 = 2;$$

$$S_e = S_T - S_A = 216.4, \quad f_e = n - r = 12.$$

列方差分析表:

方差分析表

来源	平方和	自由度	均方	F 比
因子 A	615.6	2	307.8	17.0715
误差 e	216.4	12	18.03	
和	832	14		

$\alpha = 0.05$，查 F 分布分位数表得 $F_{0.95}(2,12) = 3.89$，故其拒绝域为 $W = \{F \geqslant 3.89\}$. $F = 17.0715 > 3.89$，故认为因子显著，即三个工厂生产的电池平均寿命有显著差异.

4. 某果汁加工厂对三台灌装机器进行测定，试在显著性水平 $\alpha = 0.01$ 下检验机器对果汁的填装量(单位: L)有无显著差异?

机器	填装量						
1	1.47	1.50	1.53	1.49	1.48	1.47	1.51
2	1.51	1.46	1.48	1.49	1.48	1.50	1.46
3	1.50	1.47	1.51	1.49	1.53	1.47	1.46

解 数据计算表如下:

机器	填装量							$\sum\limits_{j=1}^{n_i} X_{ij}$	$\left(\sum\limits_{j=1}^{n_i} X_{ij}\right)^2$	$\sum\limits_{j=1}^{n_i} X_{ij}^2$
1	1.47	1.50	1.53	1.49	1.48	1.47	1.51	10.45	109.2	15.6
2	1.51	1.46	1.48	1.49	1.48	1.50	1.46	10.38	107.74	15.39
3	1.50	1.47	1.51	1.49	1.53	1.47	1.46	10.43	108.78	15.54
和								31.26	325.73	46.53

$$S_T = \sum_{i=1}^{r}\sum_{j=1}^{n_i} X_{ij}^2 - \frac{1}{n}\left(\sum_{i=1}^{r}\sum_{j=1}^{n_i} X_{ij}\right)^2 = 46.53 - \frac{31.26^2}{21} \approx 2.74 \times 10^{-3}, \quad f_T = n-1 = 20;$$

$$S_A = \sum_{i=1}^{r} \frac{\left(\sum\limits_{j=1}^{n_i} X_{ij}\right)^2}{n_i} - \frac{1}{n}\left(\sum_{i=1}^{r}\sum_{j=1}^{n_i} X_{ij}\right)^2 = \frac{325.73}{7} - \frac{1}{21} \times 31.26^2 \approx 1.1 \times 10^{-4}, \quad f_A = r-1 = 2;$$

$S_e = S_T - S_A = 2.63 \times 10^{-3}$，$f_e = n - r = 18$，列方差分析表:

方差分析表

来源	平方和	自由度	均方	F 比
因子 A	1.1×10^{-4}	2	5.5×10^{-5}	0.38
误差 e	2.63×10^{-3}	18	1.46×10^{-4}	
和 T	2.74×10^{-3}	20		

$\alpha = 0.01$，查表得 $F_{0.01}(2,18) = 6.01$，故其拒绝域为 $W = \{F \geqslant 6.01\}$．$F = 0.38 < 6.01$，故认为机器对果汁的填装量没有显著差异.

5. 用三种不同厂家生产的具有相同功效的药物在小白鼠身上进行试验，药物效用时间结果(单位: h)，试在显著性水平 $\alpha = 0.01$ 下检验这三种品牌药物效用有无显著差异？

药物	效用时间					
甲	4.8	5.4	5.1	5.2	5.2	5.0
乙	5.8	5.6	5.3	5.9	5.5	5.7
丙	5.2	5.0	5.1	4.9	5.0	4.8

解 数据计算表如下:

药物	药效时间						$\sum\limits_{j=1}^{n_i} X_{ij}$	$\left(\sum\limits_{j=1}^{n_i} X_{ij}\right)^2$	$\sum\limits_{j=1}^{n_i} X_{ij}^{2}$
甲	4.8	5.4	5.1	5.2	5.2	5.0	30.7	942.49	157.29
乙	5.8	5.6	5.3	5.9	5.5	5.7	33.8	1142.44	190.64
丙	5.2	5.0	5.1	4.9	5.0	4.8	30	900	150.1
和							94.5	2984.93	498.03

$$S_T = \sum_{i=1}^{r}\sum_{j=1}^{n_i} X_{ij}^{2} - \frac{1}{n}\left(\sum_{i=1}^{r}\sum_{j=1}^{n_i} X_{ij}\right)^2 = 498.03 - \frac{94.5^2}{18} \approx 1.91, \quad f_T = n-1 = 17;$$

$$S_A = \sum_{i=1}^{r}\frac{\left(\sum\limits_{j=1}^{n_i} X_{ij}\right)^2}{n_i} - \frac{1}{n}\left(\sum_{i=1}^{r}\sum_{j=1}^{n_i} X_{ij}\right)^2 = \frac{2984.93}{6} - \frac{1}{18}\times 94.5^2 \approx 1.36, \quad f_A = r-1 = 2;$$

$S_e = S_T - S_A = 0.55$，$f_e = n-r = 15$, 列方差分析表:

方差分析表

来源	平方和	自由度	均方	F 比
因子 A	1.36	2	0.68	18.38
误差 e	0.55	15	0.037	
和 T	1.91	17		

$\alpha = 0.01$，查表得：$F_{0.01}(2,15) = 6.36$，故其拒绝域为 $W = \{F \geqslant 6.36\}$．$F = 18.38 > 6.36$，故认为三个工厂生产的药物效用有显著差异．其中乙厂家生产的药物效用时间均值的估计值为 5.63 小时，比其他厂家显著得大，所以选用乙厂家的药物．

习题 9-2

1. 为了研究某商品的需求量 Y 与价格 X 之间的关系，收集到下列 10 对数据：

价格 x_i	1.0	1.5	2.0	2.5	3.0	3.5	4.0	4.0	4.5	5.0
需求量 y_i	10.0	8.0	7.5	8.0	7.0	6.0	4.5	4.0	2.0	1.0

(1) 求需求量 Y 与价格 X 之间的线性回归方程；

(2) 对所求线性回归方程作显著性检验(显著性水平 $\alpha = 0.05$).

解　(1) 有关计算见下表：

x_i	y_i	x_i^2	$x_i y_i$	y_i^2
1.0	10.0	1.00	10	100
1.5	8.0	2.25	12	64
2.0	7.5	4.00	15	56.25
2.5	8.0	6.25	20	64
3.0	7.0	9.00	21	49
3.5	6.0	12.25	21	36
4.0	4.5	16.00	18	20.25
4.0	4.0	16.00	16	16
4.5	2.0	20.25	9	4
5.0	1.0	25.0	5	1
和　31	58	112	147	410.50

$$L_{xx} = \sum_{i=1}^{n} x_i^2 - n\bar{x}^2 = 112 - 31^2 / 10 = 15.90 ;$$

$$L_{xy} = \sum_{i=1}^{n} (x_i y_i) - n\bar{x}\,\bar{y} = 147 - 31 \times 58 / 10 = -32.80 ;$$

$$\hat{b} = \frac{L_{xy}}{L_{xx}} = \frac{-32.80}{15.90} = -2.06 ; \quad \hat{a} = \overline{y} - \hat{b}\overline{x} = 58/10 - (-2.06) \times 31/10 = 12.186 .$$

故所求回归方程为 $\hat{y} = 12.186 - 2.06x$.

(2) $S_T = \sum_{i=1}^{n} y_i^2 - n\overline{y}^2 = 410.50 - \frac{58^2}{10} = 74.10$; $S_R = \hat{b}^2 L_{xx} = (-2.06)^2 \times 15.90 \approx 67.47$;

$S_e = 74.10 - 67.47 = 6.63$; $n = 10$, $\alpha = 0.05$, 查 F 分布分位数表, 得 $F_{0.05}(1,8) = 5.32$,

$F = \frac{S_R}{S_e/(n-2)} = \frac{67.47}{6.63/8} \approx 81.41 > 5.32$, 拒绝原假设, 即所求回归方程是显著的.

2. 一个医院用仪器检验尿汞时, 测得尿汞含量与消光系数数据如下表:

尿汞含量 x_i	2	4	6	8	10
消光系数 y_i	64	138	205	285	360

试求: (1) 消光系数 Y 关于尿汞含量 X 的回归方程;

(2) 检验所求回归方程是否显著(显著性水平 $\alpha = 0.05$);

(3) 当 $x_0 = 9$ 时, 消光系数 y_0 的置信水平为 0.95 的预测区间.

解 (1) 有关计算见下表:

	x_i	y_i	x_i^2	$x_i y_i$	y_i^2
	2	64	4	128	4096
	4	138	16	552	19044
	6	205	36	1230	42025
	8	285	64	2280	81225
	10	360	100	3600	129600
和	30	1052	220	7790	275990

$$L_{xx} = \sum_{i=1}^{n} x_i^2 - n\overline{x}^2 = 220 - 30^2/5 = 40 ;$$

$$L_{xy} = \sum_{i=1}^{n} (x_i y_i) - n\overline{x}\,\overline{y} = 7790 - 30 \times 1052/5 = 1478 ;$$

$$\hat{b} = \frac{L_{xy}}{L_{xx}} = \frac{1478}{40} = 36.95 ; \quad \hat{a} = \overline{y} - \hat{b}\overline{x} = 1052/5 - 36.95 \times 30/5 = -11.30 .$$

故所求回归方程为 $\hat{y} = -11.30 + 36.95x$.

(2)
$$S_T = \sum_{i=1}^{n} y_i^2 - n\bar{y}^2 = 275990 - \frac{1052^2}{5} = 54649.2 ;$$

$$S_R = \hat{b}^2 L_{xx} = (36.95)^2 \times 40 = 54612.1 ;$$

$$S_e = 54649.2 - 54612.1 = 37.1 ; \quad n = 5, \quad \alpha = 0.05 ,$$

查 F 分布分位数表, 得 $F_{0.05}(1,3) = 10.13$, $F = \dfrac{S_R}{S_e/(n-2)} = \dfrac{54612.1}{37.1/3} \approx 4416.07 > 10.13$, 拒绝原假设, 即所求回归方程是显著的.

(3) 当 $x_0 = 9$ 时, 由回归方程得 $\hat{y}_0 = -11.30 + 36.95 \times 9 = 321.25$, $\alpha = 0.05$, $n = 5$,

查表得 $t_{0.025}(3) = 3.1824$, $\hat{\sigma} = \sqrt{\dfrac{S_e}{n-2}} = \sqrt{\dfrac{37.1}{3}} \approx 3.52$,

$$\delta(x_0) = \hat{\sigma}\sqrt{1 + \frac{1}{n} + \frac{(x_0 - \bar{x})^2}{L_{xx}}} t_{\alpha/2}(n-2) = 3.52 \times \sqrt{1 + \frac{1}{5} + \frac{(9-6)^2}{40}} \times 3.1824 \approx 13.37 ,$$

$321.25 \pm 13.37 = (307.88, 334.62)$. 于是, 当 $x_0 = 9$ 时, 消光系数 y_0 的置信水平为 0.95 的预测区间为 $(307.88, 334.62)$.

3. 随机选取了 8 家航空公司, 针对最近一年的航班准点率和顾客投诉次数进行调查, 得到以下数据:

航空公司编号	1	2	3	4	5	6	7	8
航班准点率/%	82.2	76.5	76.4	73.6	75.6	72.4	71.4	70.6
投诉次数	21	58	85	72	68	91	80	130

(1) 试求顾客投诉次数 Y 关于航班准点率 X(%)的回归方程;

(2) 检验所求回归方程是否显著(显著性水平 $\alpha = 0.05$);

(3) 求出当 $x_0 = 75$ 时, 估计顾客投诉次数.

解 (1) 有关计算见下表:

	x_i	y_i	x_i^2	$x_i y_i$	y_i^2
	82.2	21	6756.84	1726.2	441
	76.5	58	5852.25	4437	3364
	76.4	85	5836.96	6494	7225
	73.6	72	5416.96	5299.2	5184
	75.6	68	5715.36	5140.8	4624
	72.4	91	5241.76	6588.4	8281
	71.4	80	5097.96	5712	6400
	70.6	130	4984.36	9178	16900
和	598.7	605	44902.45	44575.6	52419

$$L_{xx} = \sum_{i=1}^{n} x_i^2 - n\overline{x}^2 = 44902.45 - 598.7^2 / 8 \approx 97.23 ;$$

$$L_{xy} = \sum_{i=1}^{n} (x_i y_i) - n\overline{x}\,\overline{y} = 44575.6 - 598.7 \times 605 / 8 \approx -701.09 ;$$

$$\hat{b} = \frac{L_{xy}}{L_{xx}} = -\frac{701.09}{97.23} \approx -7.21 ; \quad \hat{a} = \overline{y} - \hat{b}\overline{x} = 605 / 8 + 7.21 \times 598.7 / 8 \approx 615.2 ;$$

故所求回归方程为 $\hat{y} = 615.2 - 7.21x$.

(2) $$S_T = \sum_{i=1}^{n} y_i^2 - n\overline{y}^2 = 52419 - \frac{605^2}{8} \approx 6665.88 ;$$

$$S_R = \hat{b}^2 L_{xx} = (-7.21)^2 \times 97.23 \approx 5054.41 ;$$

$S_e = 6665.88 - 5054.41 = 1611.47$; $n = 8$, $\alpha = 0.05$, 查 F 分布分位数表, 得 $F_{0.05}(1,6) = 5.99$,

$F = \dfrac{S_R}{S_e / (n-2)} = \dfrac{5054.41}{1611.47 / 6} \approx 18.82 > 5.99$, 拒绝原假设, 即所求回归方程是显著的.

(3) 当 $x_0 = 75$ 时, 由回归方程得 $\hat{y}_0 = 615.2 - 7.21 \times 75 \approx 75$.

4. 为了促进对流感的防控和诊治能力, 某疾控中心对某甲型流感病毒进行监测, 得到了病毒繁殖个数 Y(单位: 个)随着时间 X(单位: 天)的变化规律:

天数	1	2	3	4	5	6	7	8
繁殖个数	6	12	25	28	38	49	90	160

已知 $\hat{y} = e^{\hat{a}+\hat{b}x}$.

(1) 试求 Y 关于 X 的回归方程;

(2) 估算第 3 天的残差 $(\alpha = 0.05)$.

解 (1) 令 $u = \ln y$, 则回归方程为 $\hat{u} = \hat{a} + \hat{b}x$, 符合线性回归. 由题可得

x_i	x_i^2	u_i	$x_i u_i$
1	1	1.79	1.79
2	4	2.48	4.96
3	9	3.22	9.66
4	16	3.33	13.32
5	25	3.64	18.20
6	36	3.89	23.34
7	49	4.50	31.50
8	64	5.08	40.64
和 36	204	27.93	143.41

$$L_{xx} = \sum_{i=1}^{n} x_i^2 - n\overline{x}^2 = 204 - 36^2/8 = 42 \, ;$$

$$L_{xu} = \sum_{i=1}^{n} (x_i u_i) - n\overline{x}\,\overline{u} = 143.41 - 36 \times 27.93/8 \approx 17.73 \, ;$$

$$\hat{b} = \frac{L_{xu}}{L_{xx}} = \frac{17.73}{42} \approx 0.42 \, ; \quad \hat{a} = \overline{u} - \hat{b}\overline{x} = 27.93/8 - 0.42 \times 36/8 = 1.6 \, ;$$

所以 $\hat{u} = 1.6 + 0.42x$，故所求回归方程为 $\hat{y} = \mathrm{e}^{1.6+0.42x}$.

(2) 当 $x = 3$ 时，$\hat{y} = \mathrm{e}^{1.6+0.42\times3} \approx 17.46$，所以残差估计为 7.54.

5. 对近几个月某农产品销售额 Y(万元)与产品满意度 X 进行实际调查, 得到下表:

满意度	22%	34%	24%	21%	36%	35%
销售额	78	90	80	75	94	92

(1) 试求 Y 关于 X 的回归方程;

(2) 检验所求回归方程是否显著(显著性水平 $\alpha = 0.05$);

(3) 估计当 $x_0 = 30\%$ 时的销售额.

解　(1)有关计算见下表:

	x_i	y_i	x_i^2	$x_i y_i$	y_i^2
	0.22	78	4.84×10^{-2}	17.16	6084
	0.34	90	1.16×10^{-1}	30.6	8100
	0.24	80	5.76×10^{-2}	19.2	6400
	0.21	75	4.41×10^{-2}	15.75	5625
	0.36	94	1.30×10^{-1}	33.84	8836
	0.35	92	1.23×10^{-1}	32.2	8464
和	1.72	509	5.18×10^{-1}	148.75	43509

$$L_{xx} = \sum_{i=1}^{n} x_i^2 - n\overline{x}^2 = 0.518 - 1.72^2/6 \approx 2.49\times10^{-2} \, ;$$

$$L_{xy} = \sum_{i=1}^{n} (x_i y_i) - n\overline{x}\,\overline{y} = 148.75 - 1.72 \times 509/6 \approx 2.84 \, ;$$

$$\hat{b} = \frac{L_{xy}}{L_{xx}} = \frac{2.84}{2.49\times10^{-2}} \approx 114.06 \, ; \quad \hat{a} = \overline{y} - \hat{b}\overline{x} = 509/6 - 114.06 \times 1.72/6 \approx 52.14 \, ;$$

故所求回归方程为 $\hat{y} = 52.14 + 114.06x$.

(2) $S_T = \sum_{i=1}^{n} y_i^2 - n\bar{y}^2 = 43509 - \frac{509^2}{6} \approx 328.83$；

$S_R = \hat{b}^2 L_{xx} = (114.06)^2 \times 2.49 \times 10^{-2} \approx 323.94$；

$S_e = 328.83 - 323.94 = 4.89$；

$n = 6$，$\alpha = 0.05$，查 F 分布分位数表，得 $F_{0.05}(1,4) = 7.71$，$F = \frac{S_R}{S_e / n - 2} = \frac{323.94}{4.89 / 4} \approx$

$264.98 > 7.71$，拒绝原假设，即所求回归方程是显著的.

(3) 当 $x_0 = 30\%$ 时，由回归方程得 $\hat{y}_0 = 52.14 + 114.06 \times 0.3 \approx 86.36$，$\alpha = 0.05$，$n = 6$，

查表得 $t_{0.025}(4) = 2.78$，$\hat{\sigma} = \sqrt{\frac{S_e}{n-2}} = \sqrt{\frac{4.89}{4}} \approx 1.11$，

$\delta(x_0) = \hat{\sigma}\sqrt{1 + \frac{1}{n} + \frac{(x_0 - \bar{x})^2}{L_{xx}}} t_{\alpha/2}(n-2) = 1.11 \times \sqrt{1 + \frac{1}{6} + \frac{(0.3 - 0.29)^2}{2.49 \times 10^{-2}}} \times 2.78 \approx 3.34$,

$86.36 \pm 3.34 = (83.02, 89.70)$，于是，当 $x_0 = 30\%$ 时，销售额 y_0 的置信水平为 0.95 的预测区间为 $(83.02, 89.70)$.

自 测 题 九

1. 单因素试验方差分析的数学模型中，三个基本假定是_____、_____、

_____.

解 正态性，方差相等，独立性.

2. 一元线性回归分析中 $Y = a + bX + \varepsilon$，对随机误差 ε 的要求是_____.

解 $\varepsilon \sim N(0, \sigma^2)$.

3. 在单因素方差分析中，对因子的显著性检验构造的检验统计量是_____.

解 $F = \frac{S_A / (r-1)}{S_e / (n-r)} \sim F(r-1, n-r)$.

4. 在单因素方差分析模型中，设 S_T 为总偏差平方和，S_e 为误差偏差平方和，S_A 为因素偏差平方和，则总有( ).

A. $S_T = S_e + S_A$；　　　　　　　　B. $\frac{S_A}{\sigma^2} \sim \chi^2(r-1)$；

C. $\frac{S_A / (r-1)}{S_e / (n-r)} \sim F(r-1, n-r)$；　　D. S_A 与 S_e 相互独立.

解 答案为 A.

5. 单因素方差分析的主要目的是研究( ).

A. 各总体方差是否存在；　　　　　　B. 各总体方差是否相等；

C. 各总体均值是否存在；　　　　　　D. 各总体均值是否相等.

解　答案为 D.

6. 收集了 n 组数据 $(x_i, y_i), i = 1, 2, \cdots, n$, 画出散点图, 若 n 个点基本在一条直线附近时, 称这两变量间具有(　　).

A. 独立的关系;　　B. 不相容的关系;　　C. 函数关系;　　D. 线性相关关系.

解　答案为 D.

7. 为研究不同品种对某种果树产量的影响, 进行试验, 得试验结果(产量)如下表:

品种	试验结果			
A_1	10	7	13	10
A_2	12	13	15	12
A_3	8	4	7	9

试分析果树品种对产量是否有显著影响. ($\alpha = 0.05$)

解　相关计算列表表示为

品种	试验结果				$\sum\limits_{j=1}^{n_i} X_{ij}$	$\left(\sum\limits_{j=1}^{n_i} X_{ij}\right)^2$	$\sum\limits_{j=1}^{n_i} X_{ij}^2$
A_1	10	7	13	10	40	1600	418
A_2	12	13	15	12	52	2704	682
A_3	8	4	7	9	28	784	210
和					120	5088	1310

$$S_T = \sum_{i=1}^{r}\sum_{j=1}^{n_i} X_{ij}^2 - \frac{1}{n}\left(\sum_{i=1}^{r}\sum_{j=1}^{n_i} X_{ij}\right)^2 = 1310 - \frac{120^2}{12} = 110, \quad f_T = n - 1 = 11;$$

$$S_A = \sum_{i=1}^{r} n_i \bar{X}_{i\cdot}^2 - \frac{1}{n}\left(\sum_{i=1}^{r}\sum_{j=1}^{n_i} X_{ij}\right)^2 = \frac{5088}{4} - \frac{120^2}{12} = 72, \quad f_A = r - 1 = 2;$$

$$S_e = S_T - S_A = 110 - 72 = 38, \quad f_e = n - r = 9.$$

计算结果列为如下方差分析表:

来源	平方和	自由度	均方	F 比
因素	72	2	36	8.53
误差	38	9	4.22	
总和	110			

对于给定的显著性水平 $\alpha = 0.05$，查 F 分布上侧分位数表得 $F_{0.05}(2,9) = 4.26$. 因为 $F = 8.53 > 4.26$，所以因素 A 显著，即可以认为这三种果树品种对果树产量有显著差异.

8. 随机调查 10 个城市居民的家庭平均收入 X 与电器用电支出 Y 情况的数据(单位: 千元)如下:

收入 x_i	18	20	22	24	26	28	30	32	34	38
支出 y_i	0.9	1.1	1.1	1.4	1.7	2.0	2.3	2.5	2.9	3.1

(1) 求电器用电支出 Y 与家庭平均收入 X 之间的线性回归方程;

(2) 对线性回归方程作显著性检验; ($\alpha = 0.05$)

(3) 若线性相关关系显著，求家庭平均收入 $x_0 = 25$ 时，电器用电支出 Y 的置信度为 0.95 的预测区间.

解　(1) 有关计算见下表:

x_i	y_i	x_i^2	$x_i y_i$	y_i^2
18	0.9	324	16.2	0.81
20	1.1	400	22	1.21
22	1.1	484	24.2	1.21
24	1.4	576	33.6	1.96
26	1.7	676	44.2	2.89
28	2.0	784	56	4
30	2.3	900	69	5.29
32	2.5	1024	80	6.25
34	2.9	1156	98.6	8.41
38	3.1	1444	117.8	9.61
和　272	19	7768	561.6	41.64

$$L_{xx} = \sum_{i=1}^{n} x_i^2 - n\overline{x}^2 = 7768 - 272^2/10 = 369.6 ;$$

$$L_{xy} = \sum_{i=1}^{n} (x_i y_i) - n\overline{x}\,\overline{y} = 561.6 - 272 \times 19/10 = 44.8 ;$$

$$\hat{b} = \frac{L_{xy}}{L_{xx}} = \frac{44.8}{369.6} = 0.12 ; \quad \hat{a} = \overline{y} - \hat{b}\overline{x} = 19/10 - 0.12 \times 272/10 = -1.364 .$$

故所求回归方程为 $\hat{y} = -1.364 + 0.12x$.

(2) $S_T = \sum\limits_{i=1}^{n} y_i^2 - n\overline{y}^2 = 41.64 - \dfrac{19^2}{10} = 5.54$；　$S_R = \hat{b}^2 L_{xx} = 0.12^2 \times 369.6 \approx 5.32$；

$$S_e = 5.54 - 5.32 = 0.22；\quad n = 10，\quad \alpha = 0.05，$$

查 F 分布分位数表，得 $F_{0.05}(1,8) = 5.32$，$F = \dfrac{S_R}{S_e/(n-2)} = \dfrac{5.32}{0.22/8} \approx 193.45 > 5.32$，拒

绝原假设，即所求回归方程是显著的.

(3) 当 $x_0 = 25$ 时，由回归方程得 $\hat{y}_0 = -1.364 + 0.12 \times 25 = 1.636$，$\alpha = 0.05$，$n = 10$，查表得 $t_{0.025}(8) = 2.3060$，

$$\hat{\sigma} = \sqrt{\dfrac{S_e}{n-2}} = \sqrt{\dfrac{0.22}{8}} \approx 0.1658，$$

$$\delta(x_0) = \hat{\sigma}\sqrt{1 + \dfrac{1}{n} + \dfrac{(x_0 - \overline{x})^2}{L_{xx}}}\, t_{\alpha/2}\,(n-2) = 0.1658 \times \sqrt{1 + \dfrac{1}{10} + \dfrac{(25 - 27.2)^2}{369.6}} \times 2.3060 \approx 0.403，$$

$$1.636 \pm 0.403 = (1.233, 2.039).$$

于是，当 $x_0 = 25$ 时，电器用电支出 Y 的置信度为 0.95 的预测区间为 $(1.233, 2.039)$.

参 考 文 献

曹龙飞. 2012. 概率论与数理统计[M]. 北京: 高等教育出版社.

胡骏, 杨芝. 2023. 概率统计学习指导[M]. 西安: 西安电子科技大学出版社.

李昌兴. 2012. 概率论与数理统计及其应用[M]. 北京: 人民邮电出版社.

李书刚. 2012. 概率论与数理统计[M]. 北京: 科学出版社.

刘喜波. 2020. 概率论与数理统计[M]. 北京: 北京邮电大学出版社.

茆诗松, 程依明, 濮晓龙. 2007. 概率论与数理统计[M]. 北京: 高等教育出版社.

上海财经大学数学学院. 2022a. 概率论与数理统计[M]. 北京: 人民邮电出版社.

上海财经大学数学学院. 2022b. 概率论与数理统计学习指导与习题全解[M]. 北京: 人民邮电出版社.

上海财经大学应用数学系. 2007. 概率论与数理统计[M]. 2 版. 上海: 上海财经大学出版社.

盛骤, 谢式千, 潘承毅. 2008. 概率论与数理统计[M]. 4 版. 北京: 高等教育出版社.

孙荣恒. 2004. 趣味随机问题[M]. 北京: 科学出版社.

同济大学概率统计教研组. 2010. 概率统计复习与习题全解[M]. 4 版. 上海: 同济大学出版社.

王家生, 刘嘉焜, 张玉环. 2005. 应用概率统计习题解答[M]. 北京: 科学出版社.

王世飞, 吴春青. 2022. 概率论与数理统计[M]. 2 版. 苏州: 苏州大学出版社.

魏宗舒, 等. 2008. 概率论与数理统计[M]. 2 版. 北京: 高等教育出版社.

闻良辰, 朱丽梅, 黄雪, 等. 2023. 概率论与数理统计[M]. 北京: 北京理工大学出版社.

吴小霞, 许芳, 朱家砚. 2013. 概率论与数理统计[M]. 武汉: 华中科技大学出版社.

徐梅. 2007. 概率论与数理统计[M]. 北京: 中国农业出版社.

杨筱菡, 王勇智. 2018. 概率论与数理统计习题全解与学习指导[M]. 北京: 人民邮电出版社.

张菊芳, 翟富菊, 陈宁, 等. 2016. 概率论与数理统计[M]. 北京: 海洋出版社.

张天德, 叶宏, 孙钦福. 2022. 经济数学: 概率论与数理统计[M]. 北京: 人民邮电出版社.

章昕. 2003. 概率统计辅导[M]. 2 版. 北京: 机械工业出版社.

综合测试题及答案